"十二五"职业教育国家规划教材修订版　　高等职业教育新形态一体化教材

仪器分析

（第四版）

主编　魏培海　曹国庆

500

400

300

200

100

高等教育出版社·北京

内容提要

本书是"十二五"职业教育国家规划教材修订版。

本书是在第三版的基础上结合《国家职业教育改革实施方案》的要求修订而成的,基本保留了第三版原有的特色、风格和编排体系,进行了适当的增减,重点对实验部分进行了修订。

本书主要介绍最为常用的一些仪器分析方法,如光学分析介绍紫外-可见分光光度法、红外吸收光谱法和原子吸收光谱法;电化学分析介绍电位分析法和库仑分析法;色谱分析介绍气相色谱法和高效液相色谱法。另外,简要介绍质谱法。

书中部分重要的知识点和技能点给出了用二维码链接的资源,学习者可通过移动端扫描二维码学习使用。教师可以发送邮件至编辑邮箱 gaojiaoshegaozhi@163.com,索取教学课件。

本书适用于化工技术类、生物技术类、药品与医疗器械类、食品类、环境保护类、轻化工类等专业使用,也可供相关科技人员参考。

图书在版编目(CIP)数据

仪器分析/魏培海,曹国庆主编.-- 4 版.--北京:高等教育出版社,2021.11
ISBN 978-7-04-057575-0

Ⅰ.①仪… Ⅱ.①魏…②曹… Ⅲ.①仪器分析-职业教育-教材 Ⅳ.①O657

中国版本图书馆 CIP 数据核字(2021)第 262398 号

策划编辑	陈鹏凯	责任编辑	陈鹏凯	封面设计 姜 磊		版式设计 于 婕
责任校对	窦丽娜	责任印制	朱 琦			

出版发行	高等教育出版社	网　　址	http://www.hep.edu.cn
社　　址	北京市西城区德外大街 4 号		http://www.hep.com.cn
邮政编码	100120	网上订购	http://www.hepmall.com.cn
印　　刷	三河市骏杰印刷有限公司		http://www.hepmall.com
开　　本	787mm×1092mm　1/16		http://www.hepmall.cn
印　　张	16.25	版　　次	2006 年 6 月第 1 版
字　　数	380 千字		2021 年 11 月第 4 版
购书热线	010-58581118	印　　次	2021 年 11 月第 1 次印刷
咨询电话	400-810-0598	定　　价	45.00 元

本书如有缺页、倒页、脱页等质量问题,请到所购图书销售部门联系调换
版权所有　侵权必究
物 料 号　57575-00

高等职业教育化学化工类专业系列教材
编审委员会

主　任：曹克广　丁志平

副主任：张方明　杨宗伟　李奠础

委　员：（以姓氏笔画为序）

第四版前言

随着经济社会的发展,仪器分析在工业分析、食品分析、药物分析、环境监测、油品分析、化工冶金、卫生分析和医学检验等各个领域的应用将更加广泛,先进的分析技术和仪器的配备使用更加普及。熟悉和掌握常用仪器分析方法的基本原理和实验技术,并能根据分析的目的,结合各种仪器分析方法的特点和应用范围,选择适宜的分析方法,已经成为化工技术类、生物技术类、制药技术类、食品类、环保类、轻化类等专业学生必须具备的基本素质。为适应这种发展变化,更好地满足教学的需要,根据兄弟院校在使用本教材过程中提出的意见和建议,结合《国家职业教育改革实施方案》关于课程内容与职业标准对接、教学过程与生产过程对接的要求,编者对教材内容进行了适当增减,重点对实验部分进行了修订。

1. 参照食品分析、环境监测、药物分析等岗位的职业标准和能力要求,按照贴近实际应用的原则,选择与生产生活密切相关、试样采集简单方便的分析检测项目,对光谱分析法、色谱分析法及电化学分析法的有关实验进行了调整。

2. 根据国家发布的相关分析检测项目行业标准,按照贴近规范操作的原则,对实验操作步骤、试样制备与处理、数据记录与处理、结果计算与表述等实验内容进行了优化设计。

本书由齐鲁师范学院魏培海、南京化工职业技术学院曹国庆主持修订编写,杨凌职业技术学院高冬梅参与了实验部分的修订工作。

在修订过程参考了部分国家行业标准和相关文献,在此谨向有关作者表示感谢!

衷心希望读者对修订版中存在的不妥之处,提出批评指正。

编者
2021 年 8 月

第一版前言

"仪器分析"是指那些采用比较复杂或特殊的仪器,通过测量表征物质的某些物理的或物理化学的性质参数及其变化规律,确定物质的化学组成、状态及结构的方法。它具有灵敏度高,选择性好,操作简便,分析速度快,易于实现自动化和智能化等特点,已成为生产和科研中不可缺少的分析手段,在工业分析、食品分析、药物分析、油品分析以及环境监测等领域得到了广泛应用。仪器分析已经被列为化学、化工、轻工、石油、冶金、医药、卫生、环保和材料等专业的一门必修课程。

本书是依据教育部《关于加强高职高专教育教材建设的若干意见》的有关精神,本着基础知识"必需、够用""突出应用性"和"内容先进性"的原则,在吸收部分高等职业技术学院教学内容体系改革与建设成果的基础上,根据最新高等职业教育化工技术类等专业人才培养目标而编写的。在构建内容体系上突出以下特色:

1. 突出实用性。目前,我国的仪器开发和应用水平还不平衡,整体水平还不高,一些先进的用于结构分析的仪器如核磁共振波谱仪、X射线能谱仪等在实际生产中应用较少。面对我国的仪器技术发展和实际应用范围,本书主要介绍吸收光谱法、电化学分析法、色谱法和质谱法等内容。

2. 以技术应用能力的培养为主。本书重点介绍常用分析仪器的基本结构、操作方法、应用范围和实验技术。同时将实验内容融入每章,形成理论与实验两个模块,以加强理论与实践的结合,培养学生的技术应用和实践能力。

3. 基础理论适度。根据高等职业教育技能型人才的培养目标和职业素质构成的要求,在满足"必需"的基础上,删除了各种仪器分析方法的历史背景及沿革,精简了基础理论的推导,以讲清基本概念和基本结论,强化应用为重点。

4. 跟踪仪器技术的发展趋势。色谱是分离混合物的有效方法,但难以得到结构信息,质谱法提供了丰富的结构信息、用样量又是最少的,因此色谱-质谱的结合,成为分离和鉴定未知混合物的理想手段。本书将质谱及色质联用技术纳入教学体系,作为提高和选修内容。

全书共分九章,内容包括紫外-可见分光光度法、红外吸收光谱法、原子吸收光谱法、电位分析法、库仑分析法、色谱分析导论、气相色谱法、高效液相色谱法和质谱分析法,以及相关实验、思考和练习等。本书由山东教育学院魏培海、南京化工职业技术学院曹国庆担任主编,山东科技大学王春暖担任副主编。魏培海编写前言、第一章、第二章和第五章;曹国庆编写第六章至第九章;王春暖编写第三章、第四章;全书由魏培海、曹国庆统稿。

本书承蒙承德石油高等专科学校曹克广教授主审,在编写过程中,参考了公开出版的相关书刊和部分教材,在此一并表示最衷心的感谢!

由于编者的学识水平所限,书中难免存在缺点和错误,敬请各位专家和读者批评指正。

编者

2006 年 9 月

目　录

二维码资源目录

绪论

 资源链接

动画资源：

分析方法的分类

动画:分析方
法的分类

分析化学是研究物质的组成、含量、结构和形态等化学信息的一门科学。随着科学技术的发展,分析化学在分析方法和实验技术方面都发生了深刻的变化,特别是采用了许多比较特殊的仪器建立了许多新的分析方法,使分析化学由化学分析发展到仪器分析。

一、仪器分析的基本概念

仪器分析是指采用比较复杂或特殊的仪器设备,通过测量物质的某些物理或化学性质的参数及其变化来获取物质的化学组成、成分含量及化学结构等信息的一类方法。仪器分析的产生为分析化学带来了革命性的变化,且其应用日益广泛,成为现代实验化学的重要支柱。

仪器分析方法是在化学分析的基础上发展起来的。许多仪器分析方法中的样品处理都涉及化学分析方法(样品的处理、分离及干扰的掩蔽等)。同时仪器分析方法大多是相对的分析方法,要用标准溶液来校对,而标准溶液大多需要用化学分析方法来标定。因此,化学分析方法和仪器分析方法是相辅相成的,在使用时可根据具体情况,取长补短,互相配合。

二、仪器分析方法的分类

物质所表现出的物理或化学性质,如光学性质、电化学性质等,原则上都可以作为分析该物质的依据。因此仪器分析方法种类繁多,而且各种方法具有相对独立的原理、特点和应用范围,可自成体系。根据各种方法的主要特征和作用,仪器分析通常可分为以下几类。

1. 光学分析

光学分析是基于物质与电磁辐射相互作用(吸收、发射、散射、反射、折射、衍射、干涉和偏振等)而建立起来的分析方法,测量信号是电磁辐射。主要方法有原子发射光谱分析、火焰光度分析、分子发光分析、紫外-可见分光光度法、红外吸收光谱法、原子吸收光谱分析法、核磁共振波谱法、拉曼光谱法、X 射线衍射法、折射法等。

2. 电化学分析

电化学分析是应用电化学的基本原理和实验技术,依据物质的电化学性质来测定物质组成及含量的分析方法,测量的物理量是电信号。主要方法有电位分析法、库仑分析法、极谱法与伏安分析法、电导法等。

3. 色谱分析

色谱分析是根据混合物中各组分在互不相溶的两相中吸附、分配或其他亲和作用的差异,通过两相的相对运动实现组分分离的分析方法。主要方法有气相色谱法和液相色谱法。

除了上述三类分析方法外,仪器分析还有其他一些分析方法,如热分析法、质谱法、放射化学分析法等。

根据我国的实际情况,本书主要介绍最为常用的一些仪器分析方法,其中光学分析介绍紫外-可见分光光度法、红外吸收光谱法和原子吸收光谱分析法;电化学分析介绍电位分析法和库仑分析法;色谱分析介绍气相色谱法和高效液相色谱法。另外,简要介绍质谱法。

三、仪器分析的特点及发展趋势

1. 仪器分析的特点

与化学分析相比较,仪器分析有以下特点。

(1) 测定灵敏度高。仪器分析的检测限一般都在 10^{-6} 级、10^{-9} 级,甚至可达 10^{-12} 级。如原子吸收光谱分析法的检测限可达 10^{-9}(火焰式)~10^{-12}(非火焰式)$g \cdot L^{-1}$,气相色谱分析法的检测限可达 $10^{-8} \sim 10^{-12}$ $g \cdot L^{-1}$。因此,仪器分析适用于微量或痕量组分的分析,它对于超纯物质的分析、环境监测及生命科学研究等有重要意义。

(2) 选择性好。许多仪器分析方法可以通过选择或调整测定条件,不经分离而同时测定混合物的组分,可适用于复杂物质的分析。

(3) 样品用量少。测定时有时只需数微升或数毫克样品,甚至可用于样品无损分析。如X 射线荧光分析法可以在不损坏样品的情况下进行分析,这对考古、文物分析等有特殊应用价值。

(4) 应用范围广,能适应各种分析要求。除了用于定性、定量分析,仪器分析还可以用于结构分析、价态分析、状态分析、微区和薄层分析,也可用来测定有关的物理化学常数。

(5) 易于实现自动化,操作简便快速。被测组分的浓度变化或物理性质变化能转变成某种电学参数(如电阻、电导、电位、电容、电流等),使分析仪器容易和计算机连接,实现自动化,操作简便。随着自动记录、数字显示特别是计算机技术的普及和应用,仪器分析的分析速度大大加快,样品经预处理后,有时经数十秒到几分钟即可得到分析结果。如冶金部门用的光电直读光谱仪,在 $1 \sim 2$ min 可同时测出钢样中 $20 \sim 30$ 种元素的含量。

仪器分析在使用上还存在一定局限性:第一,相对误差较大,准确度不高,一般不适合常量和高含量组分的分析;第二,仪器设备复杂,价格昂贵,特别是一些大型化精密仪器还不易普及,推广使用受到一定限制。

2. 仪器分析的发展趋势

现代工业生产的发展和科学技术的进步,特别是生命科学、环境科学、材料科学的迅猛发展,不仅对分析化学在提高准确度、灵敏度和分析速度等方面提出了更高的要求,还不断提出更多的新课题、新任务,这就要求分析化学提供更多、更复杂的信息。仪器分析具有很大的适应性和发展潜力,面对这些新挑战,呈现出以下发展趋势。

(1) 操作计算机化。将计算机技术与分析仪器结合起来,实现分析仪器的自动化,是仪器分析的一个非常重要的发展趋势。在分析工作者的指令控制下,计算机不仅能处理分析结果,还可以优化操作条件、控制完成整个分析过程,包括进行数据采集、处理、计算等,直至数据动态显示和最终结果输出。随着应用软件的不断开发利用,分析仪器将更加智能化。

(2) 多机联用。随着样品的复杂性和测量难度不断增加及分析测试信息量和响应速度的要求不断提高,需要将几种方法结合起来,组成联用技术进行分析,便于发挥不同分析方法间的协同作用,提高方法的灵敏度、准确度及对复杂混合物的分辨能力,并能获得不同方法单独使用时所不具备的某些功能。联用技术已成为仪器分析的主要发展方向之一,例如,色谱-质谱联用技术、色谱-红外光谱联用技术已经得到应用。

(3) 新方法不断出现。学科之间相互交叉、渗透和各种新技术的引入及应用,使仪器分析不断开拓新领域、创立新方法。例如,由于采用了等离子体、傅立叶变换、激光、微波等新技术,出现了电感耦合等离子体发射光谱、傅立叶变换红外光谱、傅立叶变换核磁共振波谱、激光拉曼光谱、激光光声光谱等。

第一章　紫外-可见分光光度法

 学习目标

知识目标：

● 了解紫外-可见吸收光谱的产生。

● 理解化合物电子能级跃迁的类型和特点。

● 熟悉紫外-可见分光光度计的工作原理。

● 掌握光吸收定律的应用及测量条件的选择。

● 掌握紫外-可见分光光度法在定量分析中的应用。

能力目标：

● 能解释物质产生的颜色。

● 能操作常见的紫外-可见分光光度计。

● 能应用紫外-可见分光光度法进行物质的定量分析。

资源链接

动画资源：

1.紫外-可见分光光度计介绍； 2.单光束分光光度计； 3.双光束分光光度计； 4.双波长分光光度计； 5.稠环芳烃的紫外-可见吸收光谱； 6.吸收曲线随溶液浓度的变化

视频资源：

1.紫外-可见分光光度计的使用； 2.标准曲线的制作

　　紫外-可见分光光度法是利用物质对紫外-可见光的吸收特征和吸收强度,对物质进行定性和定量分析的一种仪器分析方法。该法具有较高的灵敏度和准确度,仪器设备简单,操作方便,在化工、医药、冶金、环境监测等领域广泛应用。

第一节　基本原理

　　自然界中的物质产生的颜色与光有着直接的关系,如果没有光就没有五彩斑斓的世界。物质对紫外-可见光的吸收与光的性质及光与物质的作用有关。

一、光的基本特性

1. 光的波动性

光具有波动性,光的折射、衍射和干涉等现象可说明这一点。光是一种电磁波(电磁辐射),与其他波如声波不同,电磁波不需要传播介质,可以在真空中传播,传播速度 $c=2.998\times10^{10}\,\mathrm{cm\cdot s^{-1}}$。电磁波可以用周期 T(秒,s)、频率 ν(赫兹,Hz)、波长 λ(m,cm,μm,nm 等)和波数 σ($\mathrm{cm^{-1}}$)等参数描述。它们之间的关系可用下列公式表示:

$$\nu=\frac{1}{T}=\frac{c}{\lambda} \tag{1-1}$$

$$\sigma=\frac{1}{\lambda}=\frac{\nu}{c} \tag{1-2}$$

电磁波按频率(或波长)可分为 γ 射线、X 射线、紫外线、可见光、红外线、微波和无线电波等波谱区域,其中紫外线(包括远紫外和近紫外)、可见光和红外线(包括近、中和远红外)波谱区合称光学光谱区。表 1-1 描述了波谱区域的划分情况。

表 1-1　电磁波波谱区域与光学分析方法

波谱名称	波长范围	跃迁类型	辐射源	分析方法
γ 射线区	5~140 pm	核能级	核聚变、钴 60	
X 射线区	10^{-3}~10 nm	内层电子能级	X 射线管	X 射线光谱法
真空紫外光区	10~200 nm	内层电子能级	氢、氘、氙灯	真空紫外光度法
近紫外光区	200~400 nm	价电子能级	氢、氘、氙灯	紫外光度法
可见光区	400~780 nm	价电子能级	钨灯	比色及可见光度法
近红外光区	0.78~2.5 μm	分子振动能级	碳化硅热棒	近红外光光度法
中红外光区	2.5~50 μm	分子振动能级	碳化硅热棒	中红外光光度法
远红外光区	50~1000 μm	分子转动能级	碳化硅热棒	远红外光光度法
微波区	0.1~100 cm	分子转动能级	电磁波发生器	微波光谱法
无线电波区	1~1000 m	电子和核自旋		核磁共振光谱法

2. 光的粒子性

光具有粒子性,光电效应可以证实这一点。光是由光子(或称为光量子)组成的,光子具有能量,其能量与光的频率或波长有关,它们之间的关系为:

$$E=h\nu=h\cdot\frac{c}{\lambda} \tag{1-3}$$

式中:E 为能量,单位为焦耳(J);h 为普朗克常量(6.626×10^{-34} J·s)。

该式表明,光子能量与它的频率成正比,或与波长成反比,而与光的强度无关。光子的能量还可用 eV(电子伏特)表示,电子伏特表示一个电子通过电位差为 1 V 的电场所获得的能量,常用来表示高能量光子的能量单位,1 eV=1.602×10⁻¹⁹ J。

> **【例 1-1】** 试计算波长为 400 nm 的电磁辐射的能量。分别用焦耳和电子伏特表示。
>
> **【解】**
> $$\lambda = 400\ \text{nm} = 4.0 \times 10^{-7}\ \text{m}$$
>
> $$E_J = \frac{hc}{\lambda} = \frac{6.626 \times 10^{-34}\ \text{J·s} \times 3.0 \times 10^8\ \text{m·s}^{-1}}{4.0 \times 10^{-7}\ \text{m}} = 5.0 \times 10^{-19}\ \text{J}$$
>
> $$E_{eV} = \frac{5.0 \times 10^{-19}\ \text{J}}{1.602 \times 10^{-19}\ \text{J·eV}^{-1}} = 3.1\ \text{eV}$$

依据能量与波长(频率)的关系,γ 射线的波长最短(频率最高),能量最大;其后依次是 X 射线区,紫外-可见光和红外光区;无线电波区波长最长(频率最低),能量最小。

3. 单色光、复合光和互补色光

具有同一波长(或频率)的光称为单色光,而由不同波长的光组合而成的光称为复合光。单色光很难直接从光源获得,多数光源如太阳、白炽灯和氢灯等发出的光都是复合光,通过适当的手段可以从复合光中获得单色光。

人的眼睛对不同光的感觉不一样。凡是能被肉眼感受到的光称为可见光,可见光的波长范围为 400~780 nm。凡是超出此范围的光,人的眼睛感觉不到。可见光范围内,不同波长的光会让人感觉出不同的颜色。如日光属于可见光,它是由红、橙、黄、绿、青、蓝、紫等各种颜色光按一定比例混合而成的白光。当通过棱镜后,白光中各种波长的光被彼此分离开来,从而得到了各种不同颜色的单色光。

如果把适当颜色的两种光按一定强度比例混合也可得到白光,这两种颜色的光称为互补色光。如绿色与紫色为互补色,黄色与蓝色为互补色。通过表 1-2 可以了解各种颜色对应的互补色。

表 1-2　不同颜色可见光的波长及其互补色

波长/nm	400~450	450~480	480~490	490~500	500~560	560~580	580~610	610~650	650~780
颜色	紫	蓝	绿蓝	蓝绿	绿	黄绿	黄	橙	红
互补色	黄绿	黄	橙	红	红紫	紫	蓝	绿蓝	蓝绿

二、光与物质的作用

1. 光的吸收

光与物质的相互作用方式很多,包括发射、吸收、反射、折射、散射、干涉、衍射等。在产生反射、折射、干涉、衍射等现象的过程中,光的传播方向发生改变,但光与物质之间没有能量的传递。而在光的吸收、发射等过程中,光与物质之间会产生能量的传递。

物质粒子如原子、分子、离子等总是处于特定的不连续的能量状态,各状态对应的能量称为能级,用 E 表示。其中能量最低的状态称为基态,对应能级用 E_0 表示,其他能量状态称为激发态,对应能级用 E_i 表示,不同能量状态之间的能级差用 ΔE 表示。

当一束光照射到某物质或某溶液时,组成该物质的分子、原子或离子等粒子与光子发生作用,由低能量状态转化为高能量状态,即发生跃迁现象。通过这种跃迁现象,光子的能量发生转移,可用下列式子表示:

$$M(基态)+h\nu \longrightarrow M^*(激发态) \tag{1-4}$$

这个过程即是物质对光的吸收过程。由于分子、原子或离子的能级是不连续的,只有光子的能量 E_L 满足下列条件:

$$E_L=h\nu=\frac{hc}{\lambda}=\Delta E \tag{1-5}$$

或

$$\lambda=\frac{hc}{\Delta E} \tag{1-6}$$

物质才能吸收该辐射能。不同物质的结构是不同的,其分子能级分布也是不同的,所吸收的光子的波长也不同。因此,物质对光的吸收具有选择性。

> **【例 1-2】** 某分子中两个电子能级之间的能级差为 1 eV,若要电子在两个能级之间发生跃迁,需要吸收光的波长为多少纳米? 如果能级差为 20 eV,波长应为多大?
>
> **【解】** 根据式(1-5),对应能量的波长分别为:
>
> $$\lambda_1=\frac{hc}{\Delta E}=\frac{6.626\times10^{-34}\ J\cdot s\times3.0\times10^{10}\ cm\cdot s^{-1}}{1.0\ eV\times1.602\times10^{-19}\ J\cdot eV^{-1}}\times10^7\ nm\cdot cm^{-1}=1\ 241\ nm$$
>
> $$\lambda_2=\frac{hc}{\Delta E}=\frac{6.626\times10^{-34}\ J\cdot s\times3.0\times10^{10}\ cm\cdot s^{-1}}{20\ eV\times1.602\times10^{-19}\ J\cdot eV^{-1}}\times10^7\ nm\cdot cm^{-1}=62\ nm$$

2. 物质颜色的产生

当一束白光照射到固体物质时,物质对于不同波长光的吸收、透过、反射、折射程度不同,从而使物质产生不同的颜色。如果对各种波长的光都完全吸收,则呈黑色;如果完全反射即没有光的吸收,则呈白色;如果物质选择性吸收了某些波长的光,则呈现的颜色与其反射或透过的光的颜色有关。

溶液呈现的颜色是由于溶液中的粒子(分子或离子)选择性吸收白光中的某种颜色的光产生的。如果各种颜色的光透过的程度相同,则溶液无色透明;如果吸收了某种波长的光,则溶液呈现的是它吸收的光的互补色。例如,硫酸铜溶液因为吸收了白光中的黄色而呈现蓝色;高锰酸钾溶液因吸收了白光中的绿色而呈现紫色。物质呈现的颜色与吸收光的对应关系可通过图 1-1 简单描述。

图 1-1 有色光的互补色

如果物质分子吸收的是其他波段的光(非可见光)时,则不能用颜色来判断物质微粒是否吸收光子。

三、光谱吸收曲线

1. 紫外-可见吸收光谱产生的机理

构成物质的分子一直处于运动状态,包括电子运动、原子核之间的相对振动及分子本身绕其重心的转动。不同的运动状态具有不同的能级,其中电子能级间的能量差 ΔE_e 一般为 $1\sim20$ eV。

光子作用于物质分子时,如果光子的能量与物质分子的电子能级间的能级差满足式(1-5)的条件,光子将能量传递给物质分子,分子获得能量后可发生电子能级的跃迁(见图1-2)。电子能级跃迁的能量变化最大,因此,只有用紫外-可见光谱区域的光照射分子,才会发生跃迁。在光吸收过程中,基于分子中电子能级的跃迁而产生的光谱称为紫外-可见吸收光谱(或电子光谱)。

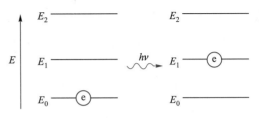

图 1-2　分子中电子能级跃迁示意图

由于振动能级差和转动能级差小于电子能级差,在电子能级间跃迁的同时,总伴随有振动和转动能级间的跃迁。即电子光谱中总包含有振动能级和转动能级间跃迁,因而产生的谱线呈现宽谱带。

2. 光谱吸收曲线

若用一连续波长的光以波长大小顺序分别照射分子,测定物质分子对各种波长光的吸收程度(用吸光度 A 表示),以波长为横坐标,吸光度为纵坐标作图,得到光吸收程度随波长变化的关系曲线,这就是光谱吸收曲线,通常称为吸收光谱。它揭示了物质对不同波长光的吸收程度。

图1-3是不同浓度 $KMnO_4$ 水溶液的吸收曲线。溶液对不同波长光的吸收程度不同,其中在525 nm、545 nm 处的光吸收程度大,在光谱吸收曲线中形成一个极值峰,称为吸收峰。光谱曲线随着浓度的增加逐渐向吸光度增加的方向移动。分析该物质的吸收光谱,可得出:

(1) 同一种物质对不同波长光的吸光度不同。吸光度最大处对应的波长称为最大吸收波长,用 λ_{max} 表示。

(2) 同一物质不同浓度的溶液,光吸收曲线形状相似,其最大吸收波长不变。但在同一波长处的吸光度随溶液的浓度增加而增大,这个特性可作为物质定量分析的依据。在实际测定时,只有在 λ_{max} 处测定吸光度,其灵敏度才最高,因此,吸收曲线是分光光度法中选择测量波长的依据。

(3) 不同物质吸收曲线的特性不同。吸收曲线的特性包括曲线的形状、峰的数目、峰的位置

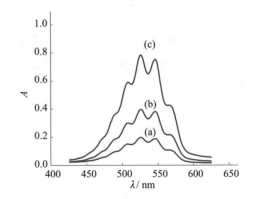

其中(a)、(b)、(c)对应的质量浓度分别为:

1.4×10^{-2} g·L^{-1}、2.8×10^{-2} g·L^{-1}、5.6×10^{-2} g·L^{-1}。

图 1-3　$KMnO_4$ 水溶液的吸收曲线

(λ_{max})和峰的强度等,它们与物质特性有关。因此,吸收曲线可提供定性分析的信息。

四、光吸收定律

1. 光强度、透射率和吸光度

光的吸收程度与光通过物质前后的光的强度变化有关,光强度是指单位时间(1 s)内照射在单位面积(1 cm²)上的光的能量,用 I 表示。它与单位时间照射在单位面积上的光子的数目有关,与光的波长无关。

当一束强度为 I_0 的平行单色光通过一均匀、非散射和反射的吸收介质时(如图 1-4 所示),由于吸光物质与光子的作用,一部分光子被吸收,一部分光子透过介质。设透过的光强度为 I_t,则 I_t 与入射光强度 I_0 之比定义为透射率,用 T 表示为:

图 1-4　溶液吸光示意图

$$T = \frac{I_t}{I_0} \tag{1-7}$$

T 的取值范围为 0.00%～100.0%。T 越大,物质对光的吸收越少;T 越小,物质对光的吸收越多。$T=0.00\%$ 表示光全部被吸收;$T=100.0\%$ 表示光全部透过。

物质对光的吸收程度可用吸光度 A 表示,吸光度与光强度、透射率之间的关系为:

$$A = -\lg T = \lg \frac{I_0}{I_t} \tag{1-8}$$

A 的取值范围为 0.00～∞。A 越小,物质对光的吸收越少;A 越大,物质对光的吸收越大。$A=0.00$ 表示光全部透过;$A \rightarrow \infty$ 表示光全部被吸收。

2. 朗伯-比尔吸收定律

当一束平行光照射到一固定浓度的溶液时,其吸光度与光通过的液层厚度成正比。即

$$A = k_1 b \tag{1-9}$$

式中:b 为液层厚度,k_1 为比例系数。这是**朗伯定律**。

当入射光通过不同浓度的同一种溶液,若液层厚度一定,则吸光度与溶液浓度成正比。即

$$A = k_2 c \tag{1-10}$$

式中:c 为溶液浓度,k_2 为比例系数。这是**比尔定律**。

当溶液厚度和浓度都改变时,要考虑两者同时对透过光的影响。将式(1-9)和式(1-10)合并,则有

$$A = kbc \tag{1-11}$$

式中:k 为比例常数,与溶液性质、温度和入射光波长有关;b 的单位为 cm。这就是在分光光度测定中常用的**朗伯-比尔吸收定律**。该定律表明,当一束平行单色光垂直通过溶液时,溶液对光的吸收程度与溶液浓度和液层厚度的乘积成正比。

k 的物理意义是:液层厚度为 1 cm 的单位浓度溶液,对一定波长光的吸光度。表示某物质对特定波长光的吸收能力。k 越大,表示该物质对光的吸收能力越强,分光光度测定的灵敏度就越高。另外,k 的单位及数值还与浓度采用的单位有关,一般有两种表达方式。具体见表 1-3。

表 1-3　k 与浓度单位之间的变化关系

c 的单位	k 的单位	名称	符号	定量关系
$mol \cdot L^{-1}$	$L \cdot mol^{-1} \cdot cm^{-1}$	摩尔吸收系数	κ	$\kappa = aM$
$g \cdot L^{-1}$	$L \cdot g^{-1} \cdot cm^{-1}$	质量吸收系数	a	M 为物质的摩尔质量

【例 1-3】 已知某化合物的相对分子质量为 251,用乙醇作溶剂将此化合物配成浓度为 0.150 mmol·L^{-1} 的溶液,在 480 nm 波长处用 2.00 cm 吸收池测得透射率为 39.8%,求该化合物在上述条件下的摩尔吸收系数 κ 及质量吸收系数 a。

【解】 已知 $c = 0.150 \times 10^{-3}$ mol·L^{-1},$b = 2.00$ cm,$T = 0.398$,则

$$A = -\lg T = -\lg 0.398 = 0.400$$

由朗伯-比尔吸收定律的数学表达式 $A = kbc$ 得出:

摩尔吸收系数:$\kappa = \dfrac{A}{cb} = \dfrac{0.400}{0.150 \times 10^{-3}\ \text{mol} \cdot \text{L}^{-1} \times 2.00\ \text{cm}} = 1.33 \times 10^{3}\ \text{L} \cdot \text{mol}^{-1} \cdot \text{cm}^{-1}$

质量吸收系数:$a = \dfrac{\kappa}{M} = \dfrac{1.33 \times 10^{3}\ \text{L} \cdot \text{mol}^{-1} \cdot \text{cm}^{-1}}{251\ \text{g} \cdot \text{mol}^{-1}} = 5.30\ \text{L} \cdot \text{g}^{-1} \cdot \text{cm}^{-1}$

3. 朗伯-比尔吸收定律的应用条件

朗伯-比尔吸收定律不仅适用于紫外线、可见光,也适用于红外线;不仅适用于均匀非散射的液态样品,也适用于粒子分散均匀的固态或气态样品。另外,由于吸光度具有加和性,即在某一波长下,如果样品中几种组分同时能够产生吸收,则样品的总吸光度等于各组分的吸光度之和,即

$$A = A_1 + A_2 + A_3 + \cdots + A_n = \sum_{1}^{n} A_n$$

因此,该定律既可用于单组分分析,也可用于多组分的同时测定。

应用光吸收定律时必须符合三个条件:一是入射光必须为单色光;二是被测样品必须是均匀介质;三是在吸收过程中,吸收物质之间不能发生相互作用。

4. 朗伯-比尔吸收定律的偏离现象

根据朗伯-比尔吸收定律,对于厚度一定的溶液,用吸光度对溶液浓度作图,得到的应该是一条通过原点的直线,即二者之间应呈线性关系。但在实际工作中,吸光度与浓度之间常常偏离线性关系,如图 1-5 所示。这种现象称为朗伯-比尔吸收定律的偏离现象。产生偏离的重要因素有以下几种。

(1) 朗伯-比尔吸收定律的局限性。朗伯-比尔吸收定律是一个有限制性的定律,它假设吸光粒子之间是无相互作用的,因此仅在稀溶液的情况下才适用。在高浓度(通常 $c >$

$0.01\ mol \cdot L^{-1}$)时,由于吸光物质的分子或离子间的平均距离缩小,使相邻的吸光粒子(分子或离子)的电荷分布互相影响,从而改变了它对光的吸收能力。这种相互影响的过程同浓度有关,因此,吸光度 A 与浓度 c 之间的线性关系发生了偏离。

(2) 非单色入射光引起的偏离。严格地讲,朗伯-比尔吸收定律仅在入射光为单色光时才是正确的。实际上一般分光光度计中的单色器获得的光束不是严格的单色光,而是具有较窄波长范围的复合光带,这些非单色光会引起朗伯-比尔吸收定律的偏离现象。这是由仪器条件的限制造成的,并不是定律本身不正确。为了减少这种偏离,通常选择吸光物质的最大吸收波长(见图 1-6 中的吸收谱带Ⅰ)作为分析的测量波长。

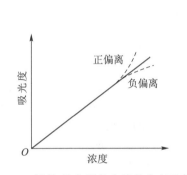

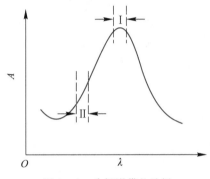

图 1-5　朗伯-比尔吸收定律的偏离示意图　　　　图 1-6　分析谱带的选择

(3) 光的散射、折射引起的偏离。当测定溶液中有胶体、乳状液或悬浮物质存在,入射光通过溶液时,有一部分光会因散射而损失,造成"假吸收",使吸光度偏大,导致朗伯-比尔吸收定律的正偏离。质点的散射强度与照射光波长的四次方成反比,所以在紫外光区测量时,散射光的影响更大。此外,测定溶液的折射率发生变化也会导致光吸收定律的偏离。

(4) 溶液本身发生化学变化引起的偏离。由于被测物质在溶液中发生缔合、解离或溶剂化、互变异构、配合物的逐级形成等化学原因,造成对朗伯-比尔吸收定律的偏离。这类原因所造成的误差称为**化学误差**。例如,在一个非缓冲体系的铬酸盐溶液中存在着如下的平衡:

$$Cr_2O_7^{2-} + H_2O \Longrightarrow 2HCrO_4^- \Longrightarrow 2CrO_4^{2-} + 2H^+$$
$$\text{(橙色)} \qquad\qquad\qquad \text{(黄色)}$$

测定时,在大部分波长处,$Cr_2O_7^{2-}$ 与 CrO_4^{2-} 的吸收系数是不相同的。因此,当铬的总浓度相同时,溶液的吸光度取决于 $Cr_2O_7^{2-}$ 与 CrO_4^{2-} 的浓度之比,它将随溶液的稀释而发生显著的变化。所以将造成 A 与 c 之间线性关系的明显偏离。为了控制这一偏离,可采取:在溶液中加碱使其中 $Cr_2O_7^{2-}$ 全部转化为 CrO_4^{2-};或加酸使 CrO_4^{2-} 全部转化为 $Cr_2O_7^{2-}$。这样溶液中的总浓度 c 与 A 之间就能符合朗伯-比尔吸收定律。

另外,有些配合物的稳定性较差,由于溶液稀释导致配合物解离度增大,使溶液颜色变浅,所以有色配合物的浓度不等于金属离子的总浓度,导致 A 与 c 不呈线性关系。

第二节　化合物的紫外-可见吸收光谱

各种化合物由于组成和结构上的不同都有各自特征的紫外-可见吸收光谱。因此可以从吸收光谱的形状、波峰的位置及强度、波峰的数目等进行定性分析,为研究物质的内部结构提供重要的信息。

一、有机化合物的紫外-可见吸收光谱

有机化合物的紫外-可见吸收光谱是由于构成分子的原子的外层价电子跃迁所产生的,电子跃迁与分子的组成、结构及溶剂等因素有关。

1. 电子跃迁的类型

原子形成分子的过程中,两个原子轨道可组合形成两个分子轨道,其中能量较低的轨道为成键轨道(如 σ 成键轨道、π 成键轨道),能量较高的轨道为反键轨道(如 σ* 反键轨道、π* 反键轨道)。如果原子轨道没有成键,称为非键轨道(如非键 n 轨道)。有机化合物分子中通常有三类电子:形成单键的 σ 电子、形成不饱和键的 π 电子和未成键的 n 电子。

分子中的价电子在各自的轨道上运动,但在得到能量后可以从低能量轨道跃迁到高能量轨道。有机化合物分子中通常有五种轨道,图 1-7 表明了各种电子轨道能量的高低及电子跃迁的类型。跃迁所需能量的大小顺序为:

$$\Delta E_{\sigma \to \sigma^*} > \Delta E_{n \to \sigma^*} > \Delta E_{\pi \to \pi^*} > \Delta E_{n \to \pi^*}$$

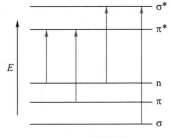

图 1-7　电子能级及电子跃迁示意图

(1) σ-σ* 跃迁。它是 σ 电子从 σ 成键轨道向 σ* 反键轨道的跃迁,这是所有有机化合物都可以发生的跃迁类型。实现 σ-σ* 跃迁所需的能量在所有跃迁类型中最大,因而所吸收的辐射的波长最短,处在小于 200 nm 的真空紫外光区。如甲烷的 λ_{max} 为 125 nm,乙烷的 λ_{max} 为 135 nm。

(2) n-σ* 跃迁。它是非键的 n 电子从非键轨道向 σ* 反键轨道的跃迁。含有杂原子(如 N、O、S、P 和卤素原子)的有机化合物都会发生这类跃迁。n-σ* 跃迁所要的能量比 σ-σ* 跃迁小,所以吸收的波长会长一些,λ_{max} 可在 200 nm 附近。

(3) π-π* 跃迁。它是 π 电子从 π 成键轨道向 π* 反键轨道的跃迁。含有不饱和键的有机化合物都会发生 π-π* 跃迁。π-π* 跃迁所需的能量比 σ-σ*、n-σ* 跃迁小,所以吸收辐射的波长比较大,一般在 200 nm 附近,摩尔吸收系数都比较大,通常在 1.0×10^4 L·mol^{-1}·cm^{-1} 以上。

(4) n-π* 跃迁。它是 n 电子从非键轨道向 π* 反键轨道的跃迁。含有不饱和杂原子基团如—C≡O、—NO$_2$ 的有机化合物分子中既有 π 电子,又有 n 电子,可以发生这类跃迁。n-π* 跃迁所需的能量最低,因此吸收辐射的波长最长,一般都在近紫外光区,甚至可见光区。n-π* 跃迁的摩尔吸收系数比较小,一般为 10~100 L·mol^{-1}·cm^{-1},比 π-π* 跃迁小 2~3 个

数量级。摩尔吸收系数的显著差别,是区别 $\pi - \pi^*$ 跃迁和 $n - \pi^*$ 跃迁的方法之一。

(5) 电荷转移跃迁。某些分子同时具有电子给予体和电子接受体部分,这种分子在外来辐射的激发下,会强烈地吸收辐射能,使电子从给予体向接受体迁移,称为电荷转移跃迁。

电荷转移跃迁实质上是分子内的氧化还原过程,电子给予体是一个还原基团,电子接受体是一个氧化基团,激发态是氧化还原的产物,是一种双极分子。电荷转移过程可表示为:

$$A \cdots\cdots B \xrightarrow{h\nu} A^+ \cdots\cdots B^-$$

某些取代芳烃可以产生电荷转移吸收光谱。例如:

2. 常用术语

(1) 生色团和助色团。通常把含有 π 键的结构单元称为生色团。如乙烯基 $\left(\diagdown C = C \diagup \right)$、乙炔基 $(-C\equiv C-)$、羰基 $\left(\diagdown C = O \right)$、亚硝基 $(-N = O)$、偶氮基 $(-N = N-)$、腈基 $(-C\equiv N)$ 等。这类基团可引起 $\pi - \pi^*$ 或 $n - \pi^*$ 跃迁,表 1-4 列出了一些常见生色团的最大吸收波长。

表 1-4 某些常见生色团的吸收特性

生色团	实例	溶剂	λ_{max}/nm	$\kappa_{max}/(L \cdot mol^{-1} \cdot cm^{-1})$	跃迁类型
$\diagdown C = C \diagup$	$C_6H_{13}CH=CH_2$	正庚烷	177	13 000	$\pi - \pi^*$
$-C\equiv C-$	$C_5H_{11}C\equiv CCH_3$	正庚烷	178	10 000	$\pi - \pi^*$
$\diagdown C = O$	CH_3COCH_3	正己烷	280	16	$n - \pi^*$
$-N = O$	$C_4H_9N=O$	乙醚	665	20	$n - \pi^*$
$-N = N-$	$CH_3N=NCH_3$	乙醇	339	5	$n - \pi^*$

通常把含有未共用电子对的杂原子基团称为助色团,如 $-NH_2$、$-OH$、$-NR_2$、$-OR$、$-SH$、$-SR$、$-Cl$、$-Br$ 等。它们本身没有生色功能,不能吸收 $\lambda > 200 \, nm$ 的光,但当它们与生色团相连时,基团中的 n 电子能与生色团中的 π 电子发生 $n - \pi$ 共轭作用,使 $\pi - \pi^*$ 跃迁能量降低,跃迁概率变大,从而增强生色团的生色能力,使吸收波长向长波方向移动,且吸收强度增加。表 1-5 列举了某些助色团的吸收特性。

表 1-5 某些常见助色团的吸收特性

助色团	实例	溶剂	λ_{max}/nm	$\kappa_{max}/(L \cdot mol^{-1} \cdot cm^{-1})$
—	CH_4	气态	<150	—
$-OH$	CH_3OH	正己烷	177	200

助色团	实例	溶剂	λ_{max}/nm	$\kappa_{max}/(L \cdot mol^{-1} \cdot cm^{-1})$
—SH	CH_3SH	乙醇	195	1 400
—Cl	CH_3Cl	正己烷	173	200
—Br	CH_3Br	正己烷	204	300
—I	CH_3I	正己烷	259	400

(2) 红移和蓝移。使化合物的吸收峰向长波长方向移动的现象称为红移。不饱和键之间的共轭效应、引入助色团或改变溶剂的极性,都会引起红移现象。

使化合物的吸收峰向短波长方向移动的现象称为蓝移(或紫移)。如改变溶剂的极性会引起蓝移现象。

3. 影响紫外-可见吸收光谱的因素

(1) 共轭效应。如果一种化合物的分子含两个或两个以上不饱和键,非共轭时,各个生色团独立吸收光,对应吸收带的波长及吸收强度相互影响不大;共轭时,由于共轭后 π 电子的运动范围增大,引起 π^* 轨道的能量降低,$\pi-\pi^*$ 跃迁的能级差 ΔE 减小,吸收光谱产生红移,同时摩尔吸收系数增大,这一现象称为生色团的共轭效应。共轭不饱和键数目越多,红移现象越显著。表 1-6 是几种烯烃的吸收特性。

表 1-6　共轭效应对吸收波长的影响

化合物	溶剂	λ_{max}/nm	$\kappa_{max}/(L \cdot mol^{-1} \cdot cm^{-1})$
$CH_2 = CH—(CH_2)—CH_3$	己烷	177	11 800
$CH_2 = CHCH_2CH_2CH = CH_2$	异辛烷	178	26 000
$CH_2 = CH—CH = CH_2$	己烷	217	21 000
$CH_2 = CH—CH = CH—CH = CH_2$	异辛烷	268	43 000

(2) 溶剂效应。物质的紫外-可见吸收光谱大多是在溶液中测定的,由于使用的溶剂不同,同一种物质得到的光谱可能不一样,这种现象称为溶剂效应。表 1-7 列出了亚甲基异丙基丙酮[$CH_3COCHC(CH_3)_2$]在不同极性溶剂中的最大吸收波长,随着极性增加,$\pi-\pi^*$ 跃迁的吸收波长变大,$n-\pi^*$ 跃迁的吸收波长变小。

表 1-7　溶剂对亚甲基异丙基丙酮紫外吸收光谱的影响

溶剂	异辛烷	三氯甲烷(又称氯仿)	甲醇	水
$\pi-\pi^*$,λ_{max}/nm	235	238	237	243
$n-\pi^*$,λ_{max}/nm	321	315	309	305

当溶剂极性增大时,溶剂与溶质的相互作用增强,使溶质分子中 n 轨道、π 轨道和 π^* 轨道的能量降低,其中,n 轨道能量降低最显著,π 轨道能量降低幅度最小(见图 1-8)。造成 π 与

π^* 轨道的能量差 $\Delta E_{\pi-\pi^*}$ 变小,n 与 π^* 轨道的能量差 $\Delta E_{n-\pi^*}$ 变大。因此,由 $\pi-\pi^*$ 跃迁产生的吸收带发生红移,$n-\pi^*$ 跃迁产生的吸收带发生紫移。在测定物质的紫外-可见吸收光谱时,应注明所用的溶剂。

(3) 溶液 pH。很多化合物都具有酸性或碱性可解离的基团,在不同 pH 的溶液中,分子或离子的解离形式可能发生变化,其吸收光谱的形状、$\lambda_{\max}$ 和吸收强度可能不一样。如酚酞在酸性和碱性溶液中的颜色明显不同。所以,在测定这些化合物的紫外-可见吸收光谱时,必须注意溶液的 pH。

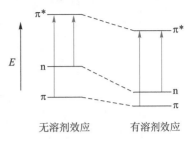

图 1-8　溶剂极性对 $\pi-\pi^*$ 跃迁和 $n-\pi^*$ 跃迁能量的影响

4. 常见有机化合物的紫外-可见吸收光谱

(1) 饱和烃及其取代衍生物。饱和烃中只有 σ 电子,因此只能产生 $\sigma-\sigma^*$ 跃迁,吸收波长通常在 150 nm 左右的真空紫外光区。饱和烃引入具有未成键 n 电子的杂原子,可以产生 $n-\sigma^*$ 跃迁,吸收波长变大,如 CH_4 的 $\lambda_{\max}$ 为 125 nm,而 CH_3Cl 的 $\lambda_{\max}$ 为 173 nm。$\lambda_{\max}$ 因杂原子的电负性不同而不同,一般电负性越大,n 电子被束缚得越紧,跃迁所需的能量越大,吸收的波长越短,如 CH_3I、CH_3Br、CH_3Cl 的 $\lambda_{\max}$ 分别为 259 nm、204 nm、173 nm。

饱和烃及其取代衍生物的紫外吸收光谱在分析上并没有什么实用价值,但由于在 200 nm 以上区域没有吸收,所以可作为测定紫外-可见吸收光谱时的良好溶剂,如庚烷、环己烷等常作为溶剂测定其他物质的光谱。

(2) 不饱和烃及共轭烯烃。不饱和烃不仅含有 σ 电子,还有 π 电子,因此,可以产生 $\sigma-\sigma^*$ 跃迁和 $\pi-\pi^*$ 跃迁。其中 $\pi-\pi^*$ 跃迁对应的吸收光波长比较长,一般在近紫外光区,且摩尔吸收系数较大,在分析上有实用价值。

在不饱和烃中,如果存在着共轭体系,由于共轭效应而产生红移现象,共轭体系越大,吸收波长越长,当分子中只有五个及以上的共轭双键时吸收波长可达到可见光区。表 1-8 列出某些共轭多烯体系的吸收光谱特性。

表 1-8　某些共轭多烯的吸收光谱特性

化合物	溶剂	$\lambda_{\max}/nm$	$\kappa_{\max}/(L \cdot mol^{-1} \cdot cm^{-1})$	颜色
1,3-丁二烯	己烷	217	21 000	无色
1,3,5-己三烯	异辛烷	268	43 000	无色
1,3,5,7-辛四烯	环己烷	304	—	无色
1,3,5,7,9-癸五烯	异辛烷	334	121 000	微黄
1,3,5,7,9,11-十二烷基六烯	异辛烷	364	138 000	微黄

(3) 苯及其取代衍生物。图 1-9 是苯的紫外吸收光谱,苯分别在 184 nm 及 204 nm 处产生 E_1、E_2 两个强吸收带,是由苯环结构中三个 π 键环状共轭系统的跃迁产生的,这是芳香烃类化合物的特征吸收带。此外,在 230~270 nm 处出现 B 吸收带,又称为精细结构吸收带,是由 $\pi-\pi^*$ 跃迁和苯环振动的重叠引起的。

当苯环上引入取代基时，苯的三个特征谱带都会发生显著的变化，其中受影响较大的是 E_2 带和 B 带。取代基的影响结果与取代基的种类、多少、位置有关。对于稠环芳烃化合物，苯环的数目越多，λ_{max} 越大。

(4) 羰基化合物。羰基化合物含有 σ 电子、π 电子和 n 电子，可发生 $n-\sigma^*$、$n-\pi^*$ 和 $\pi-\pi^*$ 跃迁，产生三个吸收带，其中 $n-\pi^*$ 跃迁所需要的能量较低，吸收波长进入了近紫外光区或紫外-可见光区，摩尔吸收系数为 $10\sim100$ $L\cdot mol^{-1}\cdot cm^{-1}$。

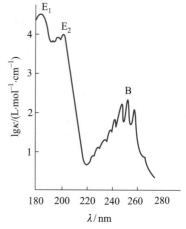

图 1-9　苯的紫外吸收光谱

二、无机化合物的紫外-可见吸收光谱

与有机化合物相似，在电磁辐射的照射下，一些无机化合物也产生紫外-可见吸收光谱，但其主要能级跃迁类型包括电荷转移跃迁和配位场跃迁。

1. 电荷转移跃迁

一般说来，配合物的金属中心离子(M)具有正电荷中心，是电子接受体，配体(L)具有负电荷中心，是电子给予体，当化合物接受辐射能量时，一个电子由配体的电子轨道跃迁至金属离子的电子轨道，如下式表示：

$$M^{n+}-L^{b-} \xrightarrow{h\nu} M^{(n-1)+}-L^{(b-1)-}$$

这种跃迁的实质是配体与金属离子之间发生分子内的氧化还原反应，其中金属离子相当于被还原。例如，$Fe(SCN)^{2+}$ 的水溶液呈现血红色，是由于 SCN^- 的电子在辐射能的作用下转移到 Fe^{3+} 上而产生的可见光吸收现象引起的。可表示为：

$$Fe^{3+}-SCN^- \xrightarrow{h\nu} Fe^{2+}-SCN$$

普鲁士蓝($KFe[Fe(CN)_6]$)、$AgBr$、PbI_2、HgS 及 Ti^{3+}、Fe^{2+}、V^{2+}、Cu^+ 与吡啶、$2,2'$-联吡啶、$1,10$-二氮杂菲等形成的配合物，也是由于这类电子跃迁而呈现颜色。

电荷转移跃迁的最大特点是摩尔吸收系数较大，一般 $\kappa_{max}>10^4$ $L\cdot mol^{-1}\cdot cm^{-1}$。因此，这类吸收谱带在定量分析上很有实用价值。

2. 配位场跃迁

第四、五周期的过渡金属元素分别含有 3d 和 4d 轨道，镧系和锕系元素分别含有 4f 和 5f 轨道。在配体形成的配位场的作用下，对应的五个能量相等的 d 轨道和七个能量相等的 f 轨道分别分裂成几组能量不等的 d 轨道和 f 轨道。当它们的离子吸收光能后，低能级轨道上的 d 电子或 f 电子可以分别跃迁到高能级轨道，产生光的吸收。这两类跃迁分别称为 $d-d$ 跃迁和 $f-f$ 跃迁。由于这两类跃迁必须在配体的配位场作用下才有可能发生，所以称为**配位场跃迁**。

配位场跃迁所产生的光谱吸收波长较长，一般位于可见光区，如 $Co(H_2O)_6^{2+}$、$Ni(H_2O)_6^{2+}$、$Cu(NH_3)_4^{2+}$ 等呈现出不同颜色，都是由配位场跃迁产生的。金属离子本身不产生光的吸收，当与适当配体结合后，往往形成有色配位化合物。

第三节　紫外-可见分光光度计的结构与原理

一、主要组成元件

各种型号的紫外-可见分光光度计,就其基本结构来说,都是由五个基本部分组成,即光源、单色器、吸收池、检测器和信号处理及显示系统。示意图见图 1-10。

图 1-10　紫外-可见分光光度计的基本结构示意图

动画:紫外-
可见分光
光度计介绍

1. 光源

光源的作用是提供激发能,使待测分子产生光吸收。要求光源能够提供足够强的连续光谱、有良好的稳定性、较长的使用寿命,且辐射强度随波长无明显变化。分光光度计中常用的光源有钨灯、碘钨灯等热辐射光源和氢灯、氘灯等气体放电光源。前者发出 320~2 500 nm 的连续可见光光谱,可用作可见分光光度计如 721 型、722 型分光光度计的光源。后者可发出波长范围为 160~375 nm 紫外线,有效的波长范围一般为 200~375 nm,是紫外光区应用最广泛的一种光源。

由于同种光源不能同时产生紫外线和可见光,所以紫外-可见分光光度计如 751 型分光光度计需要同时安装两种光源。

2. 单色器

单色器是能从复合光中分出波长可调的单色光的光学装置,其性能直接影响入射光的单色性,从而影响测定的灵敏度、选择性及准确性等。

单色器由入射狭缝、准光器(透镜或凹面反射镜使入射光变成平行光)、色散元件、聚焦元件和出射狭缝等几个部分组成(见图 1-11)。其核心部分是起分光作用的色散元件,包括棱镜和光栅两种。其他光学元件中,狭缝在决定单色器性能上起着重要作用,狭缝宽度过大时,谱带宽度太大,入射光单色性差,狭缝宽度过小时,又会减弱光强。

3. 吸收池

吸收池是用于盛放液态样品的器皿,是光与物质发生作用的场所,因此,要求吸收池能允许入射光束通过。吸收池分为玻璃池和石英池两种,玻璃池只能用于可见光区,石英池可用于可见光区及紫外光区。吸收池的大小规格从几毫米到几厘米不等,最常用的是 1 cm 的吸收池。为减少光的反射损失,吸收池的光学面必须严格垂直于光束方向。因为吸收池材料本身及光学面的光学特性、吸收池光程长度的精确性对吸光度的测量结果都有直接影响,所以,在精度分析测定中,同一套吸收池的性能要基本一致。

4. 检测器

检测器用于检测单色光通过溶液后透射光的强度,并把这种光信号转变为电信号。检测器应符合以下要求:在测量的光谱范围内具有高的灵敏度;对辐射能量的响应快、线性关系好、

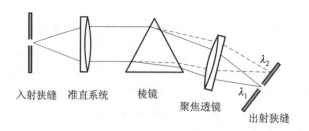

（a）棱镜型

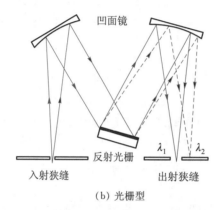

（b）光栅型

图 1-11 单色器结构示意图

线性范围宽;对不同波长的辐射响应性能相同且可靠;有好的稳定性;噪声水平低等。检测器有光电池、光电管和光电倍增管等。

（1）光电池。光电池主要是硒光电池(图 1-12),其敏感响应的光谱范围为 310～800 nm,其中对 500～600 nm 的光响应最为灵敏。其特点是不必经放大器就能产生可直接推动微安表或检流计指针偏转的光电流。但由于它容易出现"疲劳效应"、寿命较短而只能用于低档的分光光度计中。

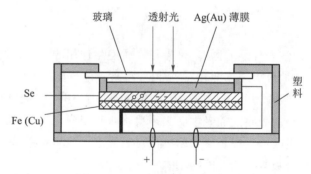

图 1-12 硒光电池结构示意图

（2）光电管。光电管在紫外-可见分光光度计上应用很广泛(图 1-13)。它以一弯成半圆柱且内表面涂上一层光敏材料的镍片作为阴极,置于圆柱形中心的一金属丝作为阳极,密封于高真空的玻璃或石英中构成的。当光照到阴极的光敏材料时,阴极发射出电子,被阳极收集而产生光电流。与光电池比较,光电管具有灵敏度高、光敏范围宽、响应速度快和不易疲劳等优点。

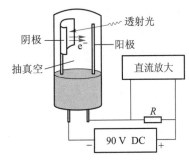

图 1 - 13　光电管结构示意图

(3)光电倍增管。光电倍增管实际上是一种加上多级倍增电极的光电管,其结构如图 1 - 14 所示。其外壳由玻璃或石英制成,阴极表面涂有光敏物质。在阴极和阳极之间装有一系列次级电子发射极,即电子倍增极,阴极和阳极之间加 900 V 的直流高压。辐射光子撞击阴极时发射光电子,该电子被电场加速并撞击第一倍增极,使之释放出更多的二次电子,依此不断进行,像“核裂变”一样,电子数目快速增加,最后阳极收集到的电子数将是阴极发射电子数的 $10^5 \sim 10^6$ 倍。与光电管不同,光电倍增管的输出电流随外加电压的增加而增加,且极为敏感。因此,光电倍增管的外加电压必须严格控制。光电倍增管灵敏度高,响应速度快,是检测微弱光最常见的光电元件。

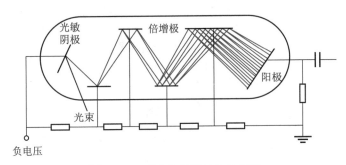

图 1 - 14　光电倍增管结构示意图

5. 信号处理及显示系统

该系统的作用是放大信号并以适当的方式显示或记录下来。常用的信号指示装置有直流检流计、电位调零装置、数字显示及自动记录装置等。现在许多分光光度计配有微处理机,一方面可以对仪器进行控制,另一方面可以进行图谱储存和数据处理。

二、紫外-可见分光光度计的类型

目前商品化分光光度计的类型很多,根据波长适用范围,可分为可见分光光度计(如 721 型分光光度计)和紫外-可见分光光度计(如 751 型分光光度计)。但根据光路结构可以分为三种类型,即单光束分光光度计、双光束分光光度计和双波长分光光度计。

1. 单光束分光光度计

单光束分光光度计的光路示意图如图 1 - 15 所示。经单色器分光后的一束单色光,轮流通过参比溶液和样品溶液,以进行吸光度的测定。这种简易型分光光度计结构简单,价格便宜,维修容易,主要适用于定量分析。其缺点是测量结果受光源的波动影响较大,容易带来较大测量误差。国产 721 型、724 型、751 型、752 型分光光度计均属于此类分光光度计。

图 1-15 单光束分光光度计光路示意图

2. 双光束分光光度计

双光束分光光度计光路示意图如图 1-16 所示。经单色器分光后的单色光再经反光镜 (M₁)和斩光镜分解为强度相等的两束光,一束经过 M_2 通过参比池,另一束经过 M_3 通过样品池。分光光度计能自动比较两束光的强度,其比值即为样品的透射率,经对数变换将它转换成吸光度并作为波长的函数记录下来。双光束分光光度计一般都能自动记录吸收光谱曲线。由于两束光同时分别通过参比池和样品池,能自动消除光源强度变化所引起的误差。这类仪器有国产 710 型、730 型、740 型等。

动画:单光束
分光光度计

动画:双光束
分光光度计

动画:双波长
分光光度计

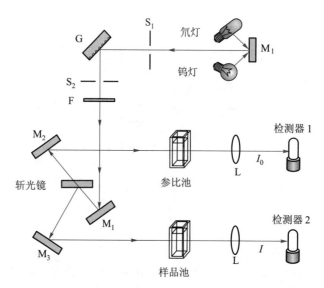

M_1、M_2、M_3—反光镜;S_1—入射狭缝;S_2—出射狭缝;G—衍射光栅;
F—滤光片;L—聚光镜。

图 1-16 双光束分光光度计光路示意图

3. 双波长分光光度计

其基本光路如图 1-17 所示。由同一光源发出的光被分成两束,分别经过两个单色器,得到两束不同波长(λ_1 和 λ_2)的单色光;利用切光器使两束光以一定的频率交替照射同一吸收池,然后经过光电倍增管和电子控制系统,最后由显示器显示出两个波长处的吸光度差值。对于多组分混合物、混浊样品分析,以及存在背景干扰或共存组分吸收干扰的情况,利用双波长分光光度法,往往能提高方法的灵敏度和选择性,还可以进行导数光谱分析。

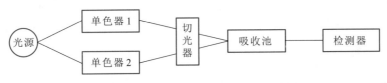

图 1-17　双波长分光光度计光路示意图

视频:紫外-
可见分光光
度计的使用

仪器介绍

752 型紫外-可见分光光度计

一、仪器简介

752 型紫外-可见分光光度计采用高性能紫外专用光栅、大规模集成数字电路和液晶显示,能手动切换卤钨灯和氘灯。配有专用接口,可连接计算机或者直接连接打印机。该仪器属于紫外-可见普及型仪器,可广泛应用于化工、医药、环保、冶金、食品、石油等行业和企业。仪器示意图如图 1-18 至图 1-20 所示。

二、仪器使用方法

1. 开机预热

仪器在使用前应预热 30 min。

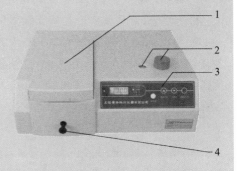

1—样品室;2—波长调节旋钮,波长显示窗;
3—控制面板;4—样品架拉杆。

图 1-18　仪器正视图

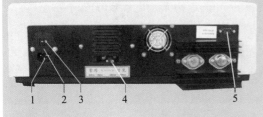

1—电源插座;2—保险丝座;3—电源开关;
4—光源切换杆;5—RS232 输出。

图 1-19　仪器后视图

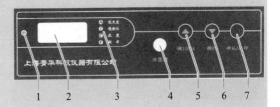

1—电源指示;2—数据显示;3—模式显示;4—功能键;
5—调 100%键;6—调 0%键;7—确认/打印键。

图 1-20　仪器控制面板图

2. 波长调整

转动波长调节旋钮,并观察波长显示窗,调整至需要的测试波长。

注意事项:转动测试波长调 100%T(100%T/0A)后,以稳定 5 min 后进行测试为好(符合行业标准及质监局检定规程要求)。

3. 设置测试模式

按动"功能键",便可切换测试模式。开机默认的测试模式为吸光度(A)模式。

4. 光源切换

因为仪器在紫外光区和可见光区使用不同的光源,所以需要拨动光源切换杆来手动切换光源。建议的光源切换波长为 340 nm,即 200~339 nm 使用氘灯,340~1 000 nm 使用卤钨灯。

注意事项:如果光源选择不正确,或光源切换杆不到位,将直接影响仪器的稳定性。特殊测试要求除外。

5. 比色皿配对性

仪器所附的比色皿是经过配对测试的(其配对误差不大于±0.57%T),未经配对处理的比色皿将影响样品的测试精度。石英比色皿一套两只,供紫外光区和可见光区使用,玻璃比色皿一套四只,供可见光区使用。比色皿是有方向的,置入样品架时,两只石英比色皿上标记"Q"或箭头、四只玻璃比色皿上标记"G"方向要一致。

石英比色皿和玻璃比色皿不能混用,更不能和其他不经配对的比色皿混用。用手拿比色皿,应握比色皿的磨砂表面,不应该接触比色皿的透光面,即透光面上不能有手印或溶液痕迹,待测溶液中不能有气泡、悬浮物,否则也将影响样品的测试精度。比色皿在使用完毕后应立即清洗干净。

6. 调 T 零(0%T)

在 T 模式时,将遮光体置入样品架,合上样品室盖,并拉动样品架拉杆使其进入光路。然后按动"调 0%"键,显示器上显示"00.0"或"—00.0",便完成调 T 零,完成调 T 零后,取出遮光体。

注意事项:

(1) 测试模式应在透射率(T)模式。

(2) 如果未置入遮光体、合上样品室盖,并使其进入光路就无法完成调 T 零。

(3) 调 T 零时不要打开样品室盖,不要推拉样品架拉杆。

(4) 调 T 零后(未取出遮光体),如切换至吸光度(A)模式,显示器上显示为".EL"。

(5) 如直接在吸光度(A)模式调 T 零,则在置入遮光体后无论显示器上是否显示".EL",均需按动"调 0%"键。

7. 调 100%T/0A

将参比样品置入样品架,并推拉样品架拉杆使其进入光路。然后按动"调 100%"键,此时屏幕显示"BL"延时数秒便显示"100.0"(在 T 模式时)或"—.000"".000"(在 A 模式时),即自动完成调 100%T/0A。

注意事项:调 100%T/0A 时不要打开样品室盖,不要推拉样品架拉杆。

8. 吸光度测试

(1) 按动"功能键",切换至透射率测试模式。

(2) 调整测试波长。

（3）置入遮光体，合上样品室盖，并使其进入光路，按动"调 0%"键调 T 零，此时仪器显示"00.0"或"—00.0"。完成调 T 零后，取出遮光体。

（4）按动"功能键"，切换至吸光度测试模式。

（5）置入参比样品，按动"调 100%"键，此时仪器显示"BL"，延时数秒后便显示"—.000"或".000"。

（6）置入待测样品，读取测试数据。

9. 透射率测试

（1）按动"功能键"，切换至透射率测试模式。

（2）调整测试波长。

（3）置入遮光体，合上样品室盖，并使其进入光路，按动"调 0%"键调 T 零，此时仪器显示"00.0"或"—00.0"。完成调 T 零后，取出遮光体。

（4）置入参比样品，按动"调 100%"键，此时仪器显示"BL"，延时数秒后便显示"100.0"。

（5）置入待测样品，读取测试数据。

10. 浓度方式测试

（1）按动"功能键"，切换至透射率测试模式。

（2）调整测试波长。

（3）置入遮光体，合上样品室盖，并使其进入光路，按动"调 0%"键调 T 零，此时仪器显示"00.0"或"—00.0"。完成调 T 零后，取出遮光体。

（4）置入参比样品，按动"调 100.0%"键，此时仪器显示"BL"，延时数秒后显示"100.0"。

（5）置入标准浓度样品并使其进入光路。

（6）按动"功能键"切换至浓度测试模式。

（7）按动参数设置键（"▲"或"▼"），设置标准样品浓度，并按动"确认/打印"键。

（8）置入待测样品，读取测试数据。

11. 斜率方式测试

（1）按动"功能键"，切换至透射率测试模式。

（2）调整测试波长。

（3）置入遮光体，合上样品室盖，并使其进入光路，按动"调 0%"键调 T 零，此时仪器显示"00.0"或"—00.0"。完成调 T 零后，取出遮光体。

（4）置入参比样品，按动"调 100.0%"键，此时仪器显示"BL"，延时数秒后便显示"100.0"。

（5）按动"功能键"切换至斜率测试模式。

（6）按动参数设置键（"▲"或"▼"），设置样品斜率。

（7）置入待测样品，并按动"确认/打印"键（此时测试模式自动切换至浓度模式），读取测试数据。

注意事项：浓度显示范围为 0～1999，即输入标样之 K 值（c 标样/A 标样）应控制在 0～1999范围。

第四节　紫外-可见分光光度法的应用

紫外-可见分光光度法是一种广泛应用的定量分析方法,也是对物质进行定性分析和结构分析的一种手段。

一、定性分析

紫外-可见分光光度法可用于有机化合物的鉴定、结构推断和纯度检验。但紫外-可见吸收光谱较为简单,光谱信息少,特征性不强,而且不少简单官能团在近紫外及可见光区没有吸收或吸收很弱,因此,这种方法的应用有较大的局限性。

1. 未知化合物的定性鉴定

不同化合物往往在吸收光谱的形状,吸收峰的数目、位置和相应的摩尔吸收系数等方面表现出特征性,是定性鉴定的光谱依据,可采用光谱比较法进行定性鉴定。通常是在相同条件下,测定未知物和已知标准物的吸收光谱,并进行谱图对比,若二者的谱图完全一致,则可初步认为待测物与标准物为同一种物质。如果没有标准物,可借助紫外-可见标准谱图或有关电子光谱数据资料进行比较。常用的标准谱图有以下四种。

(1) Sadtler Standard Spectra(萨特勒标准谱图,Ultraviolet),Heyden,London,1978.

萨特勒标准谱图共收集了 46 000 种化合物的紫外光谱。

(2) R.A.Friedel and M.Orchin,"Ultraviolet and Visible Absorption Spectra of Aromatic Compounds",Wiley,New York,1951.

该书收集了 597 种芳香化合物的紫外光谱。

(3) Kenzo Hirayama:"Handbook of Ultraviolet and Visible Absorption Spectra of Organic Compounds.",New York,Plenum,1967。

(4) "Organic Electronic Spectral Data",John Wiley and Sons,1946～。

这是一套由许多作者共同编写的大型手册性丛书,所收集的文献资料由 1946 年开始,目前还在继续编写。

2. 有机化合物的结构推断

紫外-可见分光光度法可以进行化合物某些特征基团的判别。若在 $200\sim750$ nm 区域内无吸收峰,则可能是直链烷烃、环烷烃、饱和脂肪族化合物或仅含一个双键的烯烃;若在 $270\sim300$ nm 有弱的吸收峰($\kappa=10\sim100$ L·mol^{-1}·cm^{-1}),且随溶剂极性增大而发生蓝移,则说明分子内含有羰基;若在 184 nm 附近有强吸收带(E_1 带),在 204 nm 附近有中强吸收带(E_2 带),在 260 nm 附近有弱吸收带且有精细结构(B 带),说明含有苯环。

3. 化合物的纯度检验

如果某化合物在紫外区没有明显吸收峰,而其中的杂质有较强吸收峰,就能方便地检出该化合物中是否含有杂质。例如,苯在 256 nm 处产生 B 吸收带,而甲醇或乙醇在该处几乎没有吸收带,因此,要检验甲醇或乙醇中是否含有苯,可观察在 256 nm 处是否有吸收带来确定。

又如,要检验四氯化碳中是否含有二硫化碳,只要观察四氯化碳谱图中是否在 318 nm 处出现吸收峰即可。

二、定量分析

紫外-可见分光光度法常用于定量分析,根据测定波长的范围可分为可见分光光度定量分析法和紫外分光光度定量分析法。前者用于有色物质的测定,后者用于有紫外吸收的物质的测定,两者的测定原理和步骤相同,通过测定溶液对一定波长入射光的吸光度,依据朗伯-比尔吸收定律,就可求出溶液中物质的浓度或含量。

1. 单组分的定量分析

如果只要求测定某一个样品中一种组分,且在选定的测量波长下,其他组分没有吸收即对该组分不干扰,则这种单组分的定量分析较为简单。

(1) 吸收系数法(绝对法)。在测定条件下,如果待测组分的吸收系数已知,可以通过测定溶液的吸光度,直接根据朗伯-比尔吸收定律,求出组分的浓度或含量。

【例 1-4】　已知维生素 B_{12} 在 361 nm 处的质量吸收系数为 20.7 $L \cdot g^{-1} \cdot cm^{-1}$。精密称取样品 30.0 mg,加水溶解后稀释至 1000 mL,在该波长处用 1.00 cm 吸收池测定溶液的吸光度为 0.618,计算样品溶液中维生素 B_{12} 的质量分数。

【解】　根据朗伯-比尔吸收定律:$A = abc$,待测溶液中维生素 B_{12} 的质量浓度为:

$$\rho_{测} = \frac{A}{ab} = \frac{0.618}{20.7 \ L \cdot g^{-1} \cdot cm^{-1} \times 1.00 \ cm} = 0.029\ 9 \ g \cdot L^{-1}$$

样品中维生素 B_{12} 的质量分数为:

$$w = \frac{0.0299 \ g \cdot L^{-1} \times 1.00 \ L}{30.0 \times 10^{-3} \ g} \times 100\% = 99.7\%$$

(2) 标准对照法。预先配制浓度已知的标准溶液,要求其浓度 c_s 与待测试液浓度 c_x 接近。在相同条件下,平行测定待测试液和标准溶液的吸光度 A_x 和 A_s,由 c_s 可计算待测试液中被测物质的浓度 c_x:

$$A_s = kbc_s, \quad A_x = kbc_x$$

$$c_x = \frac{A_x}{A_s} c_s \tag{1-12}$$

标准对照法因只使用单个标准,引起误差的偶然因素较多,往往不很可靠。

(3) 标准曲线法。这是实际分析工作中最常用的一种方法。配制一系列不同浓度待测组分的标准溶液,以不含待测组分的溶液为参比溶液,测定标准系列溶液的吸光度,以吸光度 A 为纵坐标,浓度 c 为横坐标,绘制吸光度-浓度曲线,称为标准曲线(也叫工作曲线或校正曲线)。在相同条件下测定待测试液的吸光度,从校正曲线上找出与之对应的未知组分的浓度。如图 1-21 所示。

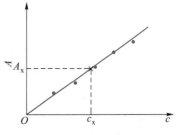

图 1-21　标准曲线法

另外,还可以利用专门程序来进行线性回归处理,得到直线回归方程:

$$A = a + bc$$

式中:a、b 为回归系数,其中 a 为直线的截距;b 为直线的斜率。标准曲线线性的好坏可用回归方程的线性相关系数 r 来表示,r 接近于 1 说明线性好,一般要求 r 大于 0.999。

【例 1-5】 以邻二氮菲为显色剂,采用标准曲线法测定微量 Fe^{2+},实验得到标准溶液和样品的吸光度数据(见下表),试确定样品的浓度。

溶液	标准 1	标准 2	标准 3	标准 4	标准 5	标准 6	样品
浓度 $c/(\times 10^{-5}\ mol \cdot L^{-1})$	1.00	2.00	3.00	4.00	6.00	8.00	c_x
吸光度 A	0.113	0.212	0.336	0.434	0.669	0.868	0.712

【解】 直接以吸光度 A 为纵坐标,浓度 c 为横坐标,绘制标准曲线,采用线性处理程序进行线性回归处理,得到回归方程为:

$$A = 2.08 \times 10^{-3} + 1.09 \times 10^4 c \qquad r:0.999\ 56$$

视频:标准
曲线的制作

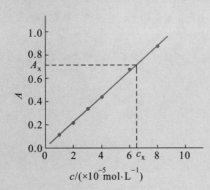

标准曲线符合要求。利用内插法查出样品浓度;或将样品溶液吸光度代入回归方程,得到样品浓度为:

$$c_x = \frac{A_x - 2.08 \times 10^{-3}}{1.09 \times 10^4}\ mol \cdot L^{-1} = \frac{0.712 - 2.08 \times 10^{-3}}{1.09 \times 10^4}\ mol \cdot L^{-1} = 6.51 \times 10^{-5}\ mol \cdot L^{-1}$$

2. 多组分的定量分析

根据吸光度具有加和性的特点,在同一样品中可以同时测定两种或两种以上组分。假设要测定样品中的两种组分为 x、y,需要先测定两种纯组分的吸收光谱,对比其最大吸收波长,并计算出对应的摩尔吸收系数。两种纯组分的吸收光谱可能有以下三种情况,如图 1-22 所示。

(1) 吸收光谱不重叠。根据图 1-22(a)的比较结果,表明两组分互不干扰,可以用测定单组分的方法分别在 λ_1、λ_2 处测定 x、y 两组分。

(2) 吸收光谱部分重叠。比较图 1-22(b)中两种组分的吸收光谱,表明 x 组分对 y 组分的测定有干扰,而 y 组分对 x 组分的测定没有干扰。首先测定纯物质 x 和 y 分别在 λ_1、λ_2 处的摩尔吸收系数 $\kappa^x_{\lambda_1}$、$\kappa^x_{\lambda_2}$ 和 $\kappa^y_{\lambda_2}$,再单独测量混合组分溶液在 λ_1 处的吸光度 $A^x_{\lambda_1}$,求得组分 x 的

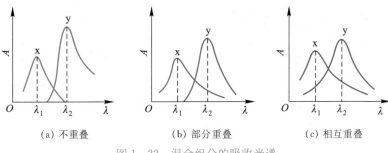

(a) 不重叠   (b) 部分重叠   (c) 相互重叠

图 1-22 混合组分的吸收光谱

浓度 c_x。然后在 λ_2 处测量混合组分溶液的吸光度 $A_{\lambda_2}^{x+y}$，根据吸光度的加和性，即得：

$$A_{\lambda_2}^{x+y} = A_{\lambda_2}^{x} + A_{\lambda_2}^{y} = \kappa_{\lambda_2}^{x} b c_x + \kappa_{\lambda_2}^{y} b c_y$$

可求出组分 y 的浓度为：

$$c_y = \frac{A_{\lambda_2}^{x+y} - \kappa_{\lambda_2}^{x} b c_x}{\kappa_{\lambda_2}^{y} b}$$

（3）吸收光谱相互重叠。从图 1-22(c) 中看出，两组分在 λ_1、λ_2 处都有吸收，两组分彼此互相干扰。在这种情况下，需要首先测定纯物质 x 和 y 分别在 λ_1、λ_2 处的摩尔吸光系数 $\kappa_{\lambda_1}^{x}$、$\kappa_{\lambda_1}^{y}$、$\kappa_{\lambda_2}^{x}$ 和 $\kappa_{\lambda_2}^{y}$，再分别测定混合组分溶液在 λ_1、λ_2 处的吸光度 $A_{\lambda_1}^{x+y}$ 及 $A_{\lambda_2}^{x+y}$，然后列出联立方程：

$$
\begin{aligned}
A_{\lambda_1}^{x+y} &= \kappa_{\lambda_1}^{x} b c_x + \kappa_{\lambda_1}^{y} b c_y \\
A_{\lambda_2}^{x+y} &= \kappa_{\lambda_2}^{x} b c_x + \kappa_{\lambda_2}^{y} b c_y
\end{aligned}
\tag{1-13}
$$

求得 c_x、c_y 分别为：

$$
c_x = \frac{\kappa_{\lambda_2}^{y} A_{\lambda_1}^{x+y} - \kappa_{\lambda_1}^{y} A_{\lambda_2}^{x+y}}{(\kappa_{\lambda_1}^{x} \kappa_{\lambda_2}^{y} - \kappa_{\lambda_2}^{x} \kappa_{\lambda_1}^{y}) b}
$$

$$
c_y = \frac{\kappa_{\lambda_2}^{x} A_{\lambda_1}^{x+y} - \kappa_{\lambda_1}^{x} A_{\lambda_2}^{x+y}}{(\kappa_{\lambda_1}^{y} \kappa_{\lambda_2}^{x} - \kappa_{\lambda_2}^{y} \kappa_{\lambda_1}^{x}) b}
\tag{1-14}
$$

如果有 n 种组分的光谱互相干扰，就必须在 n 个波长处分别测定吸光度的加和值，然后解 n 元一次方程以求出各组分的浓度。应该指出，这将是繁琐的数学处理过程，且 n 越多，结果的准确性越差。用计算机处理测定结果将使运算变得简单。

【例 1-6】 1.00×10^{-3} mol·L^{-1} 的 $K_2Cr_2O_7$ 溶液及 1.00×10^{-4} mol·L^{-1} 的 $KMnO_4$ 溶液在 450 nm 波长处的吸光度分别为 0.200 及 0.000，而在 530 nm 波长处的吸光度分别为 0.050 及 0.420。今测得两者混合溶液在 450 nm 和 530 nm 波长处的吸光度为 0.380 和 0.710。试计算该混合溶液中 $K_2Cr_2O_7$ 和 $KMnO_4$ 浓度（吸收池厚度为 10.0 mm）。

【解】 设 $K_2Cr_2O_7$ 和 $KMnO_4$ 的浓度分别为 c_x 和 c_y，根据朗伯-比尔吸收定律，二者在 450 nm 和 530 nm 处的摩尔吸收系数分别为：

$$\kappa_{450}^{x} = \frac{0.200}{1.00 \times 10^{-3}\ mol \cdot L^{-1} \times 1.00\ cm} = 2.00 \times 10^{2}\ L \cdot mol^{-1} \cdot cm^{-1}$$

$$\kappa_{530}^{x} = \frac{0.050}{1.00 \times 10^{-3}\ mol \cdot L^{-1} \times 1.00\ cm} = 50.00\ L \cdot mol^{-1} \cdot cm^{-1}$$

$$\kappa_{450}^{y} = 0$$

$$\kappa_{530}^{y} = \frac{0.420}{1.00 \times 10^{-4}\ mol \cdot L^{-1} \times 1.00\ cm} = 4.20 \times 10^{3}\ L \cdot mol^{-1} \cdot cm^{-1}$$

根据式(1-14)得:

$$c_x = \frac{0.380}{2.00 \times 10^{2}\ L \cdot mol^{-1} \cdot cm^{-1} \times 1.00\ cm} = 1.90 \times 10^{-3}\ mol \cdot L^{-1}$$

$$c_y = \frac{50.00 \times 0.380 - 2.00 \times 10^{2} \times 0.710}{(0 - 4.20 \times 10^{3} \times 2.00 \times 10^{2}) \times 1.00}\ mol \cdot L^{-1} = 1.46 \times 10^{-4}\ mol \cdot L^{-1}$$

三、其他应用

紫外-可见分光光度法还可以用于测定某些物理和化学数据,比如物质的相对分子质量、配合物的组成比关系以及稳定常数、弱酸和弱碱的解离常数、化合物中氢键的强度等。下面仅讨论该法在一元弱酸解离常数和配合物配比测定中的应用。

1. 弱酸解离常数的测定

设有一元弱酸 HA,其分析浓度为 c_{HA},在溶液中存在下述解离平衡:

$$HA \Longrightarrow H^+ + A^-$$

$$K_a = \frac{[H^+][A^-]}{[HA]} \tag{1-15}$$

$$pK_a = pH + \lg \frac{[HA]}{[A^-]} \tag{1-16}$$

$$c_{HA} = [HA] + [A^-] \tag{1-17}$$

设在某波长下,酸 HA 和碱 A^- 均有吸收,液层厚度 $b = 1\ cm$,根据吸光度具有加和性:

$$A = A_{HA} + A_{A^-} = \kappa_{HA}[HA] + \kappa_{A^-}[A^-] = \kappa_{HA}\frac{c_{HA}[H^+]}{K_a + [H^+]} + \kappa_{A^-}\frac{c_{HA}K_a}{K_a + [H^+]} \tag{1-18}$$

A_{HA} 和 A_{A^-} 分别为弱酸 HA 在强酸性和强碱性时的吸光度,此时溶液中该弱酸几乎全部以 HA 或 A^- 形式存在。则可以得到下式:

$$pK_a = -\lg \frac{A_{HA} - A}{A - A_{A^-}} + pH \tag{1-19}$$

由式(1-19)可知,只要测出 A_{HA},A_{A^-} 和 pH 就可以计算出 K_a。这是用吸光度法测定一元弱酸解离常数的基本公式。解离常数也可以通过 $\lg \frac{A_{HA} - A}{A - A_{A^-}}$ 对 pH 作图,由图解法求出。

2. 配合物组成比的测定

(1) 摩尔比法。摩尔比法是根据金属离子 M 在与配位剂 R 反应过程中被饱和的原则来

测定配合物组成的。设配位反应为:

$$M + nR \Longrightarrow MR_n$$

如 M 和 R 均不干扰 MR_n,且其分析浓度分别为 c_M,c_R,固定金属离子 M 的浓度,改变配位剂 R 的浓度,可以得到一系列 c_R/c_M 值不同的溶液。在选定的波长下,测定每种溶液的吸光度,以吸光度 A 对 c_R/c_M 作图,得图 1-23,转折点所对应的摩尔比,即为配合物的组成比(n)。若配合物较稳定,则转折点较明显,反之,则不明显,这时可用外推法求得两直线的交点。

此法简便、快速,适用于解离度小、组成比高的配合物组成的测定。

(2) 等摩尔连续变化法。设配位反应为:

$$M + nR \Longrightarrow MR_n$$

c_M、c_R 分别为溶液中 M 和 R 的浓度。配制一系列的溶液,保持溶液中 $c_M + c_R = c$(定值),改变 c_R/c_M 的值,在配合物的最大吸收波长处测定这一系列溶液的吸光度 A。当 A 值达到最大时,即 MR_n 的浓度最大,这时溶液中 c_R/c_M 值,即为配合物的组成比。如以吸光度 A 为纵坐标,c_R/c_M 值为横坐标作图,即得图 1-24,两曲线外推的交点所对应的 c_R/c_M 值,即为配合物的组成比。

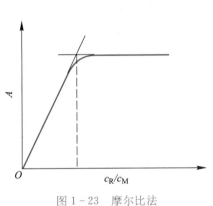

图 1-23 摩尔比法

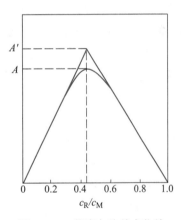

图 1-24 等摩尔连续变化法

该法只适用于形成一种组成且解离度较小的稳定配合物。若用于研究组成比高且解离度大的配合物就得不到准确的结果。

第五节 实 验 技 术

一、样品的制备

紫外-可见吸收光谱通常是在溶液中进行测定的,因此固体样品需要转化为溶液。无机样品通常可用合适酸溶解或碱熔融,有机样品可用有机溶剂溶解或提取。有时还需要先用湿法或干法将样品消化,然后再转化为适合于光谱测定的溶液。

在测量光谱时,需要在合适的溶剂中进行,溶剂必须符合必要的条件。对光谱分析用溶剂的要求是:对被测组分有良好的溶解能力;在测定波长范围内没有明显的吸收;被测组分在溶剂中有良好的吸收峰形;挥发性小,不易燃,无毒性,价格便宜等。

二、仪器测量条件的选择

1. 测量波长的选择

在定量分析中,通常选择最强吸收带的最大吸收波长 λ_{max} 作为测量波长,称为最大吸收原则,以获得最高的分析灵敏度。如果 λ_{max} 所处吸收峰太尖锐,则在满足分析灵敏度前提下,可选用灵敏度低一些的波长进行测量,以减少对朗伯-比尔吸收定律的偏离。

2. 吸光度范围的选择

由于测量过程中光源的不稳定、读数的不准确或实验条件的偶然变动等因素的影响,任何分光光度计都有一定的测量误差。当浓度较大或浓度较小时,相对误差都比较大。因此,要选择适宜的吸光度范围进行测量,一般选择 A 的测量范围为 $0.2\sim0.8$(T 为 $63\%\sim16\%$)。

3. 仪器狭缝宽度的选择

狭缝的宽度会直接影响测定的灵敏度和标准曲线的线性范围。狭缝宽度过大时,入射光的单色性降低,标准曲线偏离朗伯-比尔吸收定律,准确度降低;狭缝宽度过窄时,光强变弱,测量的灵敏度降低。选择狭缝宽度的方法是:测量吸光度随狭缝宽度的变化,狭缝宽度在一个范围内变化时,吸光度是不变的,当狭缝宽度大到某一程度时,吸光度才开始减小。因此,在不引起吸光度减小的情况下,尽量选取最大狭缝宽度。

三、显色反应条件的选择

在可见分光光度定量分析过程中,许多物质的溶液往往透明或颜色很浅,无法直接进行测定,需要事先通过适当的化学处理,使该物质转变为能对可见光产生较强吸收的有色物质,然后进行光度测定。将待测组分转化为有色物质的反应称为显色反应,与待测组分形成有色物质的试剂称为显色剂。因此,选择合适的显色反应,严格控制反应条件是十分重要的实验技术。

1. 显色剂及其用量的选择

显色剂应该与待测离子反应生成组成恒定、稳定性强的产物;显色条件易于控制;产物对紫外-可见光有较强的吸收能力,即 κ 大;显色剂与产物的颜色差异要大,即吸收波长有明显的差别,一般要求 $\Delta\lambda_{max}>60$ nm。表 1-9 列出了一些常见的显色剂。

表 1-9 一些常见的显色剂

类别	名称	结构	测定离子
无机显色剂	硫氰酸盐	SCN^-	Fe^{2+},$Mo(V)$,$W(V)$
	钼酸盐	MoO_4^{2-}	$Si(IV)$,$P(V)$
	过氧化氢	H_2O_2	$Ti(IV)$

类别	名称	结构	测定离子
有机显色剂	邻二氮菲		Fe^{2+}
	双硫腙		Pb^{2+},Hg^{2+},Zn^{2+},Bi^+ 等
	丁二酮肟		Ni^{2+},Pd^{2+}
	铬天青 S(CAS)		Be^{2+},Al^{3+},Y^{3+},Ti^{4+},Zr^{4+},Hf^{4+}
	茜素红 S		Al^{3+},Ga^{3+},$Zr(Ⅳ)$,$Th(Ⅳ)$,F^-,$Ti(Ⅳ)$
	偶氮胂Ⅲ		UO_2^{2+},$Hf(Ⅳ)$,Th^{4+},$Zr(Ⅳ)$,Re^{3+},Y^{3+},Sc^{3+},Ca^{2+} 等
	4-(2-吡啶氮)-间苯二酚(PAR)		Co^{2+},Pb^{2+},Ga^{3+},$Nb(Ⅴ)$,Ni^{2+}
	1-(2-吡啶氮)-萘(PAN)		Co^{2+},Ni^{2+},Zn^{2+},Pb^{2+}
	4-(2-噻唑偶氮)-间苯二酚(TAR)		Co^{2+},Ni^{2+},Cu^{2+},Pb^{2+}

选定了显色剂以后,还必须选择显色剂的用量。如在以 SCN^- 作为显色剂测定钼时,要求生成红色的 $Mo(SCN)_5$ 配合物进行测定。当 SCN^- 浓度过高时,会生成 $Mo(SCN)_6^-$ 而使颜色变浅,κ 降低;而用 SCN^- 测定 Fe^{3+} 时,随 SCN^- 浓度增大,配合物的配位数逐渐增加,颜色也逐步加深。因此,必须严格控制 SCN^- 的用量,才能获得准确的分析结果。显色剂用量可通过实验选择,在固定金属离子浓度的情况下,作吸光度随显色剂浓度的变化曲线,选取吸光度恒定时的显色剂用量。

2. 反应的 pH

多数显色剂是有机弱酸或弱碱,介质的 pH 直接影响显色剂的解离程度,从而影响显色反应的完全程度。对于形成多级配合物的显色反应来说,pH 变化可生成具有不同配位比的配合物,产生颜色的变化,如 Fe^{3+} 与水杨酸的配合物随介质 pH 的不同而变化(见表 1-10)。对于这一类显色反应,控制反应酸度至关重要。

表 1-10 Fe^{3+}-水杨酸配合物与 pH 的关系

pH 范围	配合物组成	颜色
<4	$Fe(C_7H_4O_3)^+$ (1:1)	紫红色
4~7	$Fe(C_7H_4O_3)_2^-$ (1:2)	棕橙色
8~10	$Fe(C_7H_4O_3)_3^{3-}$ (1:3)	黄色

不少金属离子在 pH 较大的介质中,会发生水解而形成各种型体的羟基、多核羟基配合物,有的甚至可能析出氢氧化物沉淀,或者由于生成金属离子的氢氧化物而破坏了有色配合物,使溶液的颜色完全褪去。例如,$Fe(SCN)^{2+}$ 在 pH 比较高时发生如下反应:

$$Fe(SCN)^{2+} + OH^- \Longrightarrow Fe(OH)^{2+} + SCN^-$$

在实际分析工作中,常通过实验来选择显色反应的适宜酸度。具体做法是:固定溶液中待测组分和显色剂的浓度,改变溶液(通常用缓冲溶液控制)的 pH,分别测定在不同 pH 溶液的吸光度 A,绘制 A-pH 曲线,从中找出最适宜的 pH 范围。

3. 显色的时间

各种显色反应的反应速率往往不同,因此,有必要控制显色反应的显色时间。尤其对一些反应速率较慢的反应体系,更需要有足够的反应时间。此外,由于配合物的稳定时间不一样,显色后放置及测量时间的影响也不能忽视,需经实验选择合适的放置、测量的时间。值得注意的是,介质酸度、显色剂的浓度都会影响显色时间。

4. 反应的温度

吸光度的测量都是在室温下进行的,温度的稍许变化,对测量影响不大,但是有的显色反应受温度影响很大,需要进行反应温度的选择和控制。

四、参比溶液的选择

测量样品溶液的吸光度时,先要用参比溶液调节透射率为 100%,以消除溶液中其他成分以及吸收池和溶剂对光的反射和吸收所带来的误差。根据样品溶液的性质,选择合适组分的参比溶液是很重要的。

1. 溶剂参比

当样品溶液的组成较为简单,共存的其他组分和显色剂对测定波长的光几乎没有吸收时,可采用溶剂作为参比溶液,这样可消除溶剂、吸收池等因素的影响。

2. 试剂参比

如果显色剂或其他试剂在测定波长处有吸收,可按显色反应的条件,在溶剂中同样加入显色剂或其他试剂,制成参比溶液。这种参比溶液可消除试剂中的组分产生吸收的影响。

3. 样品参比

如果样品基体(除被测组分外的其他共存组分)在测定波长处有吸收,且与显色剂不起显色反应,可按与显色反应相同的条件处理样品,只是不加显色剂。这种参比溶液适用于样品中有较多的共存组分,加入的显色剂量不大,且显色剂在测定波长处无吸收的情况。

4. 平行操作溶液参比

如果显色剂、样品基体在测定波长处都有吸收,可用不含被测组分的样品,在相同条件下与被测样品进行同样处理,由此得到平行操作参比溶液。

五、干扰及消除方法

在光度分析中,样品中干扰物质的影响有以下几种情况:干扰物质本身有颜色或与显色剂形成有色化合物,在测定条件下有吸收;在显色条件下,干扰物质水解,析出沉淀使溶液混浊,致使吸光度的测定无法进行;与待测离子或显色剂形成更稳定的配合物,使显色反应不能进行完全。消除干扰的方法有以下几种。

1. 控制酸度

根据配合物的稳定性不同,可以利用控制酸度的方法提高反应的选择性,以保证主反应进行完全。例如,双硫腙能与 Hg^{2+}、Pb^{2+}、Cu^{2+}、Ni^{2+}、Cd^{2+} 等十多种金属离子形成有色配合物,其中与 Hg^{2+} 生成的配合物最稳定,在 $0.5\ mol\cdot L^{-1}\ H_2SO_4$ 介质中仍能定量进行,而上述其他离子在此条件下不发生反应。由此,可以消除其他金属离子对 Hg^{2+} 测定的干扰。

2. 选择适当的掩蔽剂

使用掩蔽剂消除干扰是常用的有效方法。选取的条件是掩蔽剂不与待测离子作用,掩蔽剂及它与干扰物质形成的配合物的颜色不会干扰待测离子的测定。

3. 利用惰性配合物

例如,钢铁中微量钴的测定,常用钴试剂为显色剂。但钴试剂不仅与 Co^{2+} 有灵敏的反应,而且与 Ni^{2+}、Zn^{2+}、Mn^{2+}、Fe^{2+} 等都有反应。但它与 Co^{2+} 在弱酸性介质中一旦完成反应后,即使再用强酸酸化溶液,该配合物也不会分解。而 Ni^{2+}、Zn^{2+}、Mn^{2+}、Fe^{2+} 等与钴试剂形成的配合物在强酸介质中很快分解,从而消除了上述离子的干扰,提高了反应的选择性。

4. 选择适当的测量波长

如在 $K_2Cr_2O_7$ 存在下测定 $KMnO_4$ 时,$KMnO_4$ 的最大吸收波长 λ_{max} 为 525 nm,但在此波

长下,$Cr_2O_7^{2-}$ 也会产生吸收,因此,可选择 $Cr_2O_7^{2-}$ 无吸收的 545 nm 的光,既可测定 $KMnO_4$ 溶液的吸光度,又可避免 $K_2Cr_2O_7$ 的干扰。

5. 分离

在上述方法不易采用时,也可以采用预先分离的方法,如沉淀、萃取、离子交换、蒸发和蒸馏及色谱分离法(包括柱色谱、纸色谱、薄层色谱等)。

阅读材料 　**计算不饱和有机化合物最大吸收波长的经验规则**

当采用物理或化学方法推测未知化合物有几种可能结构后,可用经验规则计算它们最大吸收波长,然后再与实测值进行比较,以确认物质的结构。计算不饱和有机化合物最大吸收波长的经验规则有伍德沃德(Woodward)规则和斯科特(Scott)规则。

1. 伍德沃德规则

它是计算共轭二烯、多烯烃类化合物 $\pi-\pi^*$ 跃迁最大吸收波长的经验规则,如表 1-11 所示。计算时,先从未知物的母体对照表得到一个最大吸收的基数 $\lambda_{基}$,然后对连接在母体中 π 电子体系(即共轭体系)上的各种取代基及其他结构因素按表上所列的数值 $\lambda_{修}$ 加以修正,得到该化合物的最大吸收波长 λ_{max}。

表 1-11 计算共轭多烯 λ_{max} 的伍德沃德规则

母体	结构	$\lambda_{基}$/nm
异环二烯烃或无环多烯烃		214
同环二烯烃或类似结构的多烯烃		253

修正项	$\lambda_{修}$/nm
增加一个共轭双键	+30
增加环外双键	+5
每个烷基取代基(—R)	+5
酰基(—O—COR)	0
烷氧基(—O—R)	+6
硫烷基(—S—R)	+30
卤素(—Cl,—Br)	+5
氮二烷基(—NR$_2$)	+60

2. 斯科特规则

斯科特规则是计算芳香族羰基化合物衍生物的最大吸收波长的经验规则。计算方法与伍德沃德规则相同。表 1-12 和表 1-13 列出了母体基数值和苯上取代基的修正值数据。

表 1-12　PhCOR 衍生物 E_2 带在乙醇中的 $\lambda_{基}$

母体	$\lambda_{基}$/nm
PhCOH	250
PhCOR	246
PhCOOH, PhCOOR	230

表 1-13　苯环上邻位、间位、对位被取代基取代的 $\lambda_{修}$ 　　　　单位:nm

取代基	邻位	间位	对位
R	3	3	10
OH, OR	7	7	25
O	11	20	78
Cl	0	0	10
Br	2	2	15
NH_2	13	13	58
NHAc	20	20	45
NR_2	20	20	85

本 章 小 结

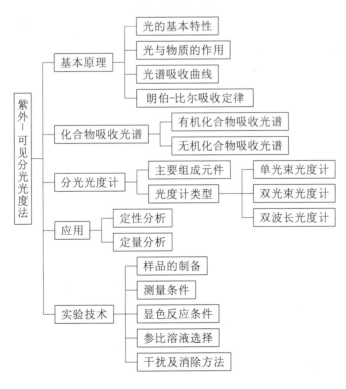

思考与练习

1. 可见光的能量应为(   )。

(1) $1.24 \times 10^4 \sim 1.24 \times 10^6$ eV   (2) $1.43 \times 10^2 \sim 71$ eV

(3) $6.2 \sim 3.1$ eV   (4) $3.1 \sim 1.65$ eV

2. 已知:$h = 6.63 \times 10^{-34}$ J·s 则波长为 0.01 nm 的光子能量为(   )。

(1) 12.4 eV   (2) 124 eV   (3) 1.24×10^5 eV   (4) 0.124 eV

3. 频率可用下列方式表示(c:光速,λ:波长,σ:波数)为(   )。

(1) σ/c (2) $c \cdot \sigma$ (3) $1/\lambda$ (4) c/σ

4. 光量子的能量正比于辐射的(   )。

(1) 频率   (2) 波长   (3) 周期   (4) 传播速度

5. 下列四个电磁波谱区中,请指出能量最小者(   )。

(1) X 射线   (2) 红外光区   (3) 无线电波   (4) 紫外和可见光区

6. 下列四种因素中,决定吸光物质摩尔吸收系数大小的是(   )。

(1) 吸光物质的浓度   (2) 光源的强度

(3) 吸光物质的性质   (4) 检测器的灵敏度

7. 在分光光度法中,运用朗伯-比尔吸收定律进行定量分析采用的入射光为(   )。

(1) 白光   (2) 单色光   (3) 可见光   (4) 紫外线

8. 下列因素中对朗伯-比尔吸收定律不产生偏差的是(   )。

(1) 溶质的解离作用   (2) 杂散光进入检测器

(3) 溶液的折射指数增加   (4) 改变吸收光程

9. 在分光光度法中,以_____为纵坐标,以_____为横坐标作图,可得光吸收曲线。

10. 紫外-可见分光光度法定量分析中,实验条件的选择包括_____等方面。

11. 在紫外-可见分光光度法中,吸光度与吸光溶液的浓度遵从的关系式为_____。

12. 对于紫外及可见分光光度计,在可见光区可以用玻璃吸收池,而紫外光区则用_____吸收池进行测量。

13. 在有机化合物中,常常因取代基的变更或溶剂的改变,使其吸收带的最大吸收波长发生移动,向长波方向移动称为_____,向短波方向移动称为_____。

14. 试简述产生吸收光谱的原因。

15. 有机化合物中电子跃迁主要有哪几种类型? 这些类型的跃迁各处于什么波长范围?

16. 何谓助色团及生色团? 试举例说明。

17. 采用什么方法可以区别 $n - \pi^*$ 和 $\pi - \pi^*$ 跃迁类型?

18. 何谓朗伯-比尔吸收定律(光吸收定律)? 数学表达式及各物理量的意义如何? 引起光吸收定律偏离的原因是什么?

19. 试比较可见分光光度法与紫外-可见分光光度法的区别。

20. 某化合物在己烷中的吸收峰波长为 305 nm,而在乙醇中的吸收峰波长为 307 nm。试问:引起该吸收的是 $n - \pi^*$ 跃迁还是 $\pi - \pi^*$ 跃迁?

21. 某化合物的最大吸收波长 $\lambda_{max} = 280$ nm,光线通过该化合物的 1.0×10^{-5} mol·L^{-1} 溶液时,透射率为 50%(用 2 cm 吸收池),求该化合物在 280 nm 处的摩尔吸收系数。

22. 某亚铁螯合物的摩尔吸收系数为 12 000 L·mol^{-1}·cm^{-1},若采用 1.00 cm 的吸收池,欲把透射率读数限制在 0.200~0.650,分析的浓度范围是多少?

23. 以丁二酮肟光度法测定微量镍,若配合物 NiDx$_2$ 的浓度为 1.70×10^{-5} mol·L^{-1},用 2.0 cm 吸收池在 470 nm 波长下测得透射率为 30.0%。计算配合物在该波长的摩尔吸收系数。

24. 以邻二氮菲光度法测定 Fe(Ⅱ),称取样品 0.500 g,经处理后,加入显色剂,最后定容为 50.0 mL。用 1.0 cm 的吸收池,在 510 nm 波长下测得吸光度 $A = 0.430$。计算样品中铁的质量分数;当溶液稀释 1 倍后,其透射率将是多少?($\kappa_{510} = 1.1 \times 10^4$ L·mol^{-1}·cm^{-1})

 # 实验

紫外-可见分光光度法是环境监测、工业分析、油品分析、药物分析等领域最常用的方法之一。通过实验,进一步了解紫外-可见分光光度法的基本原理和应用;熟练相关仪器的基本操作,掌握光谱吸收曲线和工作曲线的绘制;能确立和控制显色反应条件;掌握数据记录和处理方法。

实验一　自来水中铁含量的测定

一、目的要求

1. 掌握邻二氮菲分光光度法测定微量铁的方法原理。
2. 熟悉绘制吸收曲线的方法,正确选择测定波长。
3. 学习标准曲线的绘制。
4. 熟悉紫外-可见分光光度计的使用方法。

二、基本原理

在 pH 为 2~9 的溶液中,邻二氮菲(简写为 phen)与 Fe^{2+} 发生下列显色反应:

$$Fe^{2+} + 3phen = [Fe(phen)_3]^{2+}$$

生成的橙红色配合物非常稳定,$\lg K_{稳} = 21.3$(20 ℃),其溶液在 510 nm 处有最大吸收峰,摩尔吸收系数为 1.1×10^4 L·mol^{-1}·cm^{-1},利用该反应可以测定微量铁。

该显色反应的适宜 pH 范围很宽(pH = 2~9),酸度过高(pH < 2)反应速率较慢,酸度过低 Fe^{2+} 会水解,需要合理控制溶液 pH。另外,Fe^{3+} 也能与邻二氮菲反应生成配合物(呈蓝色),需要在显色之前将 Fe^{3+} 全部还原为 Fe^{2+}。本实验以 pH 约为 5 的 HAc - NaAc 缓冲溶液为介质,以盐酸羟胺为还原剂还原 Fe^{3+},采用标准曲线法定量测定自来水中铁的含量。即配制一系列浓度由小到大的标准溶液,在确定条件下依次测量各标准溶液的吸光度,以标准溶液的浓度为横坐标、标准溶液的吸光度为纵坐标,绘制标准曲线。在与标样相同的操作条件下测定未知样的吸光度,再从标准曲线上查出该吸光度对应的浓度值,即可算出未知样中待测物的含量。

邻二氮菲与 Fe^{2+} 的反应选择性高,测定结果的重现性好,因此在相关国家行业标准中,除了用于水中铁含量测定之外,钢铁、锡、铅焊料、铅锭等冶金产品和工业硫酸、工业碳酸钠、氧化铝等化工产品的铁含量测定,也都采用邻二氮菲显色的分光光度法。

三、仪器与试剂

1. 仪器

可见分光光度计或紫外-可见分光光度计;玻璃比色皿(1cm);容量瓶、移液管、烧杯等。

2. 试剂

(1) 铁标准储备溶液(200 $\mu g \cdot mL^{-1}$)。准确称取 0.351 g 分析纯硫酸亚铁铵 [$FeSO_4(NH_4)_2SO_4 \cdot 6H_2O$]置于烧杯中,加 6 mol·$L^{-1}$盐酸 5 mL 溶解,移入 250 mL 容量瓶中,用蒸馏水定容至刻度,摇匀。

(2) 铁标准溶液(20.0 $\mu g \cdot mL^{-1}$)。移取 200 $\mu g \cdot mL^{-1}$ 铁标准储备溶液 10.0 mL 于 100 mL 容量瓶中,用蒸馏水定容至刻度,摇匀。

(3) 邻二氮菲溶液(1 $g \cdot L^{-1}$)。称取 0.25 g 分析纯邻二氮菲置于烧杯中,加 3~5 mL 95%乙醇溶解,移入 250 mL 容量瓶,用蒸馏水定容至刻度(保持避光,2 周内有效)。

(4) 盐酸羟胺溶液(100 $g \cdot L^{-1}$)。称取 10 g 分析纯盐酸羟胺置于烧杯中,加少量蒸馏水溶解,移入 100 mL 容量瓶中,用蒸馏水定容至刻度。该溶液现用现配。

(5) HAc-NaAc 缓冲溶液(pH=4.6)。称取 82 g 分析纯 CH_3COONa(或 136 g 分析纯 $CH_3COONa \cdot 3H_2O$),加 120 mL 冰醋酸,加蒸馏水溶解后稀释至 500 mL。

(6) 盐酸(6 $mol \cdot L^{-1}$)。取 365 mL30%HCl,用蒸馏水定容至 500 mL。

(7) 待测水样储备溶液。因自来水中铁含量较低,可移取 200 $\mu g \cdot mL^{-1}$铁标准储备溶液 10.0 mL 于 100 mL 容量瓶中,用自来水(含铁量用 C_{Fe} 表示)定容至刻度,摇匀。此为待测水样储备溶液,其中铁的浓度为(0.9C_{Fe}+20.0) $\mu g \cdot mL^{-1}$。

四、实验步骤

1. 吸收曲线的绘制

取 2 个 50 mL 容量瓶,编号为 1 号、2 号。移取 5.00 mL 铁标准溶液于 2 号容量瓶中,然后在两个容量瓶中各加入 1 mL 盐酸羟胺溶液,摇匀。放置 2 min 后,各加入 5 mL HAc-NaAc 缓冲溶液、2 mL 邻二氮菲溶液,用蒸馏水稀释至刻度,摇匀。用 1 cm 吸收池,以 1 号容量瓶中的溶液为参比,测定[$Fe(phen)_3$]$^{2+}$在不同波长(420~560 nm)的吸光度。绘制吸收曲线,从中找出最大吸收峰的波长,作为以下实验步骤所用测定波长。

2. 标准工作曲线的绘制

取 6 个 50 mL 容量瓶并编号为 1~6 号,先分别加入铁标准溶液 0.00 mL、2.00 mL、4.00 mL、6.00 mL、8.00 mL、10.00 mL,再加入 1 mL 盐酸羟胺溶液,摇匀。放置 2 min 后,各加入 5 mL HAc-NaAc缓冲溶液、2 mL 邻二氮菲溶液,用蒸馏水稀释至刻度,摇匀。用 1 cm 吸收池,以 1 号容量瓶中的溶液为参比,在最大吸收波长处依次测定各标准溶液的吸光度。

3. 待测样品溶液的测定

取 3 个 50 mL 容量瓶,各加入 5.00 mL 待测水样储备溶液、1 mL 盐酸羟胺溶液,摇匀。放置 2 min 后,各加入 5 mL HAc-NaAc 缓冲溶液、2 mL 邻二氮菲溶液,用蒸馏水稀释至刻度,摇匀。按标准曲线绘制方法,测定待测样品溶液的吸光度。

五、数据记录与处理

1. 数据记录

(1) 吸收曲线数据记录。

波长 λ/nm	吸光度 A	波长 λ/nm	吸光度 A	波长 λ/nm	吸光度 A	波长 λ/nm	吸光度 A
420		480		508		520	
430		490		510		530	
440		500		512		540	
450		502		514		550	
460		504		516		560	
470		506		518			

(2) 标准曲线及待测样品数据记录。

项目	标准溶液						样品溶液		
序号	1	2	3	4	5	6	1	2	3
$V_{Fe标}$/mL									
C_{Fe}/(μg $\cdot$ mL^{-1})									
吸光度 A									

2. 结果处理

(1) 以波长为横坐标,吸光度为纵坐标,绘制 [Fe(phen)$_3$]$^{2+}$ 溶液的光谱吸收曲线,并确定最大吸收峰的波长 λ_{max}。

(2) 以显色后各标准溶液中铁的浓度为横坐标,吸光度为纵坐标,绘制邻二氮菲分光光度法测定铁的标准工作曲线,或求出回归方程。

(3) 根据待测样品溶液的平均吸光度,从工作曲线上查出(或用回归方程计算出)样品溶液中铁的浓度 C_x,则自来水中铁的含量为:

$$C_{Fe} = \frac{10C_x - 20.0}{0.9} \ \mu g \cdot mL^{-1}$$

六、讨论与思考

1. 如果待测样品溶液测定的吸光度不在标准曲线范围内,应如何处理?

2. 实验所用的参比溶液为什么选用试剂空白溶液,而不用蒸馏水?

3. 根据实验数据计算 [Fe(phen)$_3$]$^{2+}$ 的摩尔吸收系数。

实验二　维生素 B₁₂ 注射液的定性鉴别与含量测定

一、目的要求

1. 进一步掌握紫外-可见分光光度计的使用方法。

2. 掌握用吸收系数法进行鉴别及定量测定的原理、方法。

二、基本原理

维生素 B_{12} 是含钴的有机药物,为深红色结晶,又称为红色维生素 B_{12} 或氰钴胺,是唯一含有主要矿物质的维生素。维生素 B_{12} 的紫外-可见吸收光谱在 278 nm、361 nm、550 nm 呈现三个吸收峰,且 361 nm 波长处的吸光度与 278 nm 波长处的吸光度比值为 1.70～1.88,361 nm 波长处的吸光度与 550 nm 波长处的吸光度比值为 3.15～3.45,根据其光谱特征和各吸收峰的吸光度比值,可以进行定性鉴别。维生素 B_{12} 在 361 nm 波长处的吸收峰干扰因素少,吸收又最强,《中国药典》(2020 年版)规定以 361 nm 波长处吸收峰的比吸收系数(100 mL 溶液中 1 g 物质在 1 cm 比色皿中产生的吸光度)$E_{1cm}^{1\%}$ 值(207)为计算依据,采用吸光系数法测定样品中维生素 B_{12} 的含量。

三、仪器与试剂

1. 仪器

紫外-可见分光光度计;容量瓶、移液管和石英比色皿(1 cm)等。

2. 试剂

维生素 B_{12} 注射液(市售品)(规格为 1 mL:0.5 mg,标示量为 0.5 mg)。

四、实验步骤

1. 样品溶液的制备

取 1 mL 维生素 B_{12} 注射液,加入 4 mL 蒸馏水,稀释成浓度约为 100 $\mu g \cdot mL^{-1}$ 的溶液,用于吸收曲线的绘制。精确量取 0.5 mL 维生素 B_{12} 注射液于 10 mL 容量瓶中(稀释 20 倍),用蒸馏水稀释至刻度,摇匀,得到维生素 B_{12} 含量约为 25 $\mu g \cdot mL^{-1}$ 的样品溶液,用于定性鉴别和含量测定。

2. 吸收曲线的绘制

取浓度为 100 $\mu g \cdot mL^{-1}$ 的维生素 B_{12} 溶液置于石英比色皿中,以蒸馏水为参比溶液,在 240～580 nm 波长范围内测量相应的吸光度,然后绘制吸收曲线,从吸收曲线上确定维生素 B_{12} 吸收峰的波长。

3. 样品的定性鉴别

取浓度为 25 $\mu g \cdot mL^{-1}$ 的维生素 B_{12} 溶液置于石英比色皿中,以蒸馏水为参比溶液,分别在 278 nm、361 nm 和 550 nm 波长处,精确测定样品溶液的吸光度(每转换一次波长,以蒸馏水为参比溶液,进行一次空白校正)。根据不同波长处吸光度的比值进行定性鉴别。

4. 含量的测定

以蒸馏水为参比溶液,在 361 nm 波长处,测定样品溶液(25 $\mu g \cdot mL^{-1}$)的吸光度,平行测定三次。根据吸光度,计算维生素 B_{12} 注射液的百分含量[维生素 B_{12}(％)]。

五、数据记录与处理

1. 数据记录

(1) 吸收曲线数据记录。

波长 λ/nm	吸光度 A	波长 λ/nm	吸光度 A	波长 λ/nm	吸光度 A	波长 λ/nm	吸光度 A
240		310		366		540	
260		320		368		542	
270		330		370		546	
272		340		380		548	
274		350		400		550	
276		352		420		552	
278		354		440		554	
280		356		460		556	
282		358		480		558	
284		360		500		560	
290		362		520		570	
300		364		530		580	

(2) 定性鉴别数据记录。

$A_{278\,nm}$	$A_{361\,nm}$	$A_{550\,nm}$	$A_{361\,nm}/A_{278\,nm}$	$A_{361\,nm}/A_{550\,nm}$
	鉴别结果			

(3) 含量测定数据记录。

序号	1	2	3
吸光度 A			
维生素 B_{12}/％			

2. 结果处理

(1) 以波长为横坐标,吸光度为纵坐标,绘制维生素 B_{12} 注射液的光谱吸收曲线,并确定各个吸收峰的波长。

(2) 根据 $A_{361\,nm}/A_{278\,nm}$、$A_{361\,nm}/A_{550\,nm}$ 的比值是否分别在 1.70～1.88 和 3.15～3.45 之间,进行鉴别。

(3) 根据下列公式,计算市售维生素 B_{12} 注射液中维生素 B_{12} 的含量。

$$维生素 B_{12}(\%) = \frac{n \times \dfrac{A}{E_{1cm}^{1\%} \cdot b} \times \dfrac{1}{100} \times 10^3}{标示量} \times 100\%$$

式中:n 为配制样品溶液时维生素 B_{12} 注射液的稀释倍数;

b 为石英比色皿厚度(cm);

$E_{1cm}^{1\%}$ 为维生素 B_{12} 在 361 nm 波长处的比吸收系数。

六、讨论与思考

1.《中国药典》(2020 年版)规定维生素 B_{12} 注射液的正常百分含量应为标示量的 90%～110%,根据本实验结果,判断是否符合要求?

2. 紫外分光光度计与可见分光光度计的仪器部件有什么不同?

3. 利用邻组同学的实验结果,比较同一溶液在不同仪器上测得的吸收曲线有无不同? 试做解释。

实验三　橙汁饮料中总黄烷酮含量的测定

一、目的要求

1. 掌握分光光度法测定总黄烷酮含量的方法原理。

2. 熟悉柑橘类水果及制品中黄烷酮类化合物的提取技术。

二、基本原理

黄烷酮类化合物广泛存在于自然界中,许多黄烷酮具有杀菌、抗肿瘤、抗病毒、抗诱变、抗氧化等诸多活性,是多种药用植物有效成分之一。柑橘类水果中含有 30 余种人体保健物质,其中包括橙皮苷、新橙皮苷等特有的黄烷酮类化合物。本实验通过碱与试样中橙皮苷、新橙皮苷的化学反应,生成 2,6-二羟基-4-环氧基苯丙酮和对甲氧基苯甲醛,在二甘醇环境中遇碱缩合生成黄色橙皮素查耳酮,其生成量相当于橙皮苷的量。在 420 nm 波长处测定吸光度,扣除背景吸收后,与橙皮苷标准曲线比较进行定量,即可测出其中的总黄烷酮量。

三、仪器与试剂

1. 仪器

可见分光光度计;分析天平(感量分别为 0.01 mg 和 10 mg);恒温水浴(温控±1 ℃);容量瓶、移液管、具塞试管、烧杯、玻璃比色皿(1 cm)等。

2. 试剂

(1) 氢氧化钠溶液(4.0 g·L^{-1})。称取 4.0 g 氢氧化钠于烧杯中,用水溶解,转入 1 000 mL 容量瓶中,用蒸馏水定容至刻度。

(2) 氢氧化钠溶液(160 g·L^{-1})。称取 16.0 g 氢氧化钠于烧杯中,用水溶解,转入 100 mL 容量瓶中,用蒸馏水定容至刻度。

(3) 柠檬酸溶液(200 g·L^{-1})。称取 200 g 柠檬酸于烧杯中,用水溶解,转入 1 000 mL 容量瓶中,用蒸馏水定容至刻度。

(4) 二甘醇溶液(90%)。量取 450 mL 二甘醇于 500 mL 容量瓶中,用蒸馏水定容至刻度,摇匀。

(5) 试剂空白溶液。量取 20 mL 氢氧化钠溶液($4.0\ \text{g} \cdot \text{L}^{-1}$)于 50 mL 烧杯中,用柠檬酸溶液调节 pH 至 6.0,转入 100 mL 容量瓶中,用蒸馏水定容至刻度。

(6) 橙皮苷标准溶液($200\ \text{mg} \cdot \text{L}^{-1}$)。称取 20.0 mg 橙皮苷对照品,置于 50 mL 烧杯中,加 20 mL 氢氧化钠溶液($4.0\ \text{g} \cdot \text{L}^{-1}$),待其完全溶解后,用柠檬酸溶液调节 pH 至 6.0,转入 100 mL 容量瓶中,用蒸馏水定容至刻度。此标准溶液需现用现配。

四、实验步骤

1. 样品溶液的配制

平行称取两份 30～50 g 橙汁试料于 100 mL 烧杯中,加入 10 mL 氢氧化钠溶液($4.0\ \text{g} \cdot \text{L}^{-1}$),用氢氧化钠溶液($160\ \text{g} \cdot \text{L}^{-1}$)调节 pH 至 12。静置 30 min 后,再用柠檬酸溶液调节 pH 至 6,转移到 100 mL 容量瓶中,加蒸馏水定容至刻度,用滤纸过滤,收集澄清滤液,备用。

2. 标准曲线的绘制

吸取 0.00 mL、1.00 mL、2.00 mL、3.00 mL、4.00 mL 和 5.00 mL 橙皮苷标准溶液于 6 支 10 mL 具塞试管中,分别加入 5.00 mL、4.00 mL、3.00 mL、2.00 mL、1.00 mL、0.00 mL 试剂空白溶液,摇匀;依次加入 4.90 mL 二甘醇溶液(90%)和 0.10 mL 氢氧化钠溶液($160\ \text{g} \cdot \text{L}^{-1}$),每次加入后进行摇匀。将各试管置于 40 ℃ 水浴中恒温 10 min;取出,用冷水浴冷却至室温。以零标准溶液为参比,在 420 nm 波长处测定各标准溶液的吸光度。

3. 样品的测定

吸取 2.00 mL 样品溶液于 10 mL 具塞试管中,加入 3.00 mL 试剂空白溶液,摇匀;依次加入 4.90 mL 二甘醇溶液(90%),摇匀后加 0.10 mL 氢氧化钠溶液($160\ \text{g} \cdot \text{L}^{-1}$),摇匀(稀释 5 倍);同时吸取一份等量的样品溶液,加入 3.00 mL 试剂空白溶液和 5.00 mL 二甘醇溶液(90%),作为本底空白溶液。将试管置于 40 ℃ 水浴中恒温 10 min;取出,用冷水浴冷却至室温。以本底空白溶液为参比,在波长 420 nm 处测定样品溶液吸光度。

五、数据记录与处理

1. 标准溶液及样品溶液数据记录

项目	标准溶液						样品溶液	
序号	1	2	3	4	5	6	1	2
$V_{苷标}$/mL								
$C_苷$/(mg·mL^{-1})								
吸光度 A								

2. 结果处理

(1) 以吸光度值为纵坐标,以标准样品浓度为横坐标,绘制标准工作曲线,或计算回归方程。

(2) 根据待测样品溶液吸光度,从工作曲线上查出(或用回归方程计算出)样品溶液中橙皮苷的浓度 C_x。

（3）橙汁饮料试样中黄烷酮含量以橙皮苷质量分数 $w(\mathrm{mg \cdot kg^{-1}})$ 计算：

$$w = \frac{n \times C_{\mathrm{x}} \times 100}{m}$$

式中：n 为测定时样品溶液稀释倍数；

C_{x} 为通过标准工作曲线得到的样品溶液中橙皮苷的浓度 $(\mathrm{mg \cdot mL^{-1}})$；

100 为橙汁饮料试样处理后定容体积(mL)；

m 为橙汁饮料试样称取质量(kg)。

六、讨论与思考

1. 在测定吸光度之前，为什么在样品溶液中加入二甘醇和氢氧化钠溶液，并置于 40 ℃水浴中恒温 10 min？

2. 如果测定柑橘类水果中总黄烷酮含量，如何制备样品溶液？

实验四　化妆品中紫外线吸收剂的定性测定

一、目的要求

1. 掌握紫外-可见光谱法检测化妆品中紫外线吸收剂的方法原理。

2. 掌握扫描型紫外-可见分光光度计的操作技术。

二、基本原理

阳光中的紫外线是 200～400 nm 的电磁辐射，其中 280～320 nm UVB 区和 320～400 nm UVA 区的紫外线，能使皮肤晒红、晒黑、晒伤。化妆品融入一定量的紫外线吸收剂(防晒剂)，借助其他成膜性物质在肌肤表面形成一道紫外线吞噬屏障，避免紫外线射入肌肤内部。按照防护辐射的波段不同，紫外线吸收剂可分为 UVB 和 UVA 两种，主要包括甲氧基肉桂酸辛酯、4-二苯甲酮、羟苯甲酮、二甲基氨基苯甲酸辛酯、水杨酸辛酯等有机化合物。这类化合物可在紫外光区域产生光谱吸收。本实验用溶剂提取化妆品中的紫外线吸收剂，通过测定提取液的紫外吸收光谱，确定化妆品中是否含有紫外线吸收剂。

三、仪器与试剂

1. 仪器

紫外分光光度计或紫外-可见分光光度计，带扫描，分辨率为 0.1 nm；分析天平(感量为 0.01 g)；烧杯、石英比色皿(1 cm)等。

2. 试剂

95％乙醇，分析纯；化妆品(市售品)。

四、实验步骤

1. 样品溶液的制备

精确称取化妆品试样 1.0～2.0 g 于 100 mL 烧杯中，加入 95％乙醇 100 mL 溶解，搅拌，静置片刻，取上清液作为待测样品。根据样品中紫外线吸收剂含量的多少，选择稀释倍数。

2. 紫外吸收光谱的测定

测定前,打开光谱仪,使仪器稳定 30 min。调节紫外分光光度计波长于 280～400 nm,以 95％乙醇作为空白试验。取待测试样上清液置于石英比色皿内,进行扫描,测定试样溶液的紫外吸收光谱。

五、数据记录与处理

分析待测试样的吸收光谱,在此波长范围内有吸收峰,则该样品含紫外线吸收剂。如果无吸收峰,则该样品不含紫外线吸收剂。

六、讨论与思考

1. 根据紫外-可见分光光度法的基本原理,分析紫外线吸收剂产生吸收光谱的原因。

2. 在试样制备过程中,如果上清液一直浑浊,可采取什么措施制备试样?

第二章 红外吸收光谱法

学习目标

知识目标：

- 了解红外吸收光谱产生的原因。
- 掌握伸缩振动频率或波数与键力常数及折合质量的关系。
- 理解基团频率及其影响因素。
- 熟悉红外光谱仪的构成及特点。
- 了解红外光谱法在物质结构分析中的应用。

能力目标：

- 能根据基团频率判断官能团的存在。
- 能掌握固体及液态样品的制备技术。
- 能操作常用的红外光谱仪。

资源链接

动画资源：

1. 丙酮的红外光谱图； 2. 苯乙烯的红外光谱图； 3. 间氯苯腈的红外光谱图

红外吸收光谱是物质分子受到频率连续变化的红外光照射时，吸收某些特定频率的红外光，发生分子振动能级和转动能级的跃迁而形成的光谱。利用红外光谱进行定性、定量分析的方法称为红外吸收光谱法。物质的红外光谱特征性强，气体、液体、固体样品都可测定，并具有用量少、分析速度快、不破坏样品的特点，因此，在实际生产和科学研究中经常使用。

第一节 红外吸收光谱法的基本原理

分子内不仅存在电子的运动，还有原子核之间的振动和分子整体的转动。振动和转动的能量是不连续的，形成振动能级和转动能级，其中振动能级差 ΔE_v 为 0.05～1 eV，转动能级差 ΔE_r 为 0.001～0.05 eV。波长范围在 2.5～25 μm(波数范围：4 000～400 cm^{-1})的红外光不足以使物质产生电子能级的跃迁，但能引起振动能级与转动能级的跃迁。由于每个振动能级的变化都伴随许多转动能级的变化,所以红外光谱又称为振转光谱,属于带状光谱。红外吸收光谱与分子内原子之间的振动有密切关系。

一、双原子分子的振动

1. 双原子分子的简谐振动

分子中的原子以平衡点为中心,以非常小的振幅做周期性的伸缩振动,即两原子之间距离(键长)发生变化。双原子振动可近似为简谐振动,即把两个质量为 m_1 和 m_2 的原子看作两个刚性小球,连接两原子的化学键设想为无质量的弹簧,弹簧长度 r 就是化学键的长度,弹簧力常数 k 就是化学键的键力常数,如图 2−1 所示。

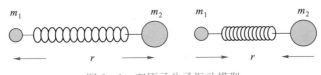

图 2−1　双原子分子振动模型

2. 振动频率

根据胡克(Hook)定律,图 2−1 中体系基本振动频率计算公式为:

$$\nu = \frac{1}{2\pi}\sqrt{\frac{k}{\mu}} \quad 或 \quad \sigma = \frac{1}{2\pi c}\sqrt{\frac{k}{\mu}} \tag{2-1}$$

式中:ν 和 σ 分别为振动频率及波数;k 为键力常数(达因/厘米,dyn/cm);c 为光速,μ 为双原子折合质量(g):

$$\mu = \frac{m_1 m_2}{m_1 + m_2} \tag{2-2}$$

若把折合质量与原子的相对原子质量单位进行换算,折合为相对原子质量单位,k 取 N·cm⁻¹(牛/厘米)作为单位,则式(2−1)简化为:

$$\sigma = \frac{(N_A \times 10^5)^{1/2}}{2\pi c}\sqrt{\frac{k}{\mu}} \approx 1\,304\sqrt{\frac{k}{\mu}} \quad (cm^{-1}) \tag{2-3}$$

式中:N_A 为阿伏伽德罗常数(6.022×10²³ mol⁻¹)。

> 【例 2−1】　HCl 分子的键力常数为 5.1 N·cm⁻¹,试估计该分子的振动频率。
>
> 【解】　折合质量:$\mu = \dfrac{35.5 \times 1.0}{35.5 + 1.0} = 0.97$
>
> 　　　键力常数:$k = 5.1$ N·cm⁻¹
>
> 　　该分子的振动频率:$\sigma = 1\,304\sqrt{\dfrac{5.1}{0.97}} = 2\,984$ （cm⁻¹）　　（实测值为 2 886 cm⁻¹）

从计算式(2−3)可见,影响伸缩振动频率(波数)的直接因素是构成化学键的原子的折合质量和化学键的键力常数。键力常数越大,折合质量越小,化学键的振动频率(波数)越高。表 2−1 列出了一些化学键的伸缩振动频率。C—C、C═C、C≡C 三种碳碳键的折合质量相同,而键力常数依次为单键<双键<三键,所以波数也依次增大。C—C、C—H 都属于单键,键力常数相近,而折合质量 $\mu_{\text{C-H}} < \mu_{\text{C-C}}$,因此 $\sigma_{\text{C-H}} > \sigma_{\text{C-C}}$。O—H 键的键力常数大,折合质量小,因此,振动频率最大。

表 2 - 1 部分化学键振动波数比较

化学键	C—C	C=C	C≡C	C—H	O—H	N—H	C=O
$k/(\text{N} \cdot \text{cm}^{-1})$	4.5	9.6	15.6	5.1	7.7	6.4	12.1
μ	6	6	6	0.92	0.94	0.93	6.85
计算 σ/cm^{-1}	1 128	1 648	2 101	3 068	3 729	3 418	1 731
实测 σ/cm^{-1}	~1 430	~1 670	~2 220	~2 950	~3 450	~3 430	~1 720

实际上分子中化学键的振动并非简谐振动,当两原子靠拢时,两原子核之间的库仑斥力迅速增加;当两个原子间的距离增加时,化学键要断裂。另外,整个分子同时在发生转动。因此,振动频率的理论计算值与实测值有差异。但是表 2 - 1 中列出的计算值与实测值是比较接近的,说明式(2 - 3)对红外振动频率的估算仍具有一定的实用意义。

二、多原子分子的振动

1. 振动的基本形式

随着原子数目增多,构成分子的键或基团的空间结构不同,多原子分子的振动比双原子分子要复杂得多。但是,可以把它们的振动分解成许多简单的基本振动。

(1) **伸缩振动**。化学键两端的原子沿着键轴方向做周期性伸缩,只有键长发生变化而键角不变的振动称为伸缩振动,用符号 ν 表示。伸缩振动分为对称伸缩振动(用符号 ν_s 表示)和反对称伸缩振动(用符号 ν_{as} 表示)。以水分子的振动为例(见图 2-2),两个氢原子同时离开或移向氧原子的振动称为对称伸缩振动;一个氢原子离开氧原子而同时另一个移向氧原子的振动称为反对称伸缩振动。由于键长的改变需要的能量比较大,所以伸缩振动频率比较高。

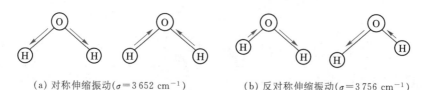

(a) 对称伸缩振动($\sigma = 3\,652$ cm^{-1})　　(b) 反对称伸缩振动($\sigma = 3\,756$ cm^{-1})

图 2-2 水分子的伸缩振动

(2) **变形振动**。变形振动又称变角振动,是指基团键角发生周期变化而键长不变的振动。变形振动分为面内变形和面外变形振动。以—CH$_2$ 的振动为例(见图 2-3),在碳原子和两个氢原子构成的平面内,两个 C—H 键同时向内闭合或同时向两侧张开而产生的面内变形振动称为剪式振动(用符号 δ 表示);两个 C—H 键同时偏向一侧产生的振动称为面内摇摆振动(用符号 ρ 表示)。当两个 C—H 键因振动偏离平面时,产生面外变形振动。如果两个 C—H 键同时朝着平面一侧或另一侧摆动,称为面外摇摆振动(用符号 ω 表示);如果两个 C—H 键以相反方向在平面两侧振动称为扭曲变形振动(用符号 τ 表示)。由于变形振动需要的能量比伸缩振动少,所以,同一基团的变形振动频率比伸缩振动的频率低。

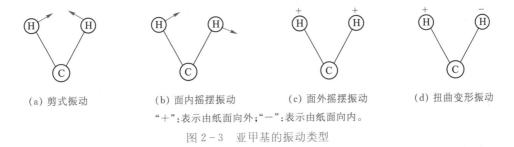

(a) 剪式振动　　　(b) 面内摇摆振动　　　(c) 面外摇摆振动　　　(d) 扭曲变形振动

"+":表示由纸面向外;"－"表示由纸面向内。

图 2-3　亚甲基的振动类型

简单基本振动的类型可表示如下:

$$
\text{振动的类型}
\begin{cases}
\text{伸缩振动}
\begin{cases}
\text{对称伸缩振动}(\nu_s)\\
\text{反对称伸缩振动}(\nu_{as})
\end{cases}\\
\text{变形振动}
\begin{cases}
\text{面内变形振动}
\begin{cases}
\text{剪式振动}(\delta)\\
\text{面内摇摆振动}(\rho)
\end{cases}\\
\text{面外变形振动}
\begin{cases}
\text{面外摇摆振动}(\omega)\\
\text{扭曲变形振动}(\tau)
\end{cases}
\end{cases}
\end{cases}
$$

2. 简谐振动的数目

简谐振动的数目称为**振动自由度**。每个振动自由度对应于红外光谱上的一个基频吸收带,因此,多原子分子在红外光谱图上可以出现一个以上的基频吸收峰。理论上,吸收峰的数目等于分子的振动自由度。

设某分子由 n 个原子组成,则分子的振动自由度或简谐振动的理论数为:

非线型分子:　　　　　　振动自由度＝$3n-6$　　　　　　　　(2-4)

线型分子:　　　　　　　振动自由度＝$3n-5$　　　　　　　　(2-5)

【**例 2-2**】　试计算 CO_2 的振动自由度,分析其振动类型。

【**解**】　CO_2 是由 3 个原子构成的线型分子,因此,其振动自由度为:$3n-5=4$。

振动形式有伸缩振动和变形振动,其中伸缩振动包括对称伸缩和反对称伸缩振动;变形振动包括面内变形和面外变形振动。具体见图 2-4。

(a) 对称伸缩　　　(b) 反对称伸缩　　　(c) 面内变形　　　(d) 面外变形

图 2-4　CO_2 的振动形式

三、红外吸收光谱产生的条件

并非所有分子和所有的振动都能产生红外吸收光谱,产生红外吸收光谱必须满足两个条件。

1. 辐射光子具有的能量与发生振动跃迁所需的跃迁能量相等

红外吸收光谱是分子振动能级跃迁产生的,振动能级可以用下式表示:

$$E_v = \left(v + \frac{1}{2}\right) \cdot h\nu \qquad (2-6)$$

式中:v 为振动量子数($v = 0, 1, 2, \cdots$);ν 为分子振动的频率;E_v 是与振动量子数 v 相应的振动能量。

当 $v = 0$ 时,分子的振动处于基态,能量为 $E_0 = h\nu/2$;当 $v \geqslant 1$ 时,振动处于激发态。激发态和基态的能级差为:

$$\Delta E_v = \Delta v \cdot h\nu \qquad (2-7)$$

基态与第一激发态的能量差为:

$$\Delta E_1 = h\nu \qquad (2-8)$$

当红外辐射光子(ν_L)所具有的能量(E_L)满足下列条件时:

$$E_L = h\nu_L = h\nu \qquad (2-9)$$

则分子将吸收红外辐射而跃迁至第一激发态,产生红外吸收光谱。

2. 分子振动引起瞬间偶极矩变化

构成分子的各原子因价电子得失的难易程度不同,从而表现出不同的电负性,分子也因此显示出不同的极性,称为偶极子。通常用分子的偶极矩 $\boldsymbol{\mu}$ 来描述分子的极性大小。设分子中正、负电荷中心的电荷分别为 $+q$、$-q$,两中心之间的距离为 d(见图 2-5),则

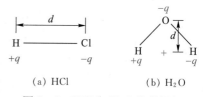

图 2-5 HCl 和 H_2O 的偶极矩

$$\boldsymbol{\mu} = q \cdot d \qquad (2-10)$$

只有当分子内的振动引起偶极矩变化($\Delta\boldsymbol{\mu} \neq 0$)时才能产生红外吸收光谱,该分子称为红外活性分子;$\Delta\boldsymbol{\mu} = 0$ 的分子振动不能产生红外吸收光谱,称为非红外活性分子。同核双原子分子,如 H_2、O_2、N_2 等其振动过程中偶极矩始终为 0,因此没有红外活性,不会产生红外吸收光谱。

根据上述分析,绝大多数化合物在红外吸收光谱中出现的峰数远小于理论上计算的振动数,这是由如下原因引起的:

(1) 没有偶极矩变化的振动,不产生红外吸收光谱。

(2) 相同频率的振动吸收峰重叠。

(3) 仪器不能区别频率十分接近的振动,或吸收峰很弱,仪器无法检测。

(4) 有些吸收峰落在仪器检测范围之外。

例如,理论计算得出二氧化碳分子的基本振动数为 4,在红外图谱上应有 4 个吸收峰。但实际上红外图谱中只出现 667 cm^{-1} 和 2 349 cm^{-1} 两个吸收峰。这是因为对称伸缩振动偶极

矩变化为零,不产生吸收,而面内变形和面外变形振动的吸收频率完全一样,发生重叠。

四、红外吸收光谱的表示方法

红外吸收光谱一般用 T-λ 曲线或 T-σ 表示,即纵坐标为透射率 T;横坐标为波长 λ(单位为 μm)或 σ(波数,单位为 cm^{-1})。图 2-6 是丙酮的红外吸收光谱图,其中有 8 个典型吸收峰。不同基团的吸收峰位置不同,如 $C=O$ 的吸收峰出现在 1715 cm^{-1} 处;—CH_3 的 C—H 伸缩振动吸收峰出现在 2966 cm^{-1}、2926 cm^{-1} 处。透射率越小,吸收峰的强度越大。

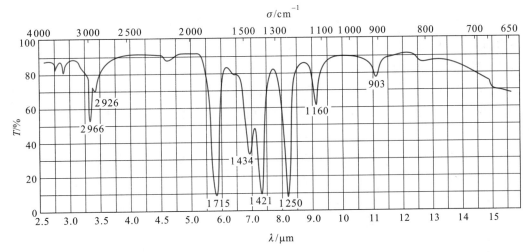

图 2-6　CH_3COCH_3 的红外吸收光谱(溶剂:CCl_4)

分析图 2-6 可得出,光谱的形状、峰的位置、峰的数目和峰的强度是构成红外吸收光谱的基本要素,这些基本要素与分子的结构有密切关系。峰的位置是最大吸收峰处对应的波长或波数,化学键的键力常数 k 越大,原子折合质量越小,键的振动频率越大,吸收峰将出现在高波数区(短波长区);反之,出现在低波数区(高波长区)。峰的数目与分子中的振动数目、光谱产生的条件有关;峰的强度与振动的类型、化学基团的含量等有关。凡是具有不同结构的两种化合物,往往产生不同的红外吸收光谱,因此红外吸收光谱可以用来鉴定未知物的结构组成或确定其化学基团;而利用强度与含量之间的关系可进行定量分析。

第二节　基团频率和特征吸收峰

一、基团频率

组成分子的各种基团如 C—H、O—H、N—H、$C=C$、$C=O$、$C\equiv C$、$C\equiv N$ 等,都有自己特定的红外吸收区域,分子的其他部分对其吸收带位置的影响较小。通常把这种能代表基团存在,并有较高强度的吸收谱带称为基团频率,其所在的位置一般又称为特征吸收峰。基团频率和特征吸收峰对于利用红外吸收光谱进行分子结构鉴定具有重要意义。

二、红外吸收光谱区域的划分

红外吸收光谱(中红外)的工作范围一般是 $4\,000 \sim 400\ cm^{-1}$，常见基团都在这个区域内产生吸收带。按照红外吸收光谱与分子结构的关系可将整个红外吸收光谱区分为基团频率区和指纹区两个区域。

1. 基团频率区($4\,000 \sim 1\,300\ cm^{-1}$)

(1) X—H 伸缩振动区。这个区域主要是 C—H、O—H、N—H 和 S—H 键的伸缩振动频率区。

C—H 键的伸缩振动可以分为饱和碳氢键(—C—H)和不饱和碳氢键(=C—H、≡C—H)两种。饱和碳氢键的伸缩振动在 $2\,800 \sim 3\,000\ cm^{-1}$ 范围内产生吸收峰，属于强吸收。不饱和双键的碳氢键的伸缩振动在 $3\,010 \sim 3\,100\ cm^{-1}$ 范围内产生吸收峰，以此可以判断化合物中是否含有不饱和 C—H 键。苯环的 C—H 键伸缩振动在 $3\,000 \sim 3\,100\ cm^{-1}$ 范围内产生几个吸收峰，它的特征是强度比饱和碳氢键的小，但比较尖锐。不饱和三键的碳氢键(≡C—H)在更高的 $3\,300\ cm^{-1}$ 区域附近产生吸收峰。

O—H 键的伸缩振动在 $3\,200 \sim 3\,650\ cm^{-1}$ 范围内产生吸收峰，谱带较强，它可以作为判断物质属于醇类、酚类和有机酸类的重要依据。一般羧酸羟基的吸收峰频率低于醇和酚中羟基的频率，并为宽而强的吸收。需注意的是水分子在 $3\,300\ cm^{-1}$ 附近有吸收，在制备样品时需要除去水分。

脂肪胺和酰胺的 N—H 键伸缩振动在 $3\,100 \sim 3\,500\ cm^{-1}$ 范围内产生吸收峰，属于中等强度的尖峰。

(2) 三键和累积双键伸缩振动区($2\,500 \sim 1\,900\ cm^{-1}$)。这个区域主要是 C≡C、C≡N 键伸缩振动频率区，以及 C=C=C、C=C=O 等累积双键的不对称伸缩振动频率区。

C≡C 键分为 R—C≡CH 和 R'—C≡C—R 两种类型。R—C≡CH 中的 C≡C 键伸缩振动在 $2\,100 \sim 2\,140\ cm^{-1}$ 附近出现吸收峰；R'—C≡C—R 的 C≡C 键出现在 $2\,190 \sim 2\,260\ cm^{-1}$ 附近；R—C≡C—R 分子是对称结构，不会产生吸收峰。

C≡N 键的伸缩振动在非共轭情况下于 $2\,240 \sim 2\,260\ cm^{-1}$ 附近出现吸收峰；当与不饱和键或芳香核共轭时，该峰位移到 $2\,220 \sim 2\,230\ cm^{-1}$ 附近。

(3) 双键伸缩振动区($1\,900 \sim 1\,300\ cm^{-1}$)。该区域主要是 C=C、C=O 等键的伸缩振动频率区，是红外吸收光谱中很重要的区域。

C=O 键伸缩振动在 $1\,900 \sim 1\,650\ cm^{-1}$ 范围内出现吸收峰，是红外吸收光谱中最特征的谱带，也是吸收强度最强的谱带，根据此范围内的吸收峰可判断酮类、醛类、酸类、酯类及酸酐等有机化合物。酸酐中的 C=O 吸收带由于振动耦合而呈现双峰。

烯烃类化合物的 C=C 键伸缩振动在 $1\,667 \sim 1\,640\ cm^{-1}$ 范围内出现吸收峰，属于中等强度或弱的吸收峰。芳香族化合物环内 C=C 键伸缩振动分别在 $1\,600 \sim 1\,585\ cm^{-1}$ 及 $1\,500 \sim 1\,400\ cm^{-1}$ 出现两个吸收峰，这是芳环骨架结构振动的特征吸收峰，可用于确认芳环是否存在。

另外,饱和 C—H 变形振动在 1 500~1 300 cm^{-1} 间出现吸收峰。—CH$_3$ 在 1 380 cm^{-1} 及 1 450 cm^{-1} 处有两个峰;⟍CH$_2$ 在 1 470 cm^{-1} 有一个峰;—CH 在 1 340 cm^{-1} 有一个峰。

2. 指纹区(1 300~400 cm^{-1})

(1) 1 300~900 cm^{-1} 区域。这个区域主要是 C—C、C—N、C—P、C—S、P—O、Si—O、C—X(卤素)等单键的伸缩振动和 C=S、S=O、P=O 等双键的伸缩振动及一些变形振动吸收频率区。其中甲基的对称变形振动在 1 380 cm^{-1} 附近出现吸收峰,这对判断是否存在甲基有参考价值;C—O 单键伸缩振动在 1 050~1 300 cm^{-1} 范围内出现吸收峰,是该区域内最强的吸收峰,非常容易识别。醇中的 C—O 单键吸收峰在 1 050~1 100 cm^{-1} 范围内;酚的则在 1 250~1 100 cm^{-1} 范围内;酯在此区间有两组吸收峰,分别为 1 240~1 160 cm^{-1} 和 1 160~1 050 cm^{-1}。

(2) 900~400 cm^{-1} 区域。这个区域主要是一些重原子和一些基团的变形振动频率区。例如,烯烃 HRC=CR′H 的 C—H 面外变形振动出现的吸收位置取决于双键的取代情况,在反式结构中,吸收峰出现在 990~970 cm^{-1} 附近;在顺式结构中,吸收峰出现在 690 cm^{-1} 附近。苯环上 H 原子的面外变形振动的吸收峰也出现在此区域,峰位置取决于环上的取代形式。如果在此区间内无强吸收峰,一般表示无芳香族化合物。长碳链饱和烃(—CH$_2$—)$_n$,$n \geqslant 4$ 时,在 722 cm^{-1} 处出现吸收峰。

三、常见官能团的特征吸收频率

官能团的吸收频率对判断有机化合物的类型和分析其分子结构有重要的参考价值。表 2-2 列出了常见官能团的特征频率数据。

动画:丙酮的红外光谱图

表 2-2 常见官能团的特征频率

化合物种类	官能团	振动形式	振动频率/cm^{-1}
芳烃 (见图 2-7)	=C—H	伸缩振动	3 000~3 100
	C=C	苯环骨架振动	~1 600 和~1 500
	C—H(苯)	面外变形振动	~670
	C—H(单取代)	面外变形振动	770~730 和 715~685
	C—H(邻位双取代)	面外变形振动	770~735
	C—H(间位双取代)	面外变形振动	~880 和 780~690
	C—H(对位双取代)	面外变形振动	850~800
醇	O—H	伸缩振动	~3 650;或 3 400~3 300(含有氢键)
	C—O	伸缩振动	1 260~1 000
醚	C—O—C(脂肪烃)	伸缩振动	1 300~1 000
	C—O—C(芳香烃)	伸缩振动	~1 250 和~1 120
醛	O=C—H	伸缩振动	2 820 和 2 720
	C=O	伸缩振动	~1 725

续表

化合物种类	官能团	振动形式	振动频率/cm⁻¹
酮	C=O	伸缩振动	～1 715
	C—C	伸缩振动	1 300～1 100
酸	O—H(游离 OH)	伸缩振动	3 580～3 500
	O—H(二聚体)	伸缩振动	3 200～2 500
	C=O	伸缩振动	1 760～1 710
	O—H	面内变形振动	1 440～1 400
	O—H	面外变形振动	950～900
酯	C=O	伸缩振动	1 750～1 735
	C—O—C(乙酸酯)	伸缩振动	1 260～1 230
	C—O—C	伸缩振动	1 210～1 160
酰卤	C=O	伸缩振动	1 810～1 775
	C—Cl	伸缩振动	730～550
酸酐	C=O	伸缩振动	1 830～1 800 和 1 775～1 740
	C—O	伸缩振动	1 300～900
胺	N—H	伸缩振动	3 500～3 300(双峰)
	N—H	变形振动	1 640～1 500
	C—N(烷基碳)	伸缩振动	1 200～1 025
	C—N(芳基碳)	伸缩振动	1 360～1 325
	N—H	变形振动	～800
酰胺	N—H	伸缩振动	3 500～3 180
	C=O	伸缩振动	1 680～1 630
	N—H(伯酰胺)	变形振动	1 640～1 550
	N—H(仲酰胺)	变形振动	1 570～1 515
	N—H	面外变形振动	～700

动画:苯乙烯
的红外
光谱图

动画:间氯苯
腈的红外
光谱图

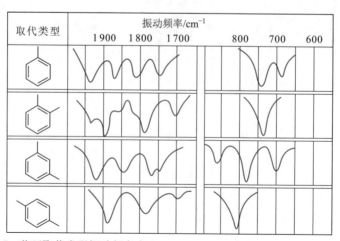

图 2-7 苯环取代类型振动频率在 2 000～1 667 cm⁻¹和 900～600 cm⁻¹的谱形

四、基团频率的影响因素

在不同条件下,基团频率往往有所不同,影响基团频率变化的因素大致可分为内部因素和外部因素。

(一)内部因素

1. 电子效应

电子效应包括诱导效应、共轭效应等,它们都是由于化学键的电子分布不均匀引起的。

(1) 诱导效应。由于取代基具有不同的电负性,通过静电诱导作用,引起分子中电子分布发生变化,从而改变了键力常数,使基团的特征频率发生变化。例如,当电负性较强的元素(如卤素)与羰基上的碳原子相连时,诱导效应导致电子云由氧原子转向双键,引起 C=O 键力常数增加,使其振动频率升高,吸收峰向高波数移动。元素的电负性越强或取代数目越多,诱导效应越强,吸收峰向高波数移动的程度越显著。表 2-3 说明了羰基吸收频率受卤素原子取代的影响。

表 2-3　卤素原子取代对羰基吸收频率的影响

化合物	O‖R—C—R′	O‖R—C→Cl	O‖R—C→F	O‖F←C→F
σ/cm^{-1}	~1 715	~1 800	~1 920	~1 928

(2) 共轭效应。共轭效应使共轭体系中的电子云密度平均化,结果使原来的双键略有伸长(即电子云密度降低)、键力常数减小,使其吸收频率向低波数方向移动。例如,酮分子中的 C=O,因与苯环共轭而使 C=O 键力常数减小,振动频率降低。具体数据见表 2-4。

表 2-4　受苯环影响羰基吸收频率的变化

化合物	O‖R—C—R′	O‖⬡—C—R	O‖⬡—C—⬡
σ/cm^{-1}	1 710~1 725	1 695~1 680	1 667~1 661

2. 氢键的影响

氢键的形成使电子云密度平均化,从而使伸缩振动频率降低。例如,羧酸中的羰基和羟基之间容易形成氢键,使羰基的频率降低。游离羧酸的 C=O 键频率出现在 1 760 cm^{-1} 左右,在固体或液体中,由于羧酸分子间形成氢键,C=O 键频率出现在 1 700 cm^{-1}。

RCOOH(游离) 　　　R—C〈O—H⋯O／O—H⋯O〉C—R 　(二聚体)

$\sigma = 1\ 760\ cm^{-1}$ 　　　　$\sigma = 1\ 700\ cm^{-1}$

3. 振动耦合

当两个振动频率相同或相近的基团通过一个共原子相连时,由于一个键的振动通过公共原子使另一个键的长度发生改变,产生一个"微扰",从而形成了强烈的振动相互作用。其结果是使振动频率发生变化,一个向高频移动,另一个向低频移动,谱带分裂。振动耦合常出现在一些二羰基化合物中,如羧酸酐两个羰基的振动耦合:

$$
\begin{array}{c}
R-\overset{\displaystyle O}{\underset{\displaystyle }{C}} \\
\big| \\
O \\
\big| \\
R-\overset{\displaystyle }{\underset{\displaystyle O}{C}}
\end{array}
$$

两个—C≡O 共用一个 O 原子,使—C≡O 吸收峰分裂成两个峰,波数分别为 1 820 cm^{-1} 和 1 760 cm^{-1}。

(二) 外部因素

外部因素主要指测量时物质的物理状态及溶剂效应等因素。

1. 测量时物质的物理状态

同一物质的不同状态,由于分子间相互作用力不同,所得到的光谱往往不同。气态时,分子密度小,分子间的作用力较小,可以发生自由转动,振动光谱上叠加的转动光谱会出现精细结构。光谱谱带的波数相对较高,谱带较矮且宽。同一基团的吸收频率大于其在液态和固态时的吸收频率。

液态时,分子密度较大,分子间的作用力较大,分子转动遇到阻力,因此转动光谱的精细结构消失,谱带变窄,更为对称,波数较低。例如,丙酮在气态时羰基的吸收频率为 1 742 cm^{-1},而在液态时为 1 718 cm^{-1}。

固态时,分子间的相互作用较为剧烈,光谱变得复杂,有时还会产生新的谱带。

2. 溶剂效应

在溶液中测定光谱时,溶剂的极性、溶质的浓度对光谱均有影响,尤其是溶剂的极性。在极性溶剂中,极性基团的伸缩振动由于受极性溶剂分子的作用,使键力常数减小,波数降低,而吸收强度增大;对于变形振动,由于基团受到束缚作用,变形所需能量增大,所以波数升高。当溶剂分子与溶质形成氢键时,光谱所受的影响更显著。因此,在红外光谱测定中,应尽量采用非极性的溶剂。

第三节 红外光谱仪

目前主要有两类红外光谱仪:色散型红外光谱仪和傅立叶(Fourier)变换红外光谱仪。

一、色散型红外光谱仪

色散型红外光谱仪的组成部件与紫外-可见分光光度计相似,但其每一个部件的结构、所用的材料及性能与紫外-可见分光光度计不同。它们的排列顺序也略有不同,红外光谱仪的样品是放在光源和单色器之间,而紫外-可见分光光度计的样品是放在单色器之后。

色散型红外光谱仪一般均采用双光束设计(见图2-8)。将光源发射的红外光分成两束,一束通过样品池,另一束通过参比池。斩光器使样品光束和参比光束交替通过单色器,然后被检测器检测。当样品光束与参比光束强度相等时,检测器不产生交流信号;当样品有吸收,两光束强度不等时,检测器产生与光强差成正比的交流信号,从而获得吸收光谱。

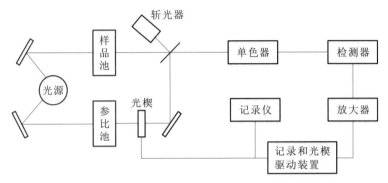

图 2-8　色散型红外光谱仪结构示意图

1. 光源

测定红外吸收光谱,需要的能量较小。因此,稳定的固体在加热时产生的辐射就可以满足红外光源的要求,常见的有如下几种。

(1) 能斯特灯。能斯特灯的材料是稀土氧化物,其工作温度为 $1200 \sim 2200$ K。此种光源具有很大的电阻负温度系数,需要预先加热并设计电源电路能控制电流强度,以免灯过热损坏。

(2) 碳化硅(SiC)棒。工作温度为 $1300 \sim 1500$ K,与能斯特灯相反,碳化硅棒具有正的电阻温度系数,电触点需冷却以防放电。其辐射能量与能斯特灯接近,但在大于 2000 cm^{-1} 区域能量输出远大于能斯特灯。

(3) 白炽线圈。用镍铬丝螺旋线圈或铑线做成,工作温度约 1100 K,其辐射能量略低于前两种,但寿命长。

2. 吸收池

测定气体或液体样品时,常需要吸收池。因玻璃、石英等材料不能透过红外线,红外吸收池要用可透过红外线的 NaCl、KBr、CsI、KRS-5(TlI58%,TlBr42%)等材料制成窗片。表2-5列出了几种窗片材料的基本性能。

表 2-5　几种窗片材料的基本性能

材料	透光范围 $\lambda / \mu m$	注意事项
NaCl 单晶	$0.2 \sim 17$	易潮解,要求湿度低于 40%
KBr 单晶	$0.2 \sim 25$	易潮解,要求湿度低于 35%

续表

材料	透光范围 λ/μm	注意事项
CsBr 单晶	1～38	易潮解
CsI 单晶	1～50	易潮解
KRS-5 晶体	1～45	微溶于水

3. 单色器

与紫外-可见分光光度计的单色器类似,红外单色器也是由色散元件、准直镜和狭缝等组成,在红外光谱仪中一般不使用透镜,以避免产生色差。色散元件有棱镜和光栅两种。

棱镜主要用于早期仪器中,是由对红外线透射率较高的碱金属或碱土金属的卤化物单晶做成,不同材料做成的棱镜有不同的使用波长范围。对于红外线,要获得较好分辨本领时可选用 LiF(2～15 μm)、CaF$_2$(5～9 μm)、NaF(9～15 μm)和 KBr(15～25 μm)等,棱镜易受损且易被水腐蚀,要特别注意干燥。

光栅单色器常用几块不同闪耀波长的闪耀光栅组合而成,可以自动更换,使测定的波数范围更为扩展且能得到更高的分辨率。

4. 检测器

红外吸收光谱区的光子能量较弱,不足以导致光电子发射,因此紫外-可见分光光度计中所用的光电管或光电倍增管不适于红外检测器,常用的红外检测器有真空热电偶、热释电检测器和光电导检测器。

(1) 真空热电偶。这是色散型红外光谱仪中最常见的一种检测器。它利用不同导体构成回路时的温差电现象,将温差转变为电势差,其结构如图 2-9。它以一小片涂黑的金箔作为红外辐射的接受面,在金箔的另一面焊接有两种不同金属、合金或半导体作为热结点,而在冷结点端(通常为室温)连有金属导线(图中未画出)。此热电偶密封在真空度约为 7×10^{-7} Pa 的腔体内。在腔体上对着涂黑金属接受面的方向上开一小窗,窗口放置红外透光材料盐片。当红外辐射通过窗口射到金箔上时,热结点温度升高,与冷结点间产生温差电势,回路中就有电流通过,而且电流大小与红外辐射的强度成正比。该检测器可测到 10^{-6} K 的温度变化。

(2) 热释电检测器。以硫酸三甘酞 (NH$_2$CH$_2$COOH)$_3$H$_2$SO$_4$(triglycine sulfate,简称 TGS)这类热电材料的单晶片为检测元件,其薄片 (10～20 μm)的正面镀铬、反面镀金形成两个电极,

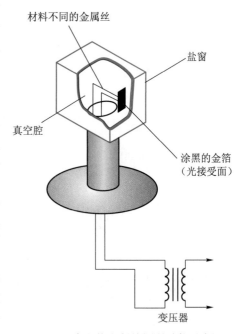

图 2-9 真空热电偶检测器结构示意图

（图中标注：材料不同的金属丝；盐窗；真空腔；涂黑的金箔（光接受面）；变压器）

与放大器连接,一起置于带有盐窗的高真空玻璃容器内。TGS 的极化强度与温度有关,当红外线照射时引起温度升高,极化度降低,表面电荷减少,相当于因热而释放了部分电荷(称为热释电),这些电荷经过放大转变为电压或电流信号的方式进行测量。热释电检测器的响应速度很快,可以跟踪频率进行高速扫描,可用于傅立叶变换红外光谱仪中。

(3)光电导检测器。采用半导体材料薄膜,如半导体碲化镉和半金属化合物碲化汞混合物(Hg-Cd-Te,简称 MCT),将其置于非导电的玻璃表面,密闭于真空腔内,吸收辐射后半导体电阻降低,导电性能发生变化,从而产生检测信号。该检测器的灵敏度高于 TGS 约 10 倍,比上述热释电检测器灵敏,响应速度快,适于快速扫描测量和气相色谱-傅里叶变换红外光谱联机检测。MCT 检测器需在液氮温度下工作。

二、傅里叶变换红外光谱仪

色散型仪器的主要不足是扫描速度慢,灵敏度和分辨率低。目前几乎所有的红外光谱仪都是傅里叶变换型的。

1. 组成

傅里叶变换红外光谱仪简称 FTIR,它没有色散元件,主要由光源、迈克耳孙(Michelson)干涉仪、检测器和计算机组成(见图 2-10),其中光源和检测器部分与色散型红外光谱仪相类似,不再赘述。二者的主要区别在于干涉仪和计算机两部分。

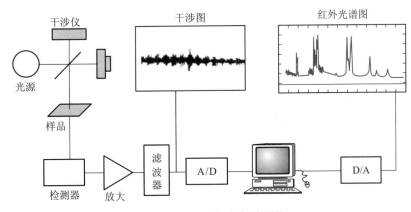

图 2-10 FTIR 工作原理图

2. 基本原理

傅里叶变换红外光谱仪的核心部分是迈克耳孙干涉仪和计算机。干涉仪将光源来的信号以干涉图的形式送往计算机进行快速的傅里叶变换的数学处理,最后将干涉图还原为通常解析的光谱图。其工作原理示意图见图 2-11。

迈克耳孙干涉仪中的定镜和动镜为两块互相垂直的平面反射镜,定镜固定不动,动镜可以沿图示的方向做往复微小移动。在定镜和动镜之间放置一呈 45°的半透膜光分裂器,它能把光源投射过来的光分为强度相等的光束 I 和光束 II。光束 I 和光束 II 分别投射到动镜和定镜,然后又反射回来,以不同的光程差(位相差)在检测器上汇合。因此检测器上检测到的是两光

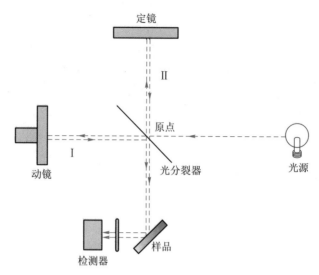

图 2-11 迈克耳孙干涉仪工作原理示意图

束的相干光信号。

　　光程差 δ 是通过动镜的来回定速移动产生的。如果用 d 代表动镜离开原点的距离与定镜与原点的距离之差,由于光线一来一回,所以光程差 $\delta=2d$。当一波长为 λ_1 的单色光进入干涉仪时,若动镜处于零位,动镜和定镜到光分裂器的距离相等,即 $\delta=0$,两束光到达检测器时位相相同,发生相长干涉,强度最大。当动镜移动入射光 $\lambda/4$ 的偶数倍,即两束光到达检测器光程差为 $\lambda/2$ 的偶数倍(即波长的整数倍)时,两束光也同相,强度最大;当动镜移动 $\lambda/4$ 的奇数倍,即光程差为 $\lambda/2$ 的奇数倍时,两光束异相,发生相消干涉,强度最小。光程差介于两者之间时,相干涉光强度也对应介于两者之间。动镜每移动 $\lambda/2$ 距离时,信号则从最强到最弱周期性地变化一次。当动镜连续往返移动时,检测器的信号将呈现余弦变化,如图 2-12(a)所示。图 2-12(b)为另一波长 λ_2 的单色光经干涉仪后的干涉图。如果是两种波长 λ_1、λ_2 的光一起进入干涉仪,则得到两种单色光干涉图的加合图,如图 2-12(c)所示。当入射光是连续频率的多色光时,得到的是中心极大而向两侧迅速衰减的对称干涉图,如图 2-12(d)所示。这种干涉图是所有各种单色光干涉图的总加合图。

　　当多色光通过样品时,由于样品选择吸收了某些波长的光,则干涉图发生了变化,变得极为复杂,如图 2-13(a)所示。这种复杂的干涉图是难以解释的,需要经过计算机进行快速的傅立叶变换,就可得到一般所熟悉的透射率随波数变化的普通红外光谱图,如图 2-13(b)所示。

　　3. 傅里叶变换红外光谱仪的特点

　　(1) 扫描速度极快。傅里叶变换仪器的动镜一次运动完成一次扫描所需时间仅为 1 s,可同时测定所有波数区间的信息。因此,它可用于测定不稳定物质的红外光谱。而色散型红外光谱仪,在任何一瞬间只能观测一个很窄的频率范围,一次完整扫描通常需要 8~30 s。

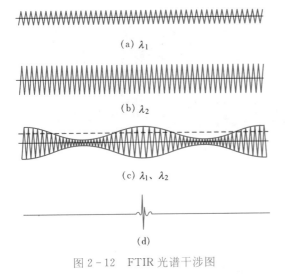

(a) λ_1

(b) λ_2

(c) λ_1、λ_2

(d)

图 2-12　FTIR 光谱干涉图

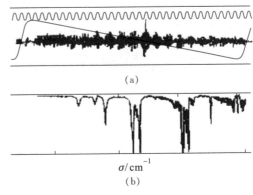

(a)

σ/cm^{-1}

(b)

图 2-13　傅里叶变换示意图

（2）具有很高的分辨率。通常傅里叶变换红外光谱仪分辨率达 $0.1\sim0.005\ \mathrm{cm}^{-1}$，而一般棱镜型的仪器分辨率在 $1\,000\ \mathrm{cm}^{-1}$ 处约为 $3\ \mathrm{cm}^{-1}$，光栅型红外光谱仪分辨率也只有 $0.2\ \mathrm{cm}^{-1}$。

（3）灵敏度高。因傅里叶变换红外光谱仪不用狭缝和单色器，反射镜面又大，故能量损失小，到达检测器的能量大，大大提高了谱图的信噪比，可检测 $10^{-8}\ \mathrm{g}$ 数量级的样品。

（4）测量精度高。重复性可达 0.1%。

由于傅里叶变换红外光谱仪的突出优点，目前已经取代了色散型红外光谱仪。

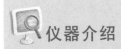仪器介绍

TENSOR27 型红外光谱仪

一、仪器简介

TENSOR27 型红外光谱仪属于傅里叶变换全数字化红外光谱仪，主要由光源、Rock-SolidTM 干涉仪、DLATGS 探测器和计算机等组成。仪器智能化程度高，操作简单易学；拓展能力强，可与红外显微镜、热失重、气相色谱、振动圆二色等附件联用。该仪器适合于产品的研究开发、实验室的常规分析、教学实验、产品质量监控。TENSOR27 型红外光谱仪前视图和后视图如图 2-14 所示。

二、仪器使用方法

1. 仪器的准备

打开红外光谱仪及计算机，预热 30 min 直至红外光谱仪正常工作。

2. 测量技术

（1）首先运行 OPUS 操作软件，输入用户名和密码，进入 OPUS 操作界面，在"测量"中的"检查信号"项检查干涉图和光谱信号是否正常，正常后需要进行"保存信号"。

（2）在"测量"中的"Advanced"项设置好文件名、保存路径、测量的分辨率为 $4\ \mathrm{cm}^{-1}$、测

 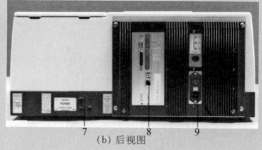

(a) 前视图   (b) 后视图

1—光源/电子腔体；2—干涉仪腔；3—外光路出口；4—样品腔；5—探测仪腔；

6—电源腔；7—吹扫接口；8—以太网线连接口；9—主开关和电源接头。

图 2-14　TENSOR27 型红外光谱仪前视图和后视图

量次数为 16 次、测量的范围为 4 000～400 cm^{-1}；在下面选择谱图的输出类型，如吸收光谱、透射光谱或者其他类型。如果需要，也可以将"空气补偿"等额外数据处理选项选中，可以在测量的同时进行数据处理，注意必须将样品和背景的单通道选中。

（3）转入"Basic"项，首先选择背景的测量，将未放置样品的 KBr 盐片或者液体池放置在样品架上进行背景的测量，所使用的液体池的厚度可以由用户进行调节。测量后可以在"背景"项保存以备后用。

（4）然后将待测样品放入样品仓中，关闭样品室。进入"Basic"项测量光谱。

（5）点"Print"选择"Print Spectra"，双击所要谱图，将谱图加入打印框，点击"Preview"打印谱图。

3.关机

移走样品仓中的样品，确保样品仓清洁；按仪器后侧电源开关，关闭仪器；关闭计算机；如有必要，还需要从电源插座上拔下电源线。

4.注意事项

（1）环境条件。红外实验室的室温应控制在 15～30 ℃，相对湿度为 40%～60%，适当通风换气，以避免积聚过量的二氧化碳和有机溶剂蒸气。

（2）背景补偿及空白校正。记录样品光谱时，双光束仪器的参比光路中应置相应的空白对照物（空白盐片、溶剂或糊剂等）；单光束仪器（最常用的是傅里叶变换红外光谱仪）应先进行空白背景扫描，扫描样品后扣除背景吸收，即得待测样品光谱。

（3）采用压片法的时候，以溴化钾最常用。若样品为盐酸盐，可比较氯化钾压片和溴化钾压片的光谱；若二者没有区别，则可用溴化钾。所用的氯化钾或溴化钾在中红外区应无明显吸收；预先应研细。过 200 目筛，并在 120 ℃干燥 4 h 后分装在干燥器中保存备用。若发现结块，则需重新干燥。

（4）压片模具及液体吸收池等红外附件，使用完后应及时擦拭干净，必要时清洗，保存在干燥容器中，以免锈蚀。

（5）常见的外界干扰。二氧化碳：2 350 cm^{-1}、667 cm^{-1}。水汽：3 900～3 300 cm^{-1}、1 800～1 500 cm^{-1}。

第四节　红外光谱法的应用

红外光谱法广泛用于有机化合物的定性鉴定、结构分析和定量分析。

一、定性分析

1. 已知物的鉴定

将样品的谱图与标准样品的谱图进行对照,或者与文献中对应标准物的谱图进行对照。如果两张谱图中各吸收峰的位置和形状完全相同,峰的相对强度一样,就可以认为样品是该种标准物。如果两张谱图不一样,或峰位置不一致,则说明两者不为同一化合物,或样品中可能含有杂质。使用文献上的谱图时应当注意样品的物态、结晶状态、溶剂、测定条件及所用仪器类型等。

2. 未知物结构的测定

测定未知物的结构是红外光谱法定性分析的一个重要用途。在分析过程中,除了获得清晰可靠的谱图外,最重要的是对谱图作出正确的解析。所谓谱图解析就是根据实验所测绘的红外光谱图的吸收峰位置、强度和形状,利用基团振动频率与分子结构的关系,确定吸收带的归属,确认分子中所含的基团或化学键,进而推定分子的结构。谱图解析往往需要以下过程。

(1) 准备工作。在进行未知物光谱解析之前,必须对样品有透彻的了解,如样品的来源、形态、颜色、气味等,它们往往是判断未知物结构的佐证。还应注意样品的相对分子质量、沸点、熔点、折光率、旋光率等物理常数,它们可作光谱解释的旁证。

(2) 确定未知物的不饱和度。由元素分析的结果可求出化合物的经验式,由相对分子质量可求出其化学式,并求出不饱和度。从不饱和度可推出化合物可能的范围。

不饱和度 Ω 的数值为化合物中双键数与环数之和(如三键的 Ω 为 2),它表示了有机分子中碳原子的不饱和程度。计算不饱和度 Ω 的经验公式为:

$$\Omega = 1 + n_4 + \frac{n_3 - n_1}{2} \tag{2-11}$$

式中:n_4、n_3、n_1 分别为分子中所含的四价元素(通常为碳)、三价元素(通常为氮)和一价元素(通常为氢及卤素)原子的数目。二价元素原子(如氧、硫等)不参加计算。

当 $\Omega = 0$ 时,表示分子是饱和的,可能为链状烷烃及其不含双键的衍生物。

当 $\Omega = 1$ 时,可能有一个双键或一个脂环。

当 $\Omega = 2$ 时,可能有两个双键或两个脂环,可能有一个双键和一个脂环,也可能有一个三键。

当 $\Omega = 4$ 时,可能有一个苯环等,以此类推。

(3) 谱图解析。获得红外吸收光谱图以后,即进行谱图的解析。谱图解析并没有一个确定的程序可循,一般要注意以下问题。

1) 一般顺序:通常先观察官能团区(4000~1300 cm^{-1}),可借助于手册或书籍中的基团频率表,对照谱图中基团频率区内的主要吸收带,找到各主要吸收带的基团归属,初步判断化合物中可能含有的基团和不可能含有的基团及分子的类型。然后再查看指纹区(1 300~400 cm^{-1}),进一步确定基团的存在及其连接情况和基团间的相互作用。

2) 注意红外吸收光谱的三要素:红外吸收光谱的三要素是吸收峰的位置、强度和形状。三要素中吸收峰的位置(或波数)是最为重要的特征,一般以吸收峰的位置判断特征基团,但也需要其他两个要素辅助综合分析,才能得出正确的结论。例如 C=O,其特征是在 1 680~1 780 cm^{-1} 范围内有很强的吸收峰,这个位置是最重要的,若有一样品在此位置上有一吸收峰,但吸收强度弱,就不能判定此化合物含有 C=O,而只能说此样品中可能含有少量羰基化合物,它以杂质峰出现,或者说可能含有其他基团的相近吸收峰而非 C=O 吸收峰。峰的形状也能帮助基团的确认。例如,缔合羟基、缔合氨基的吸收位置与游离状态的吸收位置只略有差异,但峰的形状变化很大,其游离状态的吸收峰较为尖锐,而缔合 O—H 的吸收峰圆滑而钝,缔合氨基会出现分岔。

3) 注意观察同一基团或一类化合物的相关吸收峰:任一基团都存在着伸缩振动和弯曲振动,因此会在不同的光谱区域中显示出几个相关峰,通过观察相关峰,可以更准确地判断基团的存在情况。例如,—CH$_3$ 在约 2 960 cm^{-1} 和 2 870 cm^{-1} 处有非对称和对称伸缩振动吸收峰,而在约 1 450 cm^{-1} 和 1 370 cm^{-1} 处有弯曲振动吸收峰;—CH$_2$ 在约 2 920 cm^{-1} 和 2 850 cm^{-1} 处有伸缩振动吸收峰,在约 1 470 cm^{-1} 处有其相关峰,若是长碳链的化合物,在 720 cm^{-1} 处出现吸收峰。

同一类化合物也会有相关的吸收峰,如 1 650~1 750 cm^{-1} 处的强吸收带 C=O 的特征吸收峰,而各类含 C=O 的化合物各有其相关峰。醛约在 2 820 cm^{-1} 和 2 720 cm^{-1} 处有 C—H 吸收峰;酯约在 1 200 cm^{-1} 处有 C—O 吸收峰;酸酐由于振动的偶合,呈现 C=O 的两个分裂峰;羧酸于 3 600~3 500 cm^{-1} 处有非缔合的 O—H 吸收峰或 3 200~2 500 cm^{-1} 的宽缔合吸收峰。酮则无更特殊的相关峰,但有 C—CO—C 的骨架吸收峰,若连接的是烷基则出现在 1 325~1 215 cm^{-1} 处,若连接的是芳环,则出现在 1 325~1 075 cm^{-1} 处。

(4) 综合判断分析结果,提出最可能的结构式,然后与已知样品或标准谱图对照,核对判断的结果是否正确。如果样品为新化合物,则需要结合紫外、质谱、核磁共振波谱等数据,才能判定所提出的结构式是否正确。

3. 红外标准谱图的应用

可以通过两种方式利用红外标准谱图进行查对:一种是查阅标准谱图的谱带索引,寻找与样品光谱吸收带相同的标准谱图;另一种是先进行光谱解析,判断样品的可能结构,然后再由化合物分类索引查找标准谱图进行对照核实。红外标准谱图主要有如下几种。

(1) 萨特勒(Sadtler)标准谱图。由美国费城萨特勒研究所编制,其特点是:谱图最丰富,有棱镜和光栅两种谱。至 1985 年已收集编制了 69 000 张棱镜谱,至 1980 年已收集编制了59 000 张光栅谱;备有多种索引,有化合物名称、分类、官能团字母、分子式、相对分子质量、波长等索引;同时出版多种光谱图等,除了红外的棱镜、光栅谱集外,还有紫外和核磁共振氢谱、碳谱共五种光谱图集。

(2) 分子光谱文献 DMS 穿孔卡片。DMS 为"documentation of molecular spectroscopy"

的缩写。由英国和西德联合编制,谱图上列出了化合物名称、分子式、结构式及各种物理常数,不同类化合物用不同颜色表示。

（3）API 红外光谱图集。由美国石油研究所（API）44 研究室编制。谱图较为单一,主要是烃类化合物,也收集少量卤代烃、硫杂烷、硫醇及噻吩类化合物的光谱。也附有专门的索引,便于查找。

（4）Sigma Fourier 红外光谱图库。由 R.J.Keller 编制,Sigma Chemical CO.于 1986 年出版,已汇集了 10 400 张各类有机化合物的 FTIR 谱图,并附有索引。

此外,还有 Aldrich 红外光谱图库,Coblentz 学会谱图集等。

4. 谱图解析

【例 2 - 3】　某化合物的分子式为 C_8H_8O,其红外光谱如图 2 - 15 所示,试进行解释并判断其结构。

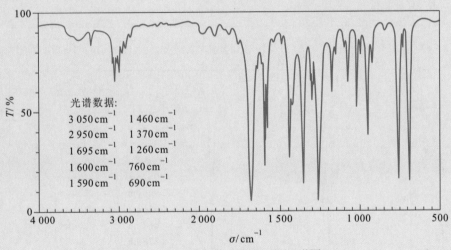

光谱数据:
3 050 cm^{-1}	1 460 cm^{-1}
2 950 cm^{-1}	1 370 cm^{-1}
1 695 cm^{-1}	1 260 cm^{-1}
1 600 cm^{-1}	760 cm^{-1}
1 590 cm^{-1}	690 cm^{-1}

图 2 - 15　未知物 C_8H_8O 的 IR 谱图

【解】

（1）首先计算该化合物的不饱和度:

$n_1 = 8, n_3 = 0, n_4 = 8, \Omega = 1 + 8 + \dfrac{0-8}{2} = 5$,不饱和度比较大,可能含有苯环。

（2）分析各吸收峰的归属,见下表:

σ/cm^{-1}	归属	结构单元	不饱和度
3 100～3 000	不饱和 C—H 伸缩振动		
1 600 1 590 1 460	苯环骨架,C=C 振动	R 苯环	4
760 690	单一取代苯环,C—H 变形振动		

续表

σ/cm^{-1}	归属	结构单元	不饱和度
1 695	羰基 C=O 伸缩振动	C=O	1
3 000～2 900	饱和 C—H 伸缩振动	CH₃	0
1 370	与羰基相邻甲基中 C—H 变形振动		
1 260			

(3) 该化合物是单取代苯环,且邻接酮羰基,使羰基吸收波数降低。一个苯环和一个羰基,不饱和度为5,还剩下一个甲基,从 1 370 cm⁻¹峰的增强,说明是甲基酮,结构式为:

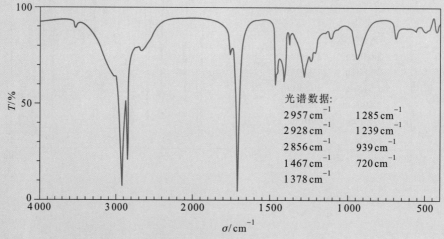

【例 2-4】 某未知物的分子式为 $C_{12}H_{24}O_2$,试从其红外吸收光谱图(图 2-16)光谱数据推测它的结构。

光谱数据:
2 957 cm⁻¹   1 285 cm⁻¹
2 928 cm⁻¹   1 239 cm⁻¹
2 856 cm⁻¹   939 cm⁻¹
1 467 cm⁻¹   720 cm⁻¹
1 378 cm⁻¹

图 2-16 未知物 $C_{12}H_{24}O_2$ 的 IR 谱图(溶剂:CCl₄)

【解】

(1) 首先计算该化合物的不饱和度:

$n_1=24, n_3=0, n_4=12, \Omega=1+12+\dfrac{0-24}{2}=1$ 说明该分子含有一个双键或一个脂环。

(2) 1 711 cm⁻¹的强吸收表明分子中含有羰基,正好占去一个不饱和度。3 300～2 500 cm⁻¹的强而宽的吸收表明分子中含有羟基,且形成氢键。吸收峰延续到 2 500 cm⁻¹附近,且峰形强而宽,说明是羧酸。2 928 cm⁻¹,2 856 cm⁻¹对应于—CH₂ 的吸收,而 2 957 cm⁻¹为 CH₃ 的吸收峰。从两者峰的强度看,—CH₂的数目应远大于—CH₃ 数。720 cm⁻¹的 C—H 弯曲振动吸收说明—CH₂ 的数目应大于4,表明该分子为长链烷基羧酸。

综上所述,该未知物的结构为:CH₃(CH₂)₁₀COOH。对照图中官能团的特征频率,其余吸收峰的指认为:1 378 cm⁻¹为—CH₃ 的 C—H 弯曲振动;1 467 cm⁻¹为 C—O—H 的面内弯曲振动;1 285 cm⁻¹、1 239 cm⁻¹为 C—O 的伸缩振动;939 cm⁻¹的宽吸收峰对应于 O—H 面外弯曲振动。

【例 2 - 5】　有一化合物,其化学式为 C_7H_8O,具有如下的红外光谱特征:

在下列波数处有吸收峰:① $\sim$3 040 cm^{-1};② $\sim$1 010 cm^{-1};③ $\sim$3 380 cm^{-1};④ $\sim$2 935 cm^{-1};⑤ $\sim$1 465 cm^{-1};⑥ $\sim$690 cm^{-1}和 740 cm^{-1}。

在下列波数处无吸收峰:① $\sim$1 735 cm^{-1};② $\sim$2 720 cm^{-1};③ $\sim$1 380 cm^{-1};④ $\sim$1 182 cm^{-1}。请鉴别存在的及不存在的每一吸收峰所属的基团,并写出该化合物的结构式。

【解】

(1) 该化合物的不饱和度为: $\Omega = 1 + 7 + \dfrac{0-8}{2} = 4$,则化合物可能有苯环。

(2) 存在的吸收峰可能所属的基团为:① 苯环上 C—H 伸缩振动;② C—O 的伸缩振动;③ O—H 伸缩振动(缔合);④ =CH$_2$ 的伸缩振动;⑤ =CH$_2$ 的弯曲振动;⑥ 苯环单取代后 C—H 的面外弯曲振动。

(3) 不存在的吸收峰可能所属的基团为:① 不存在 C=O;② 不存在—CHO;③ 不存在—CH$_3$;④ 不存在 C—O—C。故该化合物最可能结构为苯甲醇,结构式为:

二、定量分析

红外吸收光谱定量分析是通过对特征吸收谱带强度的测量来求出组分含量的。

1. 定量分析的理论依据

与紫外-可见分光光度法相同,红外吸收光谱定量分析的理论依据也是朗伯-比尔吸收定律,即在单一波长下,吸光度与物质的浓度成正比, $A = kbc$ 或 $A = abc$。

由于红外吸收光谱的谱带较多,选择的余地大,所以能方便地对单一组分和多组分进行定量分析。此外,该法不受样品状态的限制,能定量测定气体、液体和固体样品。因此,红外吸收光谱定量分析应用广泛。

2. 吸光度的测量

由红外吸收光谱直接得到的往往是入射光强度 I_0 及透射光强度 I_t,需要根据 $A = -\lg(I_t/I_0)$ 确定吸收峰的吸光度 A。测量 I_0、I_t 的方法有一点法和基线法两种。

(1) 一点法。当背景吸收较小、可以忽略不计,吸收峰对称且无其他吸收峰影响时,可用一点法测量 I_0、I_t。该方法可用图 2 - 17 表示。

(2) 基线法。背景吸收较大、不可忽略,并且有其他峰的影响使测量峰不对称时,可用基线法测量 I_0、I_t。如图 2 - 18 所示,通过测量峰两边的峰谷做一切线,以两切点连线的中点确定 I_0;以峰最大处确定 I_t,从而计算吸光度。

3. 基本方法

红外吸收光谱定量分析包括标准曲线法、混合组分联立方程求解法、比例法及差示法等。前两法与紫外-可见分光光度法相同,不再赘述。

(1) 比例法。标准曲线法要求测试样品和标准样品都使用相同厚度的吸收池,且其厚度能准确测量,如果其厚度不定或不易准确测量,可采用比例法。

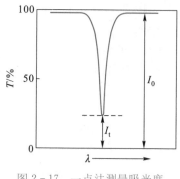

图 2-17　一点法测量吸光度

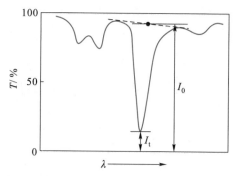

图 2-18　基线法测量吸光度

比例法主要用于两组分混合物样品的分析。在两纯组分的红外光谱图中各选择一个互不受干扰的吸收峰作为测量峰。设两组分的浓度分别为 c_1、c_2，如果 c 用质量分数或摩尔分数表示，则 $c_1 + c_2 = 1$。根据朗伯-比尔吸收定律，则有

$$A_1 = a_1 b c_1$$

$$A_2 = a_2 b c_2$$

$$R = \frac{A_1}{A_2} = \frac{a_1 b c_1}{a_2 b c_2} = K \frac{c_1}{c_2} \qquad (2-12)$$

式中：$K = a_1/a_2$ 是两组分在各自测量峰处的吸收系数之比，通常为常数，可通过已知浓度的标准样品求得。将 R 带入 $c_1 + c_2 = 1$，则

$$c_1 = \frac{R}{K+R} \qquad (2-13)$$

$$c_2 = \frac{K}{K+R} \qquad (2-14)$$

由此可计算出两组分的浓度。

（2）差示法。差示法又称补偿法，是在双光束红外分光光度计的参比光路中，放入混合样品中对被测物质有干扰的组分，从而抵消其对被测组分的干扰。例如，某混合样品 a 由主要组分 b 和被测组分 c 组成，其红外光谱如图 2-19 所示。显然 b 对 c 的测量有严重干扰。比较样品 a 和纯物质 b 两光谱（图中 a、b 曲线），仅在 P_A、P_B 处显示微小差别，此为 b、c 叠加的结果。如果将 b 组分加入参比光路中，并仔细调节光程厚度，可使其完全补偿样品光路中 b 的吸收，即可获得 c 组分的纯光谱（图中 c 曲线）。再由标准曲线求组分 c 的含量。

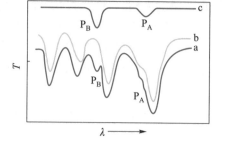

图 2-19　双光束差示分析法

4. 应用上的局限性

由于红外光谱法定量分析上有如下的固有缺点：准确度、灵敏度较低，所以在应用意义上不如紫外-可见分光光度法。

（1）光谱复杂，谱带很多，测量谱峰容易受到其他峰的干扰，容易导致吸收定律的偏差。

（2）红外辐射能量很小，强度很弱，吸收系数很小，灵敏度很低，只能作常量的分析。

（3）测量光程很短，吸收厚度难以测准，样品池受到的影响因素多，参比不够准确。因此准确度较差。

（4）必须绘出红外吸收曲线，才能测量透射率（T）或吸光度（A）。

第五节　实验技术

要获得一张高质量红外光谱图，除了仪器本身的因素外，还必须有合适的样品制备方法。

一、红外光谱法对样品的要求

红外光谱的样品可以是液体、固体或气体，一般有如下要求。

（1）样品应该是单一组分的纯物质，纯度应大于98%或符合商业规格，才便于与纯物质的标准光谱进行对照。因此，对于多组分的样品，应在测定前尽量预先用分馏、萃取、重结晶或色谱法进行分离提纯，否则各组分光谱相互重叠，无法进行谱图解析。

（2）样品中不应含有游离水。水本身有红外吸收，会严重干扰样品谱图，而且会侵蚀吸收池的盐窗。

（3）样品中被测组分的浓度和测量厚度要合适，使吸收强度适中，一般要使谱图中大多数吸收峰的透射率处于15%～75%。太稀或太薄时，一些弱峰可能不出现，太浓或太厚时，可能使一些强峰的记录超出，无法确定峰位置。

二、制样的方法

1. 液体样品

对液体或溶液样品可以采用液膜法和液体池法。

（1）液膜法。该法适用于不易挥发（沸点高于80 ℃）的液体或黏稠溶液。

使用两块 KBr 或 NaCl 盐片，如图 2-20 所示。将液体滴1～2滴到盐片上，用另一块盐片将其夹住，用螺丝固定后放入样品室测量。若测定碳氢类吸收较低的化合物时，可在中间放入夹片（0.05～0.1 mm 厚），增加膜厚。测定时需注意不要让气泡混入，螺丝不应拧得过紧以免窗板破裂。使用以后要立即拆除，用脱脂棉蘸氯仿、丙酮擦净。沸点较高的样品，直接滴在两块盐片之间，形成液膜。这种方法重现性较差，不宜做定量分析。

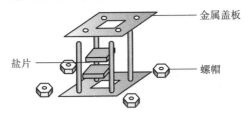

图 2-20　液膜法示意图

(2) 液体池法。对于沸点低,挥发性较大的液体或吸收很强的固、液体需配成溶液进行测量的样品,可采用液体池法,即把液体或溶液注入池中测量。

液体池由两块盐片(NaCl 或 KBr)作为窗板,中间夹一薄层垫片板,形成一个小空间,一块盐片上有一小孔,用注射器注入样品。液体池可分为固定式池(也叫密封池,垫片的厚度固定不变)、可拆装式池(可以拆卸更换不同厚度的垫片)和可变式池(可用微调螺丝连续改变池的厚度,并从池体外的测微器观察池的厚度)三种。

将液体、固体样品制成溶液进行红外测量,重现性好,光谱的形状、结构清晰,但应注意溶剂的选择。溶剂在所测量的光谱区域中没有吸收。例如,CS_2(在 $600 \sim 1\,350$ cm^{-1}常用)、CCl_4(在 $1\,350 \sim 4\,000$ cm^{-1}常用)、$CHCl_3$(在 $900 \sim 4\,000$ cm^{-1}常用)。另外,要求溶剂对样品无强烈的溶剂化作用,通常为非极性溶剂;溶剂对盐窗没有腐蚀作用;溶剂对样品应有足够溶解能力。

(3) 水溶液的简易测定法。盐片窗口怕水,因此一般水溶液不能测定红外光谱。利用聚乙烯薄膜是水溶液红外吸收光谱测定的一种简易方法。在金属管上铺一层聚乙烯薄膜,其上压入一橡胶圈。滴下水溶液后,再盖一层聚乙烯薄膜,用另一橡胶圈固定后测定。

2. 固体样品

固体样品可以用压片法、调糊法、薄膜法和溶液法四种方法进行测定。溶液法已于上面叙述。

(1) 压片法。将固体样品 $0.5 \sim 1.0$ mg 与 150 mg 左右的 KBr 混合均匀,在研钵中一起粉碎。将少许研磨好的粉末置于模具中,用压片机(压力为 $50 \sim 100$ MPa)压成均匀透明薄片,即可用于测定。样品和 KBr 都应经干燥处理,研磨到粒度小于 2 μm,以免散射光影响。压片模具及压片机因生产厂家不同而异。图 2-21 是一种压片模具的示意图。

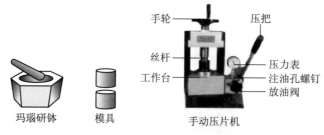

图 2-21 压片模具示意图

(2) 调糊法。将 $2 \sim 5$ mg 固体样品放入研钵中充分研细(粒度小于 2 μm),滴 $1 \sim 2$ 滴重烃油调成糊状,涂在盐片上用组合窗板组装后测定。调糊剂常用液状石蜡,其光谱较简单,但由于其 C—H 吸收带常对样品有影响,故可用全氟烃油代替。

(3) 薄膜法。该法主要用于某些高分子聚合物的测定。把样品溶于挥发性强的有机溶剂中,然后滴加于水平洁净的玻璃板上,或直接滴加在盐片上,待有机溶剂挥发(必要时在减压干燥器中使溶剂挥发)后形成薄膜,置于光路中测量。有些高分子聚合物可以热熔后涂制成膜或加热后压制成膜。

3. 气体样品

对于气体样品,可将它直接充入已预先抽真空的气体池中进行测量,池内测量气体压力约 6.7 kPa(50 mmHg)。池体直径约 40 mm,长度有 100 mm、200 mm、500 mm 等各种类型,它的两端粘有红外透光的 NaCl 或 KBr 盐窗,气体池的结构如图 2-22 所示。

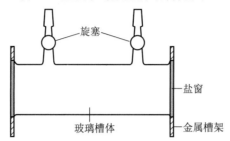

图 2-22　红外吸收光谱气体池结构示意图

测量微量组分气体时,为了提高灵敏度,可采用多次反射气体池,利用池内放置的反射镜使光束多次反射,可提高光程几十倍,增大组分分子吸收红外光的机会。

气体池还可用于挥发性很强的液体样品的测定。

阅读材料　　　　红外吸收光谱法的发展概况

红外辐射是 18 世纪末,19 世纪初才被发现的。1800 年英国物理学家赫谢尔(Herschel)用棱镜使太阳光色散,研究各部分光的热效应,发现在红色光的外侧具有最大的热效应,说明红色光的外侧还有辐射存在,当时把它称为"红外线"或"热线"。这是红外吸收光谱的萌芽阶段。由于当时没有精密仪器可以检测,所以一直没能得到发展。过了近一个世纪,才有了进一步研究并引起注意。

1892 年朱利叶斯用岩盐棱镜及测热辐射计(电阻温度计),测得了 20 几种有机化合物的红外吸收光谱,这是一项具有开拓意义的研究工作,立即引起了人们的注意。1905 年库柏伦茨测得了 128 种有机和无机化合物的红外吸收光谱,引起了光谱界的极大轰动。这是红外吸收光谱开拓及发展的阶段。

到了 20 世纪 30 年代,光的波粒二象性、量子力学及科学技术的发展,为红外吸收光谱的理论及技术的发展提供了重要的基础。不少学者对大多数化合物的红外吸收光谱进行理论上的研究和归纳、总结,用振动理论进行一系列键长、键力、能级的计算,使红外吸收光谱理论日臻完善和成熟。尽管当时的检测手段还比较简单,仪器仅是单光束的,手动和非商品化的,但红外吸收光谱作为光谱学的一个重要分支已为光谱学家和物理学家、化学家所公认。这个阶段是红外吸收光谱理论及实践逐步完善和成熟的阶段。

20 世纪中期以后,红外吸收光谱在理论上更加完善,而其发展主要表现在仪器及实验技术上的发展:1947 年世界上第一台双光束自动记录红外分光光度计在美国投入使用,这是第一代红外吸收光谱的商品化仪器;20 世纪 60 年代,采用光栅作为单色器,比起棱镜单色器有了很大的提高,但它仍是色散型的仪器,分辨率、灵敏度还不够高,扫描速度慢,这是第二代仪器;20 世纪 70 年代,干涉型的傅里叶变换红外光谱仪及计算机化色散型的仪器的使用,使仪器性能得到极大的提高,这是第三代仪器;20 世纪 70 年代后期到 80 年代,用可调激光作为红外光源代替单色器,具有更高的分辨本领、更高灵敏度,也扩大了应用范围,这是第四代仪器。现在红外光谱仪还与其他仪器如 GC、HPLC 联用,更扩大了其使用范围。而用计算机存储及检索光谱,使分析更为方便、快捷。

本 章 小 结

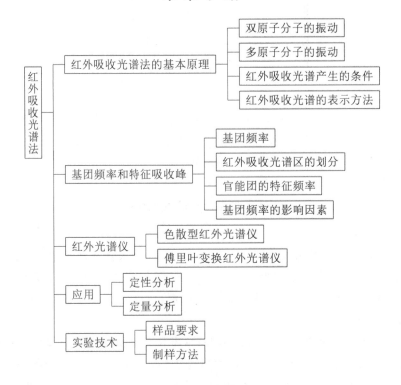

思考与练习

1. 在含羰基的分子中,与羰基相连接的原子的极性增加会使分子中该键的红外吸收峰(　　)。

(1) 向高波数方向移动　　　　　　　　(2) 向低波数方向移动

(3) 不移动　　　　　　　　　　　　　(4) 稍有振动

2. 红外吸收光谱产生的原因是(　　)。

(1) 分子外层电子振动、转动能级的跃迁

(2) 原子外层电子振动、转动能级的跃迁

(3) 分子振动、转动能级的跃迁

(4) 分子外层电子的能级跃迁

3. 色散型红外分光光度计检测器多用(　　)。

(1) 电子倍增器　　　　　　　　　　　(2) 光电倍增管

(3) 高真空热电偶　　　　　　　　　　(4) 无线电线圈

4. 一种能作为色散型红外光谱仪色散元件的材料为(　　)。

(1) 玻璃　　　　　　　　(2) 石英　　　　　　　　(3) 卤化物晶体　　　　　(4) 有机玻璃

5. 一种含氧化合物的红外光谱图在 3 600～3 200 cm^{-1} 处有吸收峰,下列化合物最可能的是(　　)。

(1) CH_3—CHO　　　　　　　　　　　(2) CH_3—CO—CH_3

(3) CH_3—CHOH—CH_3　　　　　　　(4) CH_3—O—CH_2—CH_3

6. Cl_2 分子在红外吸收光谱图上基频吸收峰的数目为(　　)。

(1) 0　　　　　　　　　(2) 1　　　　　　　　　(3) 2　　　　　　　　　(4) 3

7. 用红外吸收光谱法测定有机化合物结构时,样品应该是(　　)。

(1) 单质　　　　　　　　(2) 纯物质　　　　　　　(3) 混合物　　　　　　　(4) 任何样品

8. 以下四种气体中不吸收红外光的是(　　)。

(1) H_2O　　　　　　　　(2) CO_2　　　　　　　　(3) HCl　　　　　　　　(4) O_2

9. 红外光谱法,样品状态可以是(　　)。

(1) 气体状态　　　　　　　　　　　　(2) 固体状态

(3) 固体、液体状态　　　　　　　　　(4) 气体、液体、固体状态都可以

10. 在红外光谱分析中,固体样品一般采用的制样方法是(　　)。

(1) 直接研磨压片测定　　　　　　　　(2) 与 KBr 混合研磨压片测定

(3) 配成有机溶液测定　　　　　　　　(4) 配成水溶液测定

11. 伸缩振动包括_____和_____;变形振动包括_____和_____。

12. 在苯的红外吸收光谱图中(　　)。

(1) 3 300～3 000 cm^{-1}处,由_____振动引起的吸收峰

(2) 1 675～1 400 cm^{-1}处,由_____振动引起的吸收峰

(3) 1 000～650 cm^{-1}处,由_____振动引起的吸收峰

13. 红外吸收光谱的三要素是_____、_____和_____。

14. 红外吸收光谱的区域可划分为_____和_____两个区域。

15. 某化合物的分子式为 C_8H_{14},其不饱和度为_____,可能含有_____个双键或_____个三键。

16. 产生红外吸收的条件是什么? 是否所有的分子振动都会产生红外吸收光谱? 为什么?

17. 以亚甲基为例说明分子的基本振动模式。

18. 何谓基团频率? 影响基团频率的因素有哪些?

19. 何谓指纹区? 它有什么特点和用途?

20. 氯仿($CHCl_3$)的红外吸收光谱说明 C—H 伸缩振动频率为 3 100 cm^{-1},对于氘代氯仿($CDCl_3$),其 C—^{2}H 振动频率是否会改变? 如果变化的话,是向高波数还是低波数位移? 为什么?

21. 计算乙酰氯中 C=O 和 C—Cl 键伸缩振动的基本振动频率(波数)各是多少? 已知化学键力常数分别为 12.1 N·cm^{-1} 和 3.4 N·cm^{-1}。

22. 已知醇分子中 O—H 伸缩振动峰位于 2.77 μm,试计算 O—H 伸缩振动的键力常数。

23. 　和　　是同分异构体,如何用红外光谱鉴别它们?

24. 化合物 C_8H_7N 的红外吸收光谱具有如下特征吸收峰,请推断其结构。① ~3 020 cm^{-1};② ~1 605 cm^{-1} 及 ~1 510 cm^{-1};③ ~817 cm^{-1};④ ~2 950 cm^{-1};⑤ ~1 450 cm^{-1} 及 1 380 cm^{-1};⑥ ~2 220 cm^{-1}。

25. 某液态化合物的分子式为 C_2H_6O,其液态薄膜的红外吸收光谱如下。试判断该物质的结构。

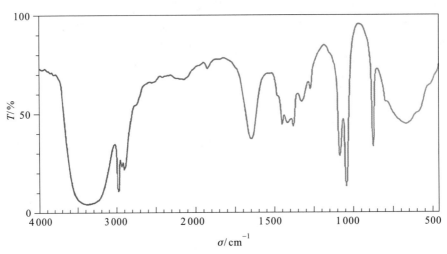

26. 某固态化合物的分子式为 $C_7H_6O_2$,与 KBr 压片测得其红外吸收光谱如下。试判断该物质的结构。

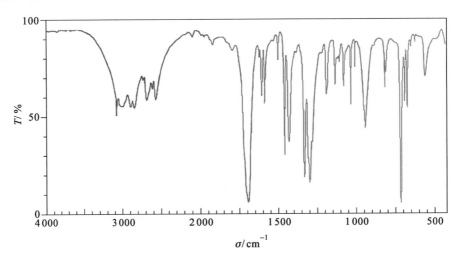

 实验

实验一　苯甲酸红外吸收光谱的测绘

一、目的要求

1. 学习用红外吸收光谱进行化合物的定性分析。

2. 掌握压片法制作固体样品晶片的方法。

3. 熟悉红外光谱仪的工作原理及其使用方法。

4. 学习查阅萨特勒标准红外吸收光谱图的方法。

二、基本原理

同一类型的基团处于不同物质中时,它们的振动频率有差别,这是因为同种基团在不同化合物分子中所处的化学环境不同,振动频率会发生一定移动,所以这种差别常常反映出分子结构的特点。常用的红外吸收光谱区域是中红外区(波长范围为 2.5～25 μm,波数范围为 4 000～400 cm^{-1}),一般将中红外区分为官能团区(4 000～1 350 cm^{-1})和指纹区(1 350～650 cm^{-1})来解析红外吸收光谱。绝大部分有机化合物的红外光谱比较复杂,因此,仅仅依靠对红外吸收光谱图的解析,往往难以确定有机化合物的结构,还需要借助于标准样品谱图、红外标准谱图或与其他仪器联用完成对化合物的定性分析。本实验采用红外吸收光谱法,将苯甲酸样品的红外吸收光谱与其标准品光谱图或与谱图库中相关化合物谱图对比,确定或推断被测样的分子结构。

三、仪器与试剂

1. 仪器

双光束或单光束红外光谱仪;压片机和压片模具;玛瑙研钵;红外干燥灯;样品勺;镊子等。

2. 试剂

苯甲酸(标样,优级纯);苯甲酸(样品);溴化钾(优级纯)。

四、实验步骤

1. 开启仪器

根据所用仪器的操作步骤,选择好实验条件,开启仪器进行预热。

2. 开启空调机

使室内温度控制在 18～20 ℃,相对湿度≤65%。

3. 样品的制备

(1) 取预先在 110 ℃烘干 48 h 以上并保存在干燥器内的溴化钾 150 mg 左右,置于洁净的玛瑙研钵中,研磨成均匀粉末,然后转移到压片模具上。以上操作应在红外干燥灯下进行,以使溴化钾粉末保持干燥。按顺序放好各部件后,将压片模具置于压片机上,并旋转压力丝杆手轮,压紧压片模具,顺时针旋转放油阀到底,上下移动压把,开始加压,压力加到 1×10^5～1.2×10^5 kPa 时,停止加压,维持 3～5 min,逆时针旋转放油阀,解除加压,压力表指针指"0",旋松压力丝杆手轮取出压片模具,小心从压片模具中取出晶片,并保存在干燥器内,得到的溴化钾参比晶片厚度为 1～2 mm。

(2) 另取一份 150 mg 左右溴化钾置于洁净的玛瑙研钵中,加入 2～3 mg 苯甲酸标样,按步骤(1)研磨均匀、压片并保存在干燥器中。

(3) 再取一份 150 mg 左右溴化钾置于洁净的玛瑙研钵中,加入 2～3 mg 苯甲酸样品,按步骤(1)制成晶片,并保存在干燥器内。

4. 吸收光谱的测定

(1) 苯甲酸标样谱图的测定。根据实验条件,按仪器操作步骤将红外光谱仪调节至正常。如果仪器为双光束红外光谱仪,将溴化钾参比晶片和苯甲酸标样晶片分别置于主机的参比窗口和样品窗口上,测绘苯甲酸标样的红外吸收光谱。如果仪器为单光束红外光谱仪,先将溴化钾参比晶片置于窗口,测定背景吸收;再将苯甲酸标样晶片置于窗口,测绘苯甲酸标样的红外吸收光谱。

（2）苯甲酸样品谱图的测定。在相同的实验条件下,按上述方法测绘苯甲酸样品的红外吸收光谱。

五、数据记录与处理

1. 在苯甲酸标样和样品红外吸收光谱图上,标出各特征吸收峰的波数,打印报告,并确定其归属。

2. 将苯甲酸样品光谱图与其标样光谱图中各吸收峰的位置、形状和相对强度逐一进行比较,并得出结论。若不做苯甲酸标样光谱图,可使用分子式索引、化合物名称索引从萨特勒标准红外吸收光谱图集中查得苯甲酸的标准红外光谱图,并与样品的红外吸收光谱图进行比较。

六、讨论与思考

1. 红外吸收光谱测绘时,对固体样品的制样有何要求?

2. 红外吸收光谱实验室为什么要求温度与相对湿度维持在一定的范围?

实验二　塑料包装材料的红外光谱法快速鉴定

一、目的要求

1. 熟悉傅里叶变换红外光谱仪的工作原理和使用方法。

2. 掌握薄膜试样红外吸收光谱的测绘方法。

3. 熟悉红外光谱解析的基本方法。

二、基本原理

塑料是以单体为原料,通过加聚或缩聚反应聚合而成的高分子化合物,可作为包装材料用于工业、农业、医药、食品等多个行业领域。目前,常用塑料包装材料主要包括聚苯乙烯、聚丙烯、聚乙烯、聚乳酸、聚对苯二甲酸乙二醇酯、聚酰胺、聚甲基丙烯酸甲酯、聚碳酸酯和聚四氟乙烯等,它们的官能团不同,红外吸收光谱呈现不同特征,因此可通过它们的红外吸收光谱进行定性鉴别。

三、仪器与试剂

1. 仪器

傅里叶变换红外光谱仪。

2. 试剂

聚苯乙烯、聚丙烯、聚乙烯、聚对苯二甲酸乙二醇酯塑料薄膜作为对照品;农业用塑料薄膜、食品包装塑料或自选生活中常见塑料包装材料作为待测样品。

3. 样品卡片的制作

先将对照品和待测样品剪成 30 mm×50 mm 大小,再取 55 mm×120 mm 的硬纸板(数量根据样品数确定),在它们中间开出长 30 mm,宽 15 mm 的长方形口,然后将对照品、待测样品分别粘夹在两张硬纸板长方形口上,即制成样品卡片。如果仪器有专用薄膜样品固定架,可根据相关操作方法安装样品薄膜。

四、实验步骤

1. 按仪器操作步骤开机和进行调节,设定扫描次数为 16 次,红外光谱范围为 4 000～400 cm^{-1}。

2. 在不放样品的情况下,测试空气中 CO_2 的红外吸收光谱,并作为背景存储其谱图。

3. 将样品卡片或薄膜样品固定架放置在红外光谱仪中,测定对照品的红外吸收光谱,并扣除 CO_2 背景光谱。

4. 根据步骤 3,测定待测样品的红外吸收光谱。

五、数据记录与处理

1. 记录实验条件。

2. 在获得的红外吸收光谱图上,从高波数到低波数,标出各特征吸收峰的频率,指出各特征吸收峰可能属于何种基团的振动。

3. 将待测样品的红外吸收光谱与对照品的红外吸收光谱进行比较,判断塑料样品的种类。如果没有对照品,可与谱图库中相关塑料物质的光谱图进行比较。

六、讨论与思考

1. 如果待测塑料样品中含有塑化剂、着色剂、硬化剂等,是否能通过本实验分析塑料的组成?

2. 查阅资料,了解常见塑料种类、主要成分和应用。

实验三　未知样品的红外光谱定性分析

一、目的要求

1. 了解鉴定未知样品的一般过程。

2. 掌握用标准谱图库进行化合物鉴定的方法。

二、基本原理

比较在相同的制样和测定条件下,未知样品和标准纯化合物的红外吸收光谱图,若吸收峰的位置、吸收峰的数目和各吸收峰的相对强度完全一致,则可认为两者是同一种化合物。

三、仪器与试剂

1. 仪器

傅里叶变换红外光谱仪;压片机和压片模具;玛瑙研钵;红外干燥灯;样品勺;镊子等。

2. 试剂

优级纯 KBr 粉末和 CCl_4;已知分子式的未知样品,1 号:C_8H_{10},2 号:$C_4H_{10}O$,3 号:$C_4H_{10}O_2$,4 号:$C_7H_6O_2$。可根据实验室情况,选定其他样品。

四、操作步骤

1. 开启仪器

根据所用仪器的操作步骤,选择好实验条件,开启仪器进行预热。

2. 开启空调机

使室内温度控制在 18~20 ℃,相对湿度≤65%。

3. 制样与测样

(1) 压片法。对于固态样品,取 1~2 mg 的未知样品粉末与约 150 mg 干燥的 KBr 粉末,在玛瑙研钵中研磨混匀后压片,测绘红外吸收光谱图。

(2) 液膜法。对于液态样品,取 1~2 滴未知样品滴加在两个 KBr 晶片之间,用镊子轻轻夹住,测绘红外吸收光谱图。如果仪器配有液体池,可直接将液态样品加入液体池中测绘。

五、数据记录与处理

1. 在测绘的谱图上标出所有吸收峰的波数位置,检索谱图,打印报告。

2. 对确定的化合物,列出主要吸收峰并指认归属。

六、讨论与思考

1. 区分饱和烃和不饱和烃的主要标志是什么?

2. 羰基化合物谱图的主要特征是什么?

3. 芳香烃的特征峰在什么位置?

第三章 原子吸收光谱法

 学习目标

知识目标：

● 理解原子吸收光谱分析的基本原理。

● 掌握常用原子吸收光谱分析的定量方法。

● 了解原子吸收分光光度计的类型,掌握仪器的工作流程及主要部件的作用。

● 熟悉原子吸收光谱的测定条件的选择和主要的干扰及消除方法。

能力目标：

● 能根据待测样品和实验室条件制定测定方案。

● 能根据要求处理样品。

● 能掌握火焰原子吸收和石墨炉原子吸收分析技术。

资源链接

动画资源：

1.吸收线轮廓与表征； 2.空心阴极灯的构造； 3.空心阴极灯的工作原理； 4.雾化过程； 5.雾化室结构与雾化过程

原子吸收光谱法是一种十分重要的定量分析方法。它可测定 70 多种元素,而且测定准确、快速、灵敏、选择性好,抗干扰能力强,仪器设备简单,操作方便,在冶金、地质、化工、生物、医药、环境等领域具有广泛的应用。

第一节 原子吸收光谱法基本原理

一、原子吸收光谱的产生

原子的核外电子层具有各种不同的电子能级,最外层的电子在一般情况下,处于最低的能级状态,整个原子也处于最低能级状态——基态。基态原子的外层电子得到能量以后,就会发生电子从低能态向高能态的跃迁。这个跃迁所需的能量为原子中的电子能级差 ΔE_e。当有一

能量等于 ΔE_e 的这一特定波长的光辐射通过含有基态原子的蒸气时(见图 3-1)，基态原子就吸收了该辐射的能量而跃迁到激发态，引起入射光光强度的变化产生原子吸收光谱。即

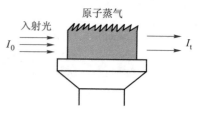

图 3-1　基态原子对光的吸收

$$A^{\circ}+h\nu \longrightarrow A^*$$
$$\Delta E_e=E_{A^*}-E_{A^{\circ}}=h\nu$$

式中：A°、A^* 分别表示基态和激发态原子；$E_{A^{\circ}}$、E_{A^*} 表示对应状态的能级；ν 表示入射光的频率。原子吸收光谱分析法就是提供特定的光能给原子吸收，通过测定原子对光的吸收程度而进行分析的一种方法。

当辐射通过气态原子蒸气时，如果辐射频率相当于原子中的电子由基态跃迁到所允许的较高能态所需的能量频率，原子就会从入射光中吸收能量，发生共振吸收，产生原子吸收光谱。

二、原子吸收光谱的特征

原子吸收光谱通常位于紫外-可见光区，对于一条吸收谱线，常用谱线的波长、谱线的轮廓表示。

1. 吸收光谱的特征波长

原子的外层电子由基态跃迁至第一激发态所产生的吸收谱线称为共振吸收线，简称共振线。各种元素的原子结构和外层电子排布各不相同，不同元素的原子跃迁时吸收的能量不同，因此各种元素的共振线频率不同，各有特征，这种共振线称为该元素的特征谱线。由基态到第一激发态的跃迁概率最大，因此对于大多数元素而言，共振线是元素所有谱线中最灵敏的谱线。

2. 吸收线轮廓

原子光谱是线状光谱，但原子吸收线并不是严格的几何意义上的线，而是有一定的频率宽度，称为**吸收线轮廓**。表明透射光的强度随入射光的频率而变化，如果将吸收系数 K_{ν} 对频率 ν 作图，得一条曲线(见图 3-2)，可形象地描述吸收线轮廓。原子吸收线的轮廓常用吸收线的特征(中心)频率(或波长)和吸收线的半宽度两个物理量来表征。所谓特征频率(或波长)，是指最大吸收系数所对应的频率 ν_0(或波长 λ_0)。吸收线的半宽度是指最大吸收系数一半(即 $K_{\nu}=K_0/2$)处的吸收线轮廓上两点间的频率(或波长)差，称为半宽度，用 $\Delta\nu$(或 $\Delta\lambda$)表示。中心频率(波长)处的最大吸收系数(K_0)，称为峰值吸收系数。ν_0 表明吸收线的位置，$\Delta\nu$ 表明了吸收线的宽度，因此，ν_0 及

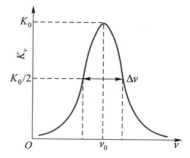

图 3-2　吸收线轮廓

$\Delta\nu$ 可表征吸收线的总体轮廓。原子吸收线的 $\Delta\lambda$ 一般为 $0.001\sim0.005$ nm。

影响谱线宽度的因素有原子本身的内在因素及外界条件因素两个方面。

(1) **自然宽度**。在没有外界条件影响的情况下,谱线仍有一定的宽度,这种宽度称为自然宽度,用 $\Delta\nu_N$(或 $\Delta\lambda_N$)表示。自然宽度与激发态原子的平均寿命有关,平均寿命越长,谱线宽度越窄。不同元素的不同谱线的自然宽度不同,多数情况下约为 10^{-5} nm 数量级。$\Delta\nu_N$ 很小,与其他变宽因素相比,这个宽度可以忽略。

(2) **热变宽**。原子在空间做无规则热运动所引起的谱线变宽称为热变宽。根据多普勒效应,从一个运动的原子发出的光,如果运动方向离开观测者,则在观测者看来,其频率较静止原子所发的光的频率低;反之,如果原子向观测者运动,则其频率较静止原子发出的光的频率高。在原子吸收分析中,气体中的原子处于无规则热运动中,在沿观测者(仪器检测器)的观测方向上就具有不同的运动速度分量,使观测者接收到很多频率稍有不同的光,于是谱线发生变宽。热变宽也称为多普勒(Doppler)变宽,用 $\Delta\nu_D$ 表示。$\Delta\nu_D$ 或 $\Delta\lambda_D$ 随温度的升高及相对原子质量的减小而变大。对于大多数元素来说,多普勒变宽约为 10^{-3} nm 数量级。

(3) **压力变宽**。吸光原子与共存的其他粒子碰撞能引起能级的微小变化,使吸收光频率改变而导致的谱线变宽称为压力变宽。这种变宽与吸收区气体的压力有关,压力变大时,碰撞的概率增大,谱线变宽也变大。根据与吸光原子碰撞的粒子不同,压力变宽包括两种类型。吸光原子与其他粒子碰撞引起的变宽,称劳伦兹(Lorentz)变宽;同类原子碰撞产生的变宽称为共振变宽。只有当在被测元素的浓度较高时,同种原子的碰撞才表露出来,因此,在原子吸收光谱分析中,共振变宽一般可以忽略。压力变宽主要是劳伦兹变宽。压力变宽与热变宽具有相同的数量级,也可达 10^{-3} nm。

三、原子吸收值与元素浓度的关系

1. 积分吸收

对原子吸收光谱,若以连续光源(氘灯或钨灯)进行吸收测量将非常困难。连续光源经单色器及狭缝后,分离所得到的入射光的谱带宽度约为 0.2 nm。而原子吸收线的宽度约为 10^{-3} nm。可见由待测原子吸收线引起的吸收值仅相当于总入射光线的 0.5%,即原子吸收只占其中很小的部分,测定灵敏度极差。

在吸收线轮廓内,将吸收系数对频率进行积分,称为积分吸收,它表示了吸收的全部能量。积分吸收可由下式计算:

$$\int_{-\infty}^{+\infty} K_\nu d\nu = \frac{\pi e^2}{mc} N_0 f \tag{3-1}$$

式中:e 为电子电荷;m 为电子质量;c 为光速;N_0 为单位体积原子蒸气中吸收辐射的基态原子数,即基态原子密度;f 为振子强度,代表每个原子中对特定频率光的吸收概率。

根据这一公式,积分吸收与单位体积基态原子数呈简单的线性关系,这是原子吸收分析的一个重要理论基础。若能测得积分吸收,即可计算出待测元素的原子浓度。但由于原子吸收线的半宽度很小,要测定半宽度如此小的吸收线的积分吸收,需要分辨率高达 50 万的单色器,在目前的技术情况下尚无法实现。

2. 峰值吸收

吸收线轮廓中心波长处的吸收系数 K_0,称为峰值吸收系数,简称为峰值吸收。在温度不太高的稳定火焰条件下,峰值吸收 K_0 与火焰中被测元素的原子浓度 N_0 也成正比。

原子吸收光谱法必须采用峰值吸光度的测量才能实现其定量分析,如何实现峰值吸光度的测量? 可以采用锐线光源实现。所谓**锐线光源**,就是能发射出谱线宽度很窄的发射线的光源,它所产生的供原子吸收的辐射必须具备两个条件:一是能发射待测元素的共振线,即发射线的中心频率与吸收线的中心频率(ν_0)一致;二是发射线的半峰宽($\Delta\nu_e$)远小于原子吸收线的半峰宽($\Delta\nu_a$),如图 3 - 3 所示。空心阴极灯利用待测元素在低温低压下发射待测元素的共振线,可以达到原子吸收测定的要求,使原子吸收测定得以实现。

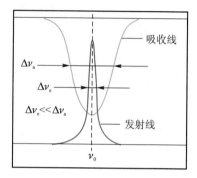

图 3 - 3　锐线光源的必备条件

使用锐线光源时,吸光度与基态原子数之间的关系为:

$$A = kLN_0 \tag{3-2}$$

式中:k 为常数;L 为光程;N_0 为基态原子数。

3. 基态原子数与总原子数

在通常原子吸收的测量条件下,原子蒸气中基态原子数近似等于总原子数。这可以从热力学原理得出。在一定温度下的热力学平衡体系中,基态与激发态的原子数比遵循**玻耳兹曼**(Boltzmann)**分布定律**,即

$$\frac{N_j}{N_0} = \frac{P_j}{P_0}\mathrm{e}^{\frac{-\Delta E}{kT}} = \frac{P_j}{P_0}\mathrm{e}^{\frac{-h\nu}{kT}} \tag{3-3}$$

式中:N_j 和 N_0 分别为激发态和基态的原子数(密度);P_j 和 P_0 分别为激发态和基态的统计权重;ΔE 为激发态与基态间的能级差;ν 为辐射光的频率;k 为玻耳兹曼常数,其值为 1.38×10^{-23} J·K^{-1};T 为热力学温度(K)。

从上式可以看出,温度越高,N_j/N_0 越大;电子跃迁的能级差越小,吸收波长越长,N_j/N_0 也越大。但是在原子吸收光谱法中,原子化温度一般小于 3 000 K,大多数元素的共振线波长都低于 600 nm,N_j/N_0 值绝大多数在 10^{-3} 以下,激发态的原子数不足基态的千分之一,激发态的原子数在总原子数中可以忽略不计,即基态原子数近似等于总原子数。因此,原子吸收测定的吸光度与吸收介质中原子总数 N 呈正比关系。

4. 吸收定律

实际分析中一般要求测定样品中待测元素的浓度,而非原子数。只要保证样品的原子化效率恒定,在一定的浓度范围和一定的吸光介质厚度 L 的情况下,原子数与待测元素的浓度成正比,则有

$$A = kLN_0 = k'LN = Kc \tag{3-4}$$

式中:K 为与待测元素和分析条件有关的常数;c 为待测元素的浓度。该式是原子吸收光谱分析的定量依据。

第二节　原子吸收分光光度计的结构和原理

原子吸收分光光度计按结构原理分为单光束仪器和双光束仪器两种类型(见图 3 - 4)。两类仪器均由光源、原子化器、单色器和检测器四个基本部分组成。

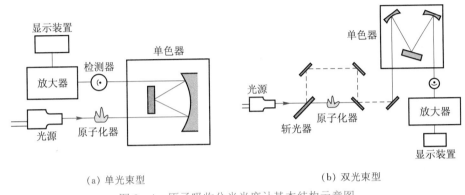

(a) 单光束型　　　　　　　　　　　(b) 双光束型

图 3 - 4　原子吸收分光光度计基本结构示意图

图 3 - 4(a)为单光束仪器,其用法与单光束紫外-可见分光光度计的用法相同。暗电流可用装在光电倍增管换能器前的光闸调零。当空白溶液引进火焰或非火焰原子化器中燃烧时,调节透射率 T 至 100%,然后以样品溶液代替空白测定透射率。这种仪器结构简单,但它会因光源不稳定而引起基线漂移。

图 3 - 4(b)为双光束原子吸收分光光度计,其设计思路和使用方法与双光束紫外-可见分光光度计相同。由空心阴极灯发射的光束被斩光器分为两束光,一束测量光,一束参比光(不经过原子化器)。两束光交替地进入单色器,然后进行检测。由于两束光来自同一光源,可以通过参比光束的作用,克服光源不稳定造成的漂移的影响。测定的精密度和准确度均较单光束型仪器高。但结构复杂,价格较贵。

一、光源

1. 光源的作用及要求

光源的作用是提供给原子吸收所需的谱带宽度很窄和强度足够的共振线。

基本要求是:能发射待测元素的共振线;发射线宽度远小于原子吸收线的宽度;辐射强度足够大;连续背景小;稳定性良好;操作方便;使用寿命长。

空心阴极灯、蒸气放电灯、高频无极放电灯都符合这些要求,而目前应用最为普遍的是空心阴极灯。

2. 空心阴极灯的构造

空心阴极灯是一种气体放电管,其结构如图 3 - 5 所示。

灯管由硬质玻璃制成,灯的窗口要根据辐射波长的不同,选用不同的材料做成,可见光区(370 nm以上)用光学玻璃片,紫外光区(370 nm以下)用石英玻璃片。空心阴极灯中装有一个内径为几毫米的金属圆筒状空心阴极和一个阳极。阴极下部用钨镍合金支撑,圆筒内壁附上或熔入被测元素。阳极也用钨棒支撑,上部用钛丝或钽片等吸气性能的金属做成。灯内充有低压(通常为260～400 Pa)惰性气体氖气或氩气,称为载气。

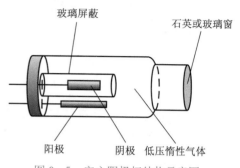

图 3-5　空心阴极灯结构示意图

3. 工作原理

当空心阴极灯的两极间施加300～430 V直流电压或脉冲电压时,就发生辉光放电,阴极发射电子,并在电场的作用下,高速向阳极运动,途中与载气分子碰撞并使之电离,放出二次电子及载气正离子。因电子和载气正离子数目增加,得以维持电流。载气正离子在电场中被大大加速,获得足够的动能,撞出阴极表面时就可以将被测元素的原子从晶格中轰击出来,在阴极杯内产生了被测元素原子的蒸气云。这种被正离子从阴极表面轰击出原子的现象称为溅射。除溅射之外,阴极受热也会导致其表面被测元素的热蒸发。溅射和蒸发出来的原子大量聚集在空心阴极灯内,再与受到加热的电子、离子或原子碰撞而被激发,发生相应元素的特征共振线。

空心阴极灯发射的光谱,主要是阴极元素和内充气体的谱线,因此用不同的元素作阴极材料,可制成相应元素的空心阴极灯。若阴极材料只含一种元素,可制成单元素灯;阴极材料含多种元素,可制成多元素灯。

动画:空心阴极灯的构造

动画:空心阴极灯的工作原理

二、原子化器

1. 原子化器的作用、要求及类型

原子化器的功能是提供能量,使样品干燥、蒸发并原子化,产生原子蒸气。

对原子化器的要求有以下几个方面。

(1) 原子化效率要高。对火焰原子化器来说,原子化效率是指通过火焰观测高度截面上以自由原子形式存在的分析物量与进入原子化器的总分析量的比值。原子化效率越高,分析的灵敏度也越高。

(2) 稳定性要好。雾化后的液滴要均匀、粒细。

(3) 低的干扰水平。背景小、噪声低。

(4) 安全、耐用,操作方便。

原子化器分为火焰原子化器和非火焰原子化器,其中,非火焰原子化器中应用最广的是石墨炉原子化器。

2. 火焰原子化器

火焰原子化系统是由化学火焰热能提供能量,使被测元素原子化的。它可分为预混合式

和全消耗式(直接注入式)两种,应用较多的为预混合式。

(1) 预混合式火焰原子化器的结构。其结构分为三部分,即雾化器、雾化室与燃烧器,如图3-6所示。

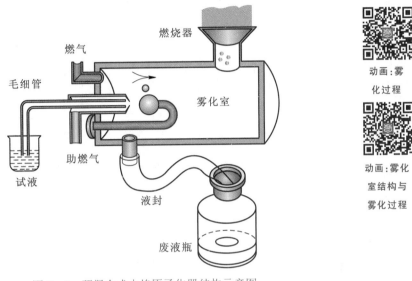

动画:雾
化过程

动画:雾化
室结构与
雾化过程

图 3-6　预混合式火焰原子化器结构示意图

1) 雾化器:雾化器的作用是将试液雾化,供给细小的雾滴。雾滴直径越小,在火焰中生成的基态原子就越多,即原子化效率就越高。目前普遍采用的是同心型雾化器,在毛细管外壁与喷嘴口构成的环形间隙中,由于高压助燃气(空气、氧化亚氮等)以高速通过,形成负压区,从而将试液沿毛细管吸入,并被高速气流分散成气溶胶(即成雾滴),喷出的雾滴经节流管碰在撞击球上,进而分散成细雾,与燃气、助燃气混合成气溶胶进入燃烧器。雾化器多用特种不锈钢或聚四氟乙烯塑料制成,其中毛细管则多用贵金属(如铂、铱、铑)的合金制成,极耐腐蚀。

2) 雾化室:雾化室的作用是使气溶胶的雾粒更为细微、更均匀,并与燃气、助燃气混合均匀后进行燃烧。雾化室中装有撞击球,其作用是把雾滴撞碎。还装有扰流器,可以阻挡大的雾滴进入燃烧器,使其沿室壁流入废液管排出,还可使气体混合均匀。废液排出管要液封,否则会引起火焰不稳定,甚至发生回火现象。

3) 燃烧器:燃烧器的作用是产生火焰使进入火焰的气溶胶蒸发和原子化。燃烧器有单缝式和三缝式两种,多用不锈钢做成,常用的是单缝式燃烧器。燃烧器一般应满足能使火焰稳定、原子化效率高、吸收光程长、噪声低、背景小的要求。燃烧器应能旋转一定的角度,高度也能上下调节,以便选择合适的火焰部位进行测量。

正常燃烧的火焰结构由预热区、第一反应区、中间薄层区和第二反应区组成,如图3-7所示,样品原子化主要在第一反应区和中间薄层区进行。中间薄层区

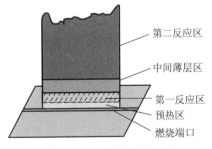

第二反应区
中间薄层区
第一反应区
预热区
燃烧端口

图 3-7　火焰结构示意图

的温度达到最高点,是原子吸收分析的主要应用区(对于易原子化、干扰效应小的碱金属分析,可以在第一反应区进行)。

(2)试液在火焰原子化系统中的物理化学过程。试液在火焰原子化系统中经过喷雾、粉碎、干燥、挥发、原子化等一系列物理化学历程,如图3-8所示。

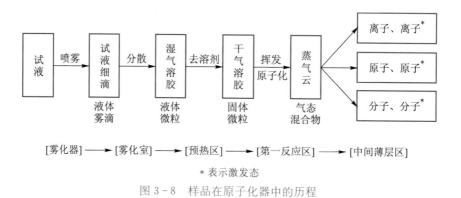

*表示激发态

图3-8 样品在原子化器中的历程

(3)化学火焰的重要特性。

1)火焰温度:不同类型的火焰,其温度是不同的。表3-1列出几种常见火焰的燃烧特性。

表3-1 常见火焰的燃烧特性

燃气	助燃气	最高着火温度/K	最高燃烧温度/K
乙炔	空气	623	2 430
	氧气	608	3 160
	氧化亚氮		2 990
氢气	空气	803	2 318
	氧气	723	2 933
	氧化亚氮		2 880
煤气	空气	560	1 980
	氧气	450	3 013
丙烷	空气	510	2 198
	氧气	490	2 850

2)火焰的氧化还原特性:火焰的氧化还原特性取决于火焰中燃气和助燃气的比例。它直接影响被测元素化合物的分解和难解离化合物的形成,从而影响原子化效率和自由原子在火焰区中的有效寿命。按照燃气和助燃气两者的比例,可将火焰分为三类:化学计量火焰、富燃火焰、贫燃火焰。

化学计量火焰,是指燃气和助燃气之比等于燃烧反应的化学计量关系的火焰,又称中性火焰。这类火焰燃烧完全,温度高、稳定、干扰少、背景低,适合于多种元素的测定。

富燃火焰,是指燃气和助燃气之比大于燃烧反应的化学计量关系的火焰,这类火焰燃烧不完全,有丰富的半分解产物,温度低于化学计量火焰,具有还原性质,所以也称还原火焰,适合于易形成难解离氧化物的元素的测定,如Cr、Mo、W、Al、稀土等。其缺点是火焰发射和火焰吸收的背景都较强,干扰较多。

贫燃火焰,是指燃气和助燃气之比小于燃烧反应的化学计量关系的火焰,在这类火焰中,大量冷的助燃气带走了火焰中的热量,所以温度比较低,有较强的氧化性,有利于测定易解离、易电离的元素,如碱金属等。

(4) 火焰原子化器的特点。优点:结构简单,操作方便,应用较广;火焰稳定,重现性及精密度较好;基体效应及记忆效应较小。

缺点:雾化效率低,原子化效率低;使用大量载气,起稀释作用,使原子蒸气浓度降低,限制了检测的灵敏度;某些金属原子易受助燃气或火焰周围空气的氧化作用生成难熔氧化物或发生某些化学反应,也会降低原子蒸气的密度。

3. 石墨炉原子化器

石墨炉原子化器是常用的非火焰原子化器,它使用电热能提供能量以实现元素的原子化。

(1) 石墨炉原子化器的结构。石墨炉原子化器由电源、保护气系统、石墨管炉三部分组成,如图 3-9 所示。

电源提供 10~25 V 的电压,电流可达 500 A,它能使石墨管迅速加热升温,而且通过控制可以进行程序梯度升温。最高温度可达 3 000 K。石墨管长约 50 mm,外径约 9 mm,内径约 6 mm,管中央有一个小孔,用以加入样品。光源发出的辐射线从石墨管的中间通过,管的两端与电源连接,并通过绝缘材料与保护气系统结合为完整的炉体。保护气通常使用惰性气体氩气,保护气系统是控制保护气的,仪器启动,氩气流通,空烧完毕后,切断保护气氩气。进样后,外气路中的氩气从管两端流向管中心,由管中心空流出,所以能有效地除去在干燥和挥发过程中的溶剂、基体蒸气,同时也能保护已原子化了的原子不再被氧化。在原子化阶段,停止通气,以延长原子在吸收区内的平均停留时间,避免对原子蒸气的稀释作用。石墨炉炉体四周通有冷却水,以保护炉体。

(2) 石墨炉原子化器的升温程序及样品在原子化器中的物理化学过程。试样以溶液(一般为 1~50 μL)或固体(一般几毫克)从进样孔加到石墨管中,用程序升温的方式使样品原子化,其过程分为四个阶段,即干燥、灰化、原子化和高温除残。见图 3-10。

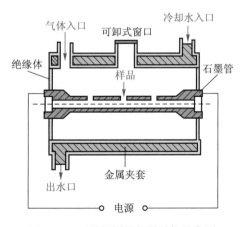

图 3-9　石墨炉原子化器结构示意图

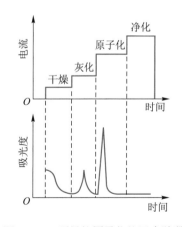

图 3-10　石墨炉原子化的四个阶段

1) 干燥:其目的主要是除去溶剂,以避免溶剂存在时导致灰化和原子化过程飞溅。干燥的温度一般稍高于溶剂的沸点,如水溶液一般控制在 105 ℃。干燥的时间视进样量的不同而有所不同,一般每微升试液需约 1.5 s。

2) 灰化:其目的是尽可能除去易挥发的基体和有机化合物,这个过程相当于化学处理,不仅减少了可能发生干扰的物质,而且对被测物质也起到富集的作用。灰化的温度及时间一般要通过实践选择,通常温度在 100～1 800 ℃,时间为 0.5～1 min。

3) 原子化:其目的是使样品解离为中心原子。原子化的温度和时间随被测元素的不同而不同,应通过实验选择最佳的原子化温度和时间,这是原子吸收光谱分析的重要条件之一。一般温度可达 2 500～3 000 ℃,时间为 3～10 s。在原子化过程中,应停止氩气通过,以延长原子在石墨管中的平均停留时间。

4) 高温除残:也称净化,它是在一个样品测定结束后,把温度提高,并保持一段时间,以除去石墨管中的残留物,净化石墨管,减少因样品残留所产生的记忆效应。除残温度一般高于原子化温度 10% 左右,除残时间通过选择而定。

(3) 石墨炉原子化器的特点。

优点:原子化效率高,原子在吸收区域中平均停留时间长,因而灵敏度高;原子化温度高,可用于那些较难挥发和原子化的元素的分析,在惰性气体气氛下原子化,对于那些易形成难解离氧化物的元素分析更为有利;进样量少,溶液试样量仅为 1～50 μL,固体试样量仅为几毫克。

缺点:精密度较差;基体效应、化学干扰较严重,背景吸收较强;仪器装置较复杂,价格较高,需要水冷却。

4. 低温原子化法

低温原子化法又称化学原子化法,其原子化温度为室温至几百摄氏度。常用的有汞低温原子化法和氢化物法。

(1) 汞低温原子化法。汞在室温下,有较大的蒸气压,沸点仅为 375 ℃。先对样品进行适当的化学预处理还原出汞原子,然后由载气(Ar 或 N_2,也可用空气)将汞原子蒸气送入气体吸收池内测定。本法主要用于汞的测定。在还原器的样品中加入氯化亚锡,将溶液中的汞离子还原为金属汞:

$$Hg^{2+} + Sn^{2+} \longrightarrow Hg + Sn^{4+}$$

通入氮气将汞蒸气带出并经干燥管进入石英吸收管,测定吸光度(透光度)可测定汞量。测定装置见图 3 - 11。

(2) 氢化物法。在酸性溶液中,硼氢化钠($NaBH_4$)或硼氢化钾(KBH_4)能使 Ge、Sn、Pb、As、Sb、Bi、Se 及 Te 等元素还原成极易挥发和分解的氢化物,如 AsH_3、SnH_4、BiH_3 等。用载气(氮或氢)将这类氢化物送入石英吸收管中,在 300～900 ℃,氢化物立即完全被分解成基态原子,然后可以进行原子吸收光谱分析。

此法灵敏度高(分析砷、硒时灵敏度可达 $10^{-9}～10^{-10}$ g),而且选择性也好,基体干扰和化学干扰都较少。

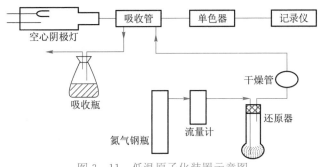

图 3-11 低温原子化装置示意图

三、单色器

原子吸收仪器中,单色器的作用是引导和会聚光束,并使之通过原子蒸气而被原子所吸收,并把待测谱线和其他谱线分开,以便进行测定。因此全部光学系统可分为两部分:一部分称为外光路系统,它的基本作用是会聚收集光源所发射的光线,引导光线准确地通过原子化区,然后将它导入单色器中;另一部分为单色器,它由色散元件(光栅)、凹面镜和狭缝组成,其作用是从光源和原子化器发射的谱线中分出分析线进入检测器。常用的分光元件是光栅,通过转动光栅,可以使各种波长的光按顺序从出口狭缝透射出去,从与光栅连接的刻度盘上可以读出透射光的波长。

四、检测器

检测器主要由光电转换元件、信号放大器、指示或显示仪表等组成。

原子吸收仪器中常用光电倍增管作为光电转换元件,将光信号转变为电信号,电信号的变化与样品浓度呈线性关系。

放大器的作用是将光电倍增管输出的电压信号放大。由光源发出的光经原子蒸气、单色器后已经很弱,由光电倍增管放大其发出信号还不够强,故电压信号在进入显示装置前还必须放大。

测定值最终由指示仪表显示出来或用记录仪记录下来,也可用数字显示仪表,配合数字打印装置记录。现代原子吸收分光光度计中采用原子吸收计算机工作站,设有自动调零、自动校准、积分读数、曲线校正等功能,应用微处理机绘制、校准工作曲线及高速处理大量测定数据等。操作者可设定仪器的参数,向微处理系统输入校正标准和样品信息即可自动进行分析。若配以自动进样器,整个测定程序便会自动地进行,大大简化操作,提高测量精度。

 **仪器介绍**

AA7000w 型(火焰)原子吸收分光光度计

一、仪器简介

AA7000w 型(火焰)原子吸收分光光度计采用 C-T 光栅单色器,可自动设置波长。能同时安装 6 个空心阴极灯,自动定位。火焰气路具有欠压自锁功能、自动稳压输出功能和防漏气(乙炔)自锁功能。背景干扰通过氘灯自动背景校正消除。仪器分析参数通过计算机设置和控制,数据处理和结果输出通过工作站完成。该仪器适于各类样品重金属元素的定量分析。仪器板面正视图如图 3-12 所示。

图 3-12 AA7000w 型(火焰)原子吸收分光光度计板面正视图

二、仪器使用方法

以标准曲线法为例说明。

1. 打开计算机

在桌面上双击程序(AA7000w 原子图标),再单击对话框进入工作站。安装元素灯。

2. 参数设置

单击"方法":(如果添加元素,点击"添加",选中空白一栏,然后到元素周期表中双击被添加的元素并选择灯号,确定添加的元素及灯与主机内一致。)在元素列表中点击被测元素,并选择所需的方法,点击"参数设置"。

分析参数:

采样速度	背景扣除	浓度单位	标尺扩展	积分时间	延迟时间
2 或 3 挡	无	$mg \cdot L^{-1}$	1	2 s	0 s

仪器参数:

波长/nm	狭缝/nm	负高压/V	灯电流/mA
待测元素分析线	0.2	200~300 的值	2

参数设置好后分别点击"确定"。

3. 打开光谱仪电源

4. 分析设置

点击"分析设置":点击"仪器初始化",选择要分析的元素灯,然后点击"自动设定",点击"启动",然后等待三个"OK"(如果波长超过±0.5 nm 则重新点击"启动",如果找不到波长,点击"停止",再点击"波长回零",零点找到后再点击"启动"),完毕后点击"调整灯位置",调整完毕点击"确定",点击"能量平衡",指示"OK"后,点击"确定"。

5. 测量次数设置

点击"新建":添加标准样品个数并输入所配标准溶液浓度值(从低到高)。每个标样测量次数为3次,点击"开始"。

6. 对光

将对光板放在燃烧头狭缝的中间(指长度),调工作台下方左侧螺母,先将螺钉逆时针松开,将能量挡在小于10%或者为0,然后再顺时针同步调螺钉,调至样品能量为50%(40%~60%即可);再把对光板放置左右两边,调能量值,用手转动燃烧头,使能量为40%~60%(即三个点能量均在40%~60%,两边加中间)。调好后取下对光板。

7. 点火步骤

依次打开风机开关和工作开关(输出压力为0.2~0.3 Pa),再打开乙炔瓶,控制输出压力为0.06~0.08 Pa,查看液封是否有水,若液封没有水,则加水至上出口。最后按光谱仪上的红色按钮点火。

8. 作曲线

先将进样管放入空白溶液中,点击"开始"(左上方),点击"空白"1次,然后将进样管放入最低浓度的标准样品溶液中,点击"样品"1次,等"样品"再次变黑即读完数(如果在做的过程中有失误或做错可重做:用鼠标左键点击要重做的地方然后点击右键可选重做);然后将进样管放入第二低浓度的标准样品溶液中,峰上去后平稳,点击"样品";采用相同步骤依次测定其他标准样品。待所有标准样品测完后,查看左下方,若线性相关系数>0.99,则表示合格,即可用于样品分析。将进样管放入第一个样品溶液中,点击"样品"1次,依照标准样品的测定方法进行操作,待所有样品溶液测完后点击"结束",再点击"是"。

9. 样品编辑

输入样品名称,先用鼠标点击要输入的地方,然后点击右键选择"查看"和"编辑",点击"报告",打印或存盘,要想输入检验人和审核者,点击系统设置—打印报告设置—报告头(可输入检验人、审核者、单位名称)。

10. 结束

先关乙炔瓶,待火熄灭后,关闭绿色开关,退出工作站(操作系统),再关仪器主机电源,先放水再关空压机,关闭计算机。

11. 操作完毕

三、注意事项

1. 仪器处于波长扫描工作状态时,操作人员不得离开,否则电机始终转动会超出单色器的波长范围,可能会造成仪器损坏。

2. 火焰法点火前必须在液封瓶中注满水,并检查气路接口,确保无漏气。

3. 关火时,先关闭乙炔气源,灭火后关空气,并按压一下绿色关火键。

第三节　原子吸收光谱分析的定量方法

原子吸收光谱分析的定量方法有标准曲线法、标准加入法。

一、标准曲线法

配制不同浓度的标准溶液系列,由低浓度到高浓度依次分析,将获得的吸光度 A 对浓度作标准曲线。在相同条件下,测定待测样品的吸光度 A_x,在标准曲线上查出对应的浓度值。或由标准样品数据获得线性方程,将测定样品的吸光度 A_x 数据代入方程计算浓度。

在实际分析中,有时出现标准曲线弯曲的现象,如在待测元素浓度较高时,曲线向浓度坐标弯曲。这是因为当待测元素的含量较高时,由于热变宽和压力变宽的影响,导致光吸收相应减少,结果标准曲线向浓度坐标弯曲。另外,火焰中各种干扰效应,如光谱干扰、化学干扰、物理干扰等也可导致曲线弯曲。

因此,使用标准曲线法时要注意以下几点。

(1) 所配制的标准溶液的浓度,应在吸光度与浓度呈直线关系的范围内。

(2) 标准溶液与样品溶液都应进行相同的预处理。

(3) 应该扣除空白值。

(4) 在整个分析过程中操作条件应保持不变。

标准曲线法简便、快速,但仅适用于组成简单的样品。

二、标准加入法

当样品中被测元素成分很少,基体成分复杂,难以配制与样品组成相似的标准溶液时,可采用标准加入法。

取两份等体积样品,分别置于等体积的容量瓶 A 和 B 中,另取一定量的标准溶液加入 B 中,然后将两份溶液稀释到刻度,在相同条件下测定 A 和 B 溶液的吸光度。设样品中待测元素(稀释后容量瓶 A 中)的浓度为 c_x,加入标准溶液(稀释后容量瓶 B 中)的浓度为 c_0,A 和 B 溶液的吸光度分别为 A_x、A_0,则可得:

$$A_x = kc_x$$
$$A_0 = k(c_0 + c_x)$$

由上两式得:

$$c_x = \frac{A_x}{A_0 - A_x} c_0 \tag{3-5}$$

在实际工作中,常采用作图法(或直线外推法)。取若干份(例如四份)体积相同的试液,从第二份开始,依次按比例加入不同量的待测物的标准溶液,用溶剂定容后浓度依次为:

$$c_x, c_x + c_0, c_x + 2c_0, c_x + 3c_0, c_x + 4c_0, \cdots$$

分别测得吸光度为：

$$A_x, A_1, A_2, A_3, A_4, \cdots$$

以 A 对浓度 c 作图得一直线,再将该曲线外推至与浓度坐标轴相交,交点至原点的距离 c_x 即为待测元素稀释后的浓度(图 3 - 13)。

使用标准加入法时应注意以下几点。

(1) 待测元素的浓度与其对应的吸光度应呈线性关系。

(2) 为了得到较为精确的外推结果,最少应采用四个点(包括试液本身)来作外推曲线,并且第一份加入的标准溶液与试液的浓度之比应适当,这可通过试喷试液和标准溶液,比较两者的吸光度来判断。增量值的大小可这样选择,使第一份加入量产生的吸收值约为样品原吸收值的一半。

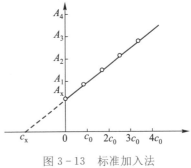

图 3 - 13　标准加入法

(3) 本法能消除基体效应带来的影响,但不能消除背景吸收的影响,这是因为相同的信号,既加到样品测定值上,也加到增量后的样品测定值上,所以只有扣除了背景之后,才能得到待测元素的真实含量,否则将得到偏高结果。

(4) 对于斜率太小的曲线(灵敏度差),容易引进较大的误差。

第四节　实　验　技　术

一、样品处理技术

样品预处理的目的是将待测组分转化为原子吸收光谱分析能测定的形态、浓度并消除共存组分的干扰。根据样品的状态不同,常用的方法有以下几种。

1. 直接溶解法

分解样品最常用的方法是酸溶解法。无机样品大都采用此类方法,如金属、合金和矿石最常用的酸是盐酸、硫酸、硝酸、磷酸和高氯酸。酸不能溶解的物质可采用熔融法。有机固体样品通常先进行灰化处理,以除去有机化合物基体,再进行溶解。塑料类样品,如聚苯乙烯、乙基纤维、乙基丁基纤维可用甲基异丁基酮溶解;聚碳酸酯、聚氯乙烯可用环己酮溶解;聚丙烯酸酯可用二甲基甲酰胺溶解。纺织类样品,如羊毛可用 5% NaOH 溶解;棉花和纤维可用 12% H_2SO_4 溶解。

盛放溶解液和存储溶液的容器材料也应选择。对浓度很小的样品溶液或标准溶液,玻璃器皿对离子的吸附是引起误差的主要因素,故稀溶液不应在玻璃容器中存储过久,最好即时配用。标准储备液一般存储于聚乙烯的容器中低温保存。

2. 萃取法

萃取法就是用适当有机配体与分析元素形成配位化合物,然后用有机溶剂将其萃取至与水互不相溶的有机相中。一方面可以促使进入火焰的样品形成细雾,另一方面可预富集待测元素。例如,双硫腙和二硫代甲酸的衍生物就是常用的配体,甲基异丁酮是原子吸收光谱分析中最常用的萃取溶剂。

二、测定条件的选择

原子吸收光谱分析中,测定条件的选择,对测定的灵敏度、准确度和干扰情况等有很大影响。

1. 分析线

通常选择元素的共振线作分析线。在分析浓度较高的样品时,可选用灵敏度较低的非共振线作分析线,以便得到适度的吸收值,改善标准曲线的线性范围。As、Se、Hg 等元素共振吸收线在 200 nm 以下,火焰组分有明显的吸收,可选择非共振线作分析线进行测定。表 3 - 2 列出了常用的各元素分析线。

表 3 - 2　原子吸收光谱法中常用的分析线

元素	λ/nm	元素	λ/nm	元素	λ/nm
Ag	328.07,338.29	Hg	253.65	Ru	349.89,372.80
Al	309.27,308.22	Ho	410.38,405.39	Sb	217.58,206.83
As	193.64,197.20	In	303.94,325.61	Sc	391.18,402.04
Au	242.80,267.60	Ir	209.26,208.88	Se	196.09,703.99
B	249.68,249.77	K	766.49,769.90	Si	251.61,250.69
Ba	553.55,455.40	La	550.13,418.73	Sm	429.67,520.06
Be	234.86	Li	670.78,323.26	Sn	224.61,520.69
Bi	223.06,222.83	Lu	335.96,328.17	Sr	460.73,407.77
Ca	422.67,239.86	Mg	285.21,279.55	Ta	271.47,277.59
Cd	228.80,326.11	Mn	279.48,403.68	Tb	432.65,431.89
Ce	520.00,369.70	Mo	313.26,317.04	Te	214.28,225.90
Co	240.71,242.49	Na	589.00,330.30	Th	371.90,380.30
Cr	357.87,359.35	Nb	334.37,358.03	Ti	364.27,337.15
Cs	852.11,455.54	Nd	463.42,471.90	Tl	276.79,377.58
Cu	324.75,327.40	Ni	232.00,341.48	Tm	409.4
Dy	421.17,404.60	Os	290.91,305.87	U	351.46,358.49
Er	400.80,415.11	Pb	216.70,283.31	V	318.40,385.58
Eu	459.40,462.72	Pd	247.64,244.79	W	255.14,294.74
Fe	248.33,352.29	Pr	495.14,513.34	Y	410.24,412.83
Ga	287.42,294.42	Pt	265.95,306.47	Yb	398.80,346.44
Gd	386.41,407.87	Rb	780.02,794.76	Zn	213.86,307.59
Ge	265.16,275.46	Re	346.05,346.47	Zr	360.12,301.18
Hf	307.29,286.64	Rh	343.49,339.69		

2. 灯电流

空心阴极管的发射特性取决于工作电流。灯电流过小,放电不稳定,光输出的强度小;灯电流过大,发射谱线变宽,导致灵敏度下降,灯寿命缩短。选择灯电流时,应在保证稳定和有合适的光强度输出的情况下,尽量选用较低的工作电流。一般商品空心阴极灯都标有允许使用的最大电流与可使用的电流范围,通常选用最大电流的 1/2~2/3 为工作电流。实际工作中,最合适的工作电流应通过实验确定。空心阴极灯一般需要预热 10~30 min。

3. 火焰

火焰的选择和调节是保证高原子化效率的关键之一。选择什么样的火焰,取决于具体任务。不同火焰对不同波长辐射的吸收各不相同。乙炔火焰在 220 nm 以下的短波区有明显的吸收,因此对于分析线处于这一波段的元素,一般不宜选用乙炔火焰。不同火焰所能产生的最高温度有很大差别,对于易生成难解离化合物的元素,应选择温度高的乙炔-空气或乙炔-氧化亚氮火焰;对于易电离元素,高温火焰常引起严重的电离干扰,不宜选用。选定火焰类型后,应通过实验进一步确定燃气与助燃气流量的合适比例。

4. 燃烧器高度

对于不同元素,自由原子浓度随火焰高度的分布是不同的。对氧化物稳定性高的 Cr 等元素,随着火焰高度增加,火焰氧化性增强,形成氧化物的趋势增大,因此吸收值随之下降。反之,对于氧化物不稳定的 Ag,其原子浓度主要由银化合物的解离速度所决定,故 Ag 的吸收值随火焰高度增加而增大。而对于氧化物稳定性中等的 Mg,吸收值开始随火焰的高度的增加而增大,达到极大值后,又随火焰高度的增加而降低。由此可见,由于元素自由原子浓度在火焰中随火焰高度不同而各不相同,在测定时必须仔细调节燃烧器的高度,使测量光束从自由原子浓度最大的火焰区通过,以期得到最佳的灵敏度。

5. 狭缝宽度

在原子吸收光谱法中,谱线重叠的概率较小,因此在测定时可以使用较宽的狭缝,这样可以增加光强度,降低检测器的噪声,从而提高信噪比,改善检测极限。

狭缝宽度的选择与许多因素有关,首先与单色器的分辨能力有关。当单色器的分辨能力大时,可以使用较宽的狭缝。在光源辐射较弱或共振线吸收较弱时,必须使用较宽的狭缝。但当火焰的背景发射很强,在吸收线附近有干扰谱线或非吸收光存在时,就应使用较窄的狭缝。合适的狭缝宽度应通过实验确定。

6. 进样量

在火焰原子化法中,在一定范围内,喷雾样品量增加,原子蒸气的吸光度随之增大。但在样品喷雾量超过一定值之后,吸光度反而有所下降。因此,应该在保证燃气与助燃气之间有一定比例和一定总气流量的条件下,测定吸光度随喷雾样品量的变化,达到最大吸光度的样品喷雾量即为最佳样品喷雾进样量。

使用石墨炉原子化器时,取样量需根据石墨管内容积的大小加以确定,一般固体进样量为 0.1~10 mg,液体进样量为 1~50 μL。

三、干扰及其消除

原子吸收分析的干扰主要有以下类型:

（一）非光谱干扰

1. 物理干扰

（1）物理干扰的产生。物理干扰主要指的是样品在处理、雾化、蒸发和原子化的过程中，由于任何物理因素的变化而产生对吸光度测量的影响。其物理因素包括溶液的黏度、密度、表面张力、溶剂的种类、气体流速等。这些因素会影响试液的喷入速度、雾化效率、雾滴大小等，因而会引起吸收强度的变化。

（2）消除的方法。配制与被测样品组成相同或相近的标准溶液，也可采用标准加入法。若样品溶液浓度过高，还可以采用稀释法。

2. 化学干扰

（1）化学干扰的产生。化学干扰指的是被测元素原子与共存组分发生化学反应，生成热力学更稳定的化合物，影响被测元素的原子化。如 Al 的存在，对 Ca、Mg 的原子化起抑制作用，因为会形成热稳定性高的 $MgO \cdot Al_2O_3$、$3CaO \cdot 5Al_2O_3$ 的化合物；PO_4^{3-} 的存在会形成 $Ca_3(PO_4)_2$ 而影响 Ca 的原子化，同样 F^-、SO_4^{2-} 也影响 Ca 的原子化。

（2）消除的方法。用加入干扰抑制剂的方法来消除。抑制剂有释放剂、保护剂和缓冲剂三种。

释放剂：其作用是能与干扰物生成比被测元素更稳定的化合物，使被测元素从其与干扰物质形成的化合物中释放出来。例如，上述所说的 PO_4^{3-} 干扰 Ca 的测定，可加入 La、Sr 的盐类，它们与 PO_4^{3-} 生成更稳定的磷酸盐，把 Ca 释放出来。同样，Al 对 Ca、Mg 的干扰，也可以通过加 $LaCl_3$，从而释放 Ca、Mg。释放剂的应用比较广泛。

保护剂：其作用是能与被测元素生成稳定且易分解的配合物，以防止被测元素与干扰组分生成难解离的化合物，即起了保护作用。保护剂一般是有机配位剂，用得最多的是 EDTA 和 8-羟基喹啉。例如，PO_4^{3-} 干扰 Ca 的测定，当加入 EDTA 后，生成 EDTA-Ca 配合物，既稳定又易破坏。Al 对 Ca、Mg 的干扰可用 8-羟基喹啉作保护剂。

缓冲剂：有的干扰当干扰物质达到一定浓度时，干扰趋于稳定。如果在被测溶液和标准溶液中加入一定量的干扰物质，使干扰稳定相同，可消除干扰。如用乙炔-氧化亚氮火焰测定 Ti 时，Al 抑制了 Ti 的吸收。但是当 Al 的浓度大于 200 $\mu g \cdot mL^{-1}$ 后，吸收就趋于稳定。因此在样品及标样中都加 200 $\mu g \cdot mL^{-1}$ 的干扰元素，则可消除其干扰。

3. 电离干扰

（1）电离干扰的产生。电离干扰指的是在高温条件下，原子发生电离成为离子，使基态原子数减少，吸光度下降。电离干扰与原子化温度和被测元素的电离电位及浓度有关。元素的电离随温度的升高而增加，随元素的电离电位及浓度的升高而减小。如碱金属的电离电位低，电离干扰就明显。

(2) 消除的方法。消除电离干扰的有效方法是加入消电离剂(或称电离抑制剂)。消电离剂一般是比被测元素电离电位低的元素,在相同条件下,消电离剂首先被电离,产生大量电子,抑制了被测元素的电离。例如,测 Ba 时有电离干扰,加入过量 KCl 可以消除。Ba 的电离电位为 5.21 eV,K 的电离电位为 4.3 eV。K 电离产生大量电子,使 Ba^{2+} 得到电子而生成原子。

(二) 光谱干扰

1. 谱线干扰

谱线干扰通常有两种情况,即吸收线重叠及非吸收线干扰。

(1) 吸收线重叠。吸收线重叠是指样品中共存元素的吸收线与被测元素的分析线波长很接近时,两谱线重叠或部分重叠,使测得的吸光度偏高。消除吸收线重叠的方法是另选分析线,若还未能消除干扰,就只好进行样品的分离。

(2) 非吸收线干扰。非吸收线干扰是指在光谱通带范围内光谱的多重发射,也就是光源不仅发射被测元素的共振线,而且在其共振线的附近发射其他的谱线,这些干扰线可能是多谱线元素如 Co、Ni、Fe 等发射的非测量线,也可能是光源的灯内杂质(金属杂质、气体杂质、金属氧化物)所发射的谱线。

消除的方法:可以减小狭缝宽度,使光谱通带小到足以遮去多重发射的谱线;若波长差很小,则应选分析线;降低灯电流也可以减少多重发射;若灯使用时间长,内产生氧化物灯杂质,则可以反向通电进行净化处理。

2. 背景吸收干扰

(1) 背景吸收干扰的产生。背景吸收干扰是来自原子化器(火焰或非火焰)的一种光谱干扰。它是由气态分子对光的吸收及高浓度盐的固体微粒对光的散射所引起的,背景吸收干扰会造成正误差。

火焰成分对光会产生吸收,测定的波长越短,火焰成分的吸收越严重。这是由于火焰中 OH、CH、CO 等分子或基团吸收光源辐射的结果。这种干扰对分析结果影响不大,一般可通过零点的调节来消除,但影响信号的稳定性。在测定 As(193.7 nm)、Se(196.0 nm)、Fe(248.3 nm)、Zn(213.8 nm)、Cd(228.8 nm)等分析线在远紫外区的元素时,火焰吸收对测量的影响较严重,可通过改用空气- H_2 或 Ar- H_2 焰解决。

金属的卤化物、氧化物、氢氧化物及部分硫酸盐和磷酸盐分子对光有吸收,在低温火焰中这些分子的影响较明显,如碱金属的卤化物在紫外区的大部分波段均有吸收,但在高温火焰中,由于分子分解而变得不明显。碱土金属的氧化物和氢氧化物分子在它们发射谱线的同一光谱区中呈现明显的吸收。这种吸收在低温火焰或温度较高的空气-乙炔焰中较为明显,在高温火焰中则吸收减弱。

进行低含量或痕量分析时,样品中共存的大量盐类进入原子化器,光通过时遇到这些盐的微粒会发生散射现象,此时将引起假吸收。

背景吸收干扰一般随波长的减小而增大,同时随基体元素浓度的增加而增大,与火焰条件有关。非火焰原子化器较火焰原子化器具有更严重的分子吸收。

(2) 消除的方法。为了更方便地校正背景吸收干扰的影响,商品仪器都采用氘灯自动背景校正。这种方法是用一个连续光谱(氘灯)与锐线光源交替通过原子化器和检测器。当连续光谱通过狭缝后所得到的谱带宽度约为 0.2 nm,而被测元素吸收线的宽度约为 10^{-3} nm。可见由待测原子吸收线引起的吸收值仅相当于总入射光线强度的 1% 以下,此时,可以认为用连续光谱得到的吸光度近似为背景吸收($A_背$)。当锐线光源通过原子化器时,产生的吸收值为总吸收,即为背景吸收($A_背$)和被测元素吸收($A_测$)之和。二者差值为待测元素的有效吸收,从而达到校正的目的。

阅读材料　　　　人体中的微量元素及检测方法

微量元素对维持人体正常生理功能起着重要作用,现已被公认的有 14 种(铁、碘、锌、铜、镉、锰、钴、钒、硒、锡、镍、硅等)。随着医疗水平的不断提高,微量元素与人体健康的关系得到了充分的认识,人们更加关心如何补充微量元素,如何排出有害元素。微量元素的含量多少在人体内是一个平衡过程,微量元素的缺乏和过量都会对人体产生不良影响。因此,如何准确快速、方便地检测人体微量元素含量就成为非常重要的课题。

1. 微量元素的生理作用

微量元素对维持人体正常生理功能起着重要作用。人体内近百种酶含有微量元素,它们参与人体蛋白质、脂肪、糖类、水和无机盐等的代谢,对人体的生长发育、神经系统的结构和功能、内分泌、免疫、感染和疾病等都有密切关系。如气虚患者血清锌明显下降,铜/锌比值升高,差异有非常显著性,血清铬、锰升高,说明微量元素含量变化与气虚有关。

微量元素在人体内以其各自独特的方式参与机体的生理、生化过程。如铜是细胞色素 C 氧化酶的必要成分,而人体内含锌的酶已超过 70 种,广泛参与糖、脂类、蛋白质和核酸的合成与降解。锰是许多酶的激活剂,在一些生物合成过程中发挥重要作用。硒能促进抗体合成,碘用于合成甲状腺素,铬参与葡萄糖的氧化作用。部分微量元素相互间还存在着拮抗。故在服用微量元素制剂的时候,其剂量极为重要,不仅要考虑治疗量与中毒量很接近的微量元素,而且要考虑各种微量元素之间的平衡,避免摄入某种微量元素过多,造成其他微量元素的缺乏。任何微量元素摄入量超过限量都会引起机体生理功能紊乱或中毒。

2. 微量元素与临床应用

微量元素与血瘀症和肝、肾疾病:多数肝病患者肝铜浓度较正常值高 2～3 倍,急、慢性肝病患者血清铜高,慢性肝病患者血锌值在正常人的 1/2 以下。肝硬化患者的肝锌低,血清锌低,尿锌高,缺锌易引起含硫氨基酸代谢缺陷,易诱发肝性脑病。可认为微量元素对血瘀症状的发病机制、诊断、治疗和预后的判断等有密切联系。

微量元素与肿瘤:脂肪酸过氧化物可诱发肝细胞癌变,硒、钼、铜、锌、锰、硅等微量元素有抗过氧化物和清除自由基的功能,具有抗癌、防癌的作用。测定血硒有助癌肿流行病学调查与诊断。血清硒显著降低的癌肿向外转移率和发病率高。肿瘤患者的 Cu/Zn 比值可高达 1.4 ± 0.11,对诊断有参考意义。硅、锰具有防癌作用,但镉、镍和铁或硒摄入过量均可致癌。钼对乳腺癌的发生具有抑制作用,铁、钼与食管癌发病有关。

　　微量元素与心血管疾病:冠心病的起因与铜缺乏有关。体内 Cu/Zn 比值高于 1.4∶1 时可引起胆固醇代谢紊乱,血液中胆固醇含量迅速增多,导致高血压及冠状动脉粥样硬化。高脂肪、高糖及低纤维饮食影响铜的吸收,易诱发冠心病。硒对冠心病的治疗有作用,其机制是清除自由基及其毒害,维持心肌细胞的正常代谢和功能。缺硒的人群服用硒剂后,冠心病几乎全部消失。缺铬引起脂质和糖代谢受损并可诱发动脉粥样硬化的低密度脂蛋白增高,铬能增加胆固醇的分解和排泄,故补充铬对治疗高血压有利。

　　3. 人体微量元素检测的方法

　　目前可用于人体微量元素检测的方法有:同位素稀释质谱法、分子光谱法、原子发射光谱法、原子吸收光谱法、X 射线荧光光谱法、中子活化分析法、生化法、电化学分析法等。但在临床医学上广泛应用的方法主要为生化法、电化学分析法、原子吸收光谱法,其中应用最为广泛的是原子吸收光谱法。

　　1955 年,原子吸收光谱法诞生后,因其强大的生命力,迅速应用于分析化学的各个领域,国内大规模的应用是从 20 世纪 90 年代开始,应用最广泛的是冶金、地质勘探、质检监督、环境检测、疾病控制等领域。原子吸收光谱法在疾病控制中心更是作为“金标准”。随着临床医学的进步,最近开始应用于医疗卫生领域。原子吸收光谱法在医学上的应用,才使得正确检测各种含量在 10^{-6} 或 10^{-9} 级的微量元素成为可能。目前,使用原子吸收光谱法检测微量元素在临床中得到了广泛的应用,各大医院均采用此方法,这是彻底淘汰生化法(锌原卟啉法、双硫腙法、其他比色法等)、电化学法的首选方法。

本 章 小 结

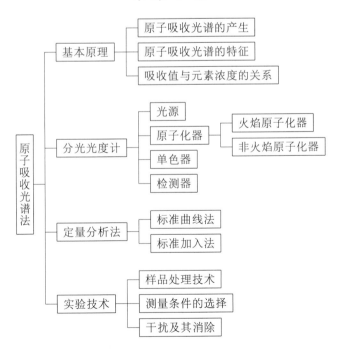

思考与练习

1. 原子吸收光谱法中,光源发出的特征谱线通过样品蒸气时被蒸气中待测元素的( )吸收。

(1) 离子   (2) 激发态原子   (3) 分子   (4) 基态原子

2. 在下列诸多变宽因素中,影响最大的是( )。

(1) 多普勒变宽   (2) 劳伦兹变宽   (3) 共振变宽   (4) 自然变宽

3. 在火焰原子化过程中,有一系列化学反应,( )是不可能发生的。

(1) 电离   (2) 化合   (3) 还原   (4) 聚合

4. 用原子吸收光谱法测定钙时,加入 EDTA 是为了消除( )的干扰。

(1) 磷酸   (2) 硫酸   (3) 镁   (4) 钾

5. 多普勒变宽是由于( )产生的。

(1) 原子的热运动   (2) 原子与其他粒子的碰撞

(3) 原子与同类原子的碰撞   (4) 外部电场的影响

6. 原子吸收光谱法中的物理干扰可以用( )的方法消除。

(1) 加释放剂   (2) 扣除背景   (3) 标准加入法   (4) 加保护剂

7. 在原子吸收光谱法中,原子化器的作用是( )。

(1) 把待测元素转变为气态激发态原子   (2) 把待测元素转变为气态激发态离子

(3) 把待测元素转变为气态基态原子   (4) 把待测元素转变为气态基态离子

8. 在火焰原子吸收光谱法中,富燃火焰的性质和适用于测定的元素,正确的是( )。

(1) 还原性火焰,适用于易形成难解离氧化物元素的测定

(2) 还原性火焰,适用于易形成难解离还原性物质的测定

(3) 氧化性火焰,适用于易形成难解离氧化物元素的测定

(4) 氧化性火焰,适用于易形成难解离还原性物质的测定

9. 在火焰原子吸收光谱分析法中,对于碱金属元素,可选用( )。

(1) 化学计量火焰   (2) 贫燃火焰   (3) 电火花   (4) 富燃火焰

10. 在原子吸收光谱分析法中,目前常用的光源和主要操作参数是( )。

(1) 氙弧灯,内充气体的压力   (2) 氙弧灯,灯电流

(3) 空心阴极灯,内充气体的压力   (4) 空心阴极灯,灯电流

11. 原子吸收分光光度计中常用的检测器是( )。

(1) 光电池   (2) 光电管   (3) 光电倍增管   (4) 感光板

12. 在原子吸收光谱中,谱线变宽的主要因素是:

(1) _____

(2) _____

(3) _____

13. 原子吸收分光光度计带有氘灯校正装置时,由于空心阴极灯发射_____辐射,因此_____吸收和_____吸收均不能忽略;而氘灯则是发射_____光谱,所以_____吸收可以忽略。

14. 用石墨炉原子化法测定原子吸收时经历_____、_____、_____和_____四个阶段。

15. 原子吸收光谱是如何产生的?

16. 何谓锐线光源?在原子吸收光谱分析中为什么要用锐线光源?

17. 火焰原子化法测定某物质中的钙离子时,为了防止电离干扰采取什么办法?为了消除 PO_4^{3-} 的干扰

采取什么办法?

18. 为何原子吸收分光光度计的石墨炉原子化器较火焰原子化器有更高的灵敏度?

19. 说明原子吸收光谱分析中产生背景吸收干扰的原因及消除方法。

20. 应用原子吸收光谱法进行定量分析的依据是什么?进行定量分析有哪些方法?

21. 钠原子核外电子的 3p 和 3s 轨道的能级差为 2.017 eV,计算当 3s 电子被激发到 3p 轨道时,所吸收的电磁辐射的波长(nm)。

22. 平行称取两份 0.500 g 金矿样品,经适当溶解后,向其中的一份样品加入 1.00 mL 质量浓度为 5.00 $\mu g \cdot mL^{-1}$ 的金标准溶液,然后向每份样品都加入 5.00 mL 氢溴酸溶液,并加入 5.00 mL 甲基异丁酮,由于金与溴离子形成配合物而被萃取到有机相中。用原子吸收光谱法分别测得吸光度为 0.37 和 0.22。求样品中金的含量($\mu g \cdot g^{-1}$)。

23. 用原子吸收光谱法测定试液中的 Pb,准确移取 50 mL 试液 2 份,用铅空心阴极灯在波长 283.3 nm 处,测得一份试液的吸光度为 0.325,在另一份试液中加入质量浓度为 50.0 $mg \cdot L^{-1}$ 铅标准溶液 300 μL,测得吸光度为 0.670。计算试液中铅的质量浓度($g \cdot L^{-1}$)为多少?

24. 以原子吸收光谱法分析尿样中铜的含量,分析线为 324.8 nm。测得数据列入下表,用作图法计算样品中铜的质量浓度($\mu g \cdot mL^{-1}$)。

加入铜的质量浓度/($\mu g \cdot mL^{-1}$)	吸光度	加入铜的质量浓度/($\mu g \cdot mL^{-1}$)	吸光度
0	0.28	6.0	0.757
2.0	0.44	8.0	0.912
4.0	0.60		

 实验

实验一　自来水中钙、镁的含量测定

一、目的要求

1. 学习原子吸收光谱分析法的基本原理。

2. 了解火焰原子吸收分光光度计的结构及使用方法。

3. 掌握标准曲线法测定自来水中钙、镁离子含量的方法。

二、基本原理

钙、镁离子是人体每天必需的营养素,通过饮用含钙、镁离子的水可以补充相应的元素。但如果长期饮用钙、镁离子含量太高的水,可能会导致某些疾病的发生,如胆结石、高镁血症等,因此自来水中钙、镁离子含量是重要监测指标。本实验采用火焰原子吸收光谱法,根据水样中钙、镁元素对其共振线的吸收,通过标准曲线法计算两种离子的含量。

标准曲线法常用于分析共存的基体成分较为简单的样品。如果样品中共存的基体成分比较复杂,则应在标准溶液中加入相同类型和浓度的基体成分,以消除或减少基体效应带来的干扰,必要时应采用标准加入法进行定量分析。自来水中其他杂质元素对钙和镁的原子吸收光谱法测定基本上没有干扰,样品经适当稀释后,即可采用标准曲线法进行测定。

三、仪器与试剂

1. 仪器

火焰原子吸收分光光度计;钙、镁空心阴极灯;无油空气压缩机;乙炔钢瓶;分析天平(感量为 0.01 g);烧杯、容量瓶、移液管等。

2. 试剂

(1) 钙标准储备液(1 000 $\mu g \cdot mL^{-1}$)。称取 2.50 g 经 110 ℃ 烘干 2 h 的 $CaCO_3$ 置于烧杯中,用少量蒸馏水润湿,盖上表面皿,滴加 1 $mol \cdot L^{-1}$ HCl 至全部溶解,转入 1 000 mL 容量瓶中,用去离子水定容至刻度。

(2) 镁标准储备液(1 000 $\mu g \cdot mL^{-1}$)。称取 3.47 g 经 110 ℃ 烘干 2 h 的 $MgCO_3$ 置于烧杯中,采用上述钙标准储备液配制方法配制镁标准储备液。

四、实验步骤

1. 钙、镁标准使用液的配制

(1) 钙标准使用液(100 $\mu g \cdot mL^{-1}$)。准确吸取 10 mL 钙标准储备液于 100 mL 容量瓶中,用去离子水稀释至刻度,摇匀。

(2) 镁标准使用液(50 $\mu g \cdot mL^{-1}$)。准确吸取 5 mL 镁标准储备液于 100 mL 容量瓶中,用去离子水稀释至刻度,摇匀。

2. 标准溶液系列配制

(1) 钙标准溶液系列。准确吸取 0.00 mL、1.00 mL、2.00 mL、4.00 mL、6.00 mL、8.00 mL 钙标准使用液(100 $\mu g \cdot mL^{-1}$),分别置于 50 mL 容量瓶中,用去离子水稀释至刻度,摇匀备用。该标准溶液系列钙的质量浓度分别为 0.00 $\mu g \cdot mL^{-1}$、2.00 $\mu g \cdot mL^{-1}$、4.00 $\mu g \cdot mL^{-1}$、8.00 $\mu g \cdot mL^{-1}$、12.00 $\mu g \cdot mL^{-1}$、16.00 $\mu g \cdot mL^{-1}$。

(2) 镁标准溶液系列。准确吸取 0.00 mL、2.00 mL、4.00 mL、6.00 mL、8.00 mL、10 mL 镁标准使用液(50 $\mu g \cdot mL^{-1}$),分别置于 5 个 50 mL 容量瓶中,用去离子水稀释至刻度,摇匀备用。该标准溶液系列镁的质量浓度分别为 0.00 $\mu g \cdot mL^{-1}$、2.00 $\mu g \cdot mL^{-1}$、4.00 $\mu g \cdot mL^{-1}$、6.00 $\mu g \cdot mL^{-1}$、8.00 $\mu g \cdot mL^{-1}$、10.00 $\mu g \cdot mL^{-1}$。

3. 自来水样品的配制

准确吸取适量自来水置于 25 mL 容量瓶中,用去离子水稀释至刻度,摇匀。根据当地自来水实际情况确定稀释倍数,如果测定的吸光度在工作曲线范围以外,需要重新配制。

4. 吸光度的测定

(1) 选择测定波长为 422.7 nm,采用乙炔-空气氧化型火焰,调节火焰高度和灯电流至最佳工作条件,待仪器读数稳定后即可进样。在测定之前,先用去离子水喷雾,调节读数至零点,然后按照浓度由低到高的原则,依次间隔测量钙标准溶液并记录吸光度。

(2) 在步骤(1)实验条件下,测量水样中钙的吸光度。

（3）选择测定波长为 285.2 nm，按照步骤（1）和（2）的方法，测量镁标准溶液及自来水样品中镁的吸光度。

（4）测量结束后，先吸喷去离子水，清洁燃烧器，然后关闭仪器。关仪器时，必须先关闭乙炔开关，待火焰自动熄灭后，再关电源，最后关闭空气开关。

五、数据记录与处理

1. 钙、镁标准工作曲线绘制

$V_{ca标}$/mL	0.00	1.00	2.00	4.00	6.00	8.00
C_{Ca}/($\mu g \cdot mL^{-1}$)						
吸光度 A						

$V_{mg标}$/mL	0.00	2.00	4.00	6.00	8.00	10.00
C_{mg}/($\mu g \cdot mL^{-1}$)						
吸光度 A						

2. 自来水中钙、镁含量计算

根据自来水样品中钙、镁的吸光度，在对应标准曲线上分别查得自来水样中钙、镁的含量（或用回归方程式计算）。若经稀释，需乘上相应的稀释倍数，求得自来水样中钙、镁的含量，以 $\mu g \cdot mL^{-1}$ 表示。

六、讨论与思考

1. 原子吸收光谱分析光源能否用氢灯或钨灯代替，为什么？

2. 如何选择最佳实验条件？

3. 从实验安全方面考虑，在操作时应注意哪些问题？

实验二　健脾生血颗粒中铁含量的测定

一、目的要求

1. 掌握原子吸收光谱法测定铁含量的操作技术。

2. 了解原子吸收光谱法在药物分析中的应用。

二、基本原理

健脾生血颗粒主要由党参、茯苓、甘草等十几种中草药成分和硫酸亚铁组成，可用于小儿脾胃虚弱及心脾两虚型缺铁性贫血以及成人气血两虚型缺铁性贫血的治疗，其中铁元素含量是该药物的重要指标。本实验采用火焰原子吸收光谱法，通过比较对照品溶液和供试品溶液的吸光度，计算健脾生血颗粒中铁元素的含量。

三、仪器与试剂

1. 仪器

原子吸收分光光度计；铁空心阴极灯；无油空气压缩机；乙炔钢瓶；容量瓶、移液管等。

2. 试剂

(1) 铁标准溶液($100\ \mu g \cdot mL^{-1}$)。准确称取 0.176 g 分析纯六水合硫酸亚铁铵 $[FeSO_4(NH_4)_2SO_4 \cdot 6H_2O]$置于烧杯中,加 $6\ mol \cdot L^{-1}$盐酸 5 mL 溶解,移入 250 mL 容量瓶中,用去离子水定容至刻度,摇匀。

(2) 健脾生血颗粒(市售品)。

四、实验步骤

1. 对照品溶液的配制

精确量取铁标准溶液 1.00 mL、1.50 mL、2.00 mL、2.50 mL、3.00 mL 分别置于 25 mL 容量瓶中,用去离子水稀释至刻度,摇匀。

2. 供试品溶液的配制

取装量差异项下的健脾生血颗粒,混匀,取适量,研细,精确称取 1.0 g,置于 100 mL 容量瓶中,用去离子水稀释至刻度,摇匀,过滤,得到供试品储备液。精密量取 5 mL 供试品储备液,置于 25 mL 容量瓶中,用去离子水稀释至刻度(稀释倍数为 5),摇匀,得到供试品溶液。

3. 吸光度的测定

(1) 选择测定波长为 248.3 nm,调节乙炔和空气流量、燃烧器高度、灯电流至最佳工作条件,待仪器读数稳定后即可进样。在测定之前,先用去离子水喷雾,调节吸光度读数至零点,然后按照浓度由低到高的原则,依次测量对照品溶液的吸光度。

(2) 在相同的实验条件下,测量供试品溶液的吸光度。

(3) 测量结束后,先吸喷去离子水,清洁燃烧器,然后关闭仪器。关仪器时,必须先关闭乙炔开关,待火焰自动熄灭后,再关电源,最后关闭空气开关。

五、数据记录与处理

1. 对照品标准曲线的绘制

铁标准溶液 V/mL	1.00	1.50	2.00	2.50	3.00
$\rho_{Fe}/(\mu g \cdot mL^{-1})$					
吸光度 A					

2. 供试品中铁含量的计算

根据对照溶液的吸光度,通过标准曲线(或用回归方程计算)得到供试品溶液中铁的浓度,根据下列公式计算供试品中铁的含量($mg \cdot g^{-1}$)。

$$w = \frac{c \times 5 \times 100}{m} \times 10^{-3}\ (mg \cdot g^{-1})$$

式中:c 为供试品溶液中铁的浓度($\mu g \cdot mL^{-1}$);

m 为健脾生血颗粒的称取质量(g);

5 为供试品溶液稀释倍数;

100 为供试品储备液体积(mL)。

六、讨论与思考

1. 标准溶液测定过程中,为什么按浓度由低到高的顺序测定?

2. 供试品溶液不过滤,对分析工作有何影响?

实验三　石墨炉原子吸收光谱法测定菜叶中铅的含量

一、目的要求

1. 了解石墨炉原子吸收光谱法的原理及特点。

2. 学习石墨炉原子吸收分光光度计的使用和操作技术。

3. 熟悉石墨炉原子吸收光谱法的应用。

二、基本原理

石墨炉原子吸收光谱法克服了火焰原子吸收光谱法雾化及原子化效率低的缺陷,方法的绝对灵敏度比火焰原子吸收光谱法高几个数量级,最低可测至 10^{-14} g,样品用量少,还可直接进行固体样品的测定。但该法仪器较复杂,背景吸收干扰较大。

石墨炉原子吸收光谱法原子化过程可分如下几步。

(1) 干燥。先通小电流,在稍高于溶剂沸点的温度下蒸发溶剂,把样品转化成干燥的固体样品。

(2) 灰化。把样品中复杂的物质分解为简单的化合物或把样品中易挥发的无机基体蒸发及把有机化合物分解,减小因分子吸收而引起的背景吸收干扰。

(3) 原子化。即把样品分解为基态原子。

(4) 净化。在下一个样品测定前提高石墨炉的温度,高温除去遗留下来的样品,以消除记忆效应。

铅是对人体有害的元素之一,土壤中的铅可以通过饮用水或被植物吸收而进入人体。植物叶子中铅的含量不高,很难用其他方法直接进行检测,常用的测定方法是用石墨炉原子吸收光谱法,样品经干燥,研细后可直接进样进行测定,定量方法可用标准曲线法或标准加入法。本实验采用标准曲线法来测定菜叶中铅的含量。

三、仪器与试剂

1. 仪器

3200 型原子吸收分光光度计或其他型号;石墨炉电源;XP–34 型石墨炉电源或其他型号;铅空心阴极灯;乙炔钢瓶、氩气钢瓶;无油空气压缩;微量注射器 10 μL 或 50 μL;烧杯、容量瓶、移液管等。

2. 试剂

硝酸铅、浓硝酸均为优级纯;0.2%(体积分数)稀硝酸溶液;二次去离子水。

四、实验步骤

1. 配制标准储备液

(1) 铅标准储备液(1 000 $\mu g \cdot mL^{-1}$)。准确称取 1.598 g 无水硝酸铅于 100 mL 烧杯中,

用 0.2% 稀硝酸溶液溶解并定容到 1 000 mL,摇匀备用。

(2)铅标准使用液(1.0 μg·mL^{-1})。由上述铅标准储备液用 0.2% 稀硝酸溶液适当稀释而成。

2. 选择实验条件

以 3200 型原子吸收分光光度计为例说明。若使用其他型号仪器,实验条件应根据具体仪器而定。

吸收线波长/nm	283.3	进样量/μL	10
狭缝宽度/mm	0.2	干燥温度/℃	105
		干燥电流/A	0.13
		干燥时间/s	20
灯电流/mA	10	灰化温度/℃	650
		灰化电流/A	0.56
		灰化时间/s	90
载气	Ar	原子化温度/℃	2 000
		原子化电流/A	1.7
		原子化时间/s	20
管内载气流量/(L·min^{-1})	0.5	净化温度/℃	2 200
		净化电流/A	1.8
		净化时间/s	3
管外载气流量/(L·min^{-1})	0.5	背景校正	氘灯

3. 样品处理

取菜叶若干,干燥,研细后,准确称取 10 mg,用 5 mL 水调成浆状,备用。

4. 配制标准溶液

在 6 只 25 mL 容量瓶中,分别加入 1.0 μg·mL^{-1} 铅标准溶液 0.00 mL,1.00 mL,2.00 mL,3.00 mL,4.00 mL,5.00 mL,用 0.2% 稀硝酸稀释至刻度,摇匀。

5. 根据上述实验条件及仪器操作方法调节仪器,待仪器稳定后,依照由稀到浓的次序分别用微量注射器注入 10 μL 标准溶液及样品并分别测其吸光度。

五、数据记录与处理

(1)记录实验条件(如果是其他型号的仪器)。

(2)将测定得到的铅标准溶液系列的吸光度记录于下表,然后以吸光度为纵坐标,标准溶液系列质量浓度为横坐标绘制工作曲线。

铅标准溶液 V/mL	0.00	1.00	2.00	3.00	4.00	5.00
C_{Pb}/(μg·mL^{-1})						
吸光度 A						

（3）根据样品的吸光度,从标准曲线上查出铅的质量浓度,计算菜叶中铅的质量分数(以 $\mu g \cdot g^{-1}$ 表示)

六、讨论与思考

1. 石墨炉原子吸收光谱法为何灵敏度较高?

2. 如何选择石墨炉原子化的实验条件?

第四章 电位分析法

 学习目标

知识目标：

- 掌握电位分析法的基本原理，了解方法的特点和应用。
- 了解膜电极的分类方法，掌握常用电极的构造和特性。
- 掌握电位分析的测量原理和分析方法。
- 掌握电位分析仪器的构造。

能力目标：

- 能根据电极的选择性系数计算干扰离子引起的误差。
- 能设计电位分析的实验方案，选择合适的分析条件。
- 能用电位分析法分析实际样品，获得准确结果。

资源链接

动画资源：

1. 氟电极； 2. 玻璃电极； 3. 电位滴定曲线

视频资源：

pH 计的使用与校准

电化学分析是应用电化学的基本原理和实验技术，利用物质的电学或电化学性质进行分析的方法。电化学分析方法以试液作为电解质溶液，选用适当的电极构成化学电池(原电池或电解池)，通过检测化学电池的电导、电位、电流和电量等物理量及其变化情况，根据这些物理量与待测物质间的内在联系，进行样品的表征和测量。电化学分析方法通常分为电导分析法、电位分析法、库仑分析法、极谱(伏安)分析法等，其中，电位分析法和库仑分析法是常用方法。

第一节 电位分析法基本原理

电位分析法是通过测定化学电池中两个电极之间的电位差(电动势)或电位差的变化，利用电位差与溶液中待测物质离子的活度(或浓度)的关系进行定量分析的一种电化学分析法。

电位分析法主要用于各种样品中无机离子、有机电活性物质及溶液 pH 的测定,还可以用来测定酸、碱的解离常数和配合物的稳定常数。随着各种新型生物膜电极的研究和投入使用,该法在药物分析、生物样品分析中的应用也日益增加。

一、电位分析法的理论依据

根据电化学原理,能斯特方程表示了电极电位 φ 与溶液中对应离子活度之间存在的定量关系。例如,对于氧化还原体系:

$$Ox + ne^- \rightleftharpoons Red$$

能斯特方程表示为:

$$\varphi = \varphi^{\ominus}_{Ox/Red} + \frac{RT}{nF} \ln \frac{a_{Ox}}{a_{Red}} \tag{4-1}$$

式中:$\varphi^{\ominus}_{Ox/Red}$ 为标准电极电位;R 为摩尔气体常数(8.314 J·mol^{-1}·K^{-1});F 为法拉第常数($96\,487$ C·mol^{-1});T 为热力学温度;n 为电极反应过程中传递的电子数;a_{Ox}、a_{Red} 分别表示氧化态(Ox)、还原态(Red)的活度,在溶液很稀的条件下,活度近似等于浓度。

对于金属电极,还原态为纯金属,其活度定为 1,则式(4-1)表示为:

$$\varphi = \varphi^{\ominus}_{M^{n+}/M} + \frac{RT}{nF} \ln a_{M^{n+}} \tag{4-2}$$

式中:$a_{M^{n+}}$ 为金属离子 M^{n+} 的活度。

根据上式可见,只要测定了电极电位,就可以确定离子的活度,即控制一定条件可以确定离子的浓度,这就是电位分析法的理论依据。

在滴定分析中,当滴定到化学计量点附近时,将发生浓度的突变。如果在滴定过程中,在滴定容器中浸入一对适当的电极,则在化学计量点时可以观察到电极电位的突变,根据这样的突变可以确定滴定终点,这就是电位滴定的基本原理。

二、参比电极和指示电极

电位分析的测量信号是电极的电位。对于一个电极来说,其绝对电位是无法测定的,只能测定相对电位。因此电位分析必须用到两个电极,其中一个电极的电极电位与待测离子的活度(或浓度)之间符合能斯特方程关系,称为指示电极,而另一个电极的电位需已知或恒定,称为参比电极。

1. 参比电极

参比电极是与被测物质无关,电位已知且稳定,提供测量电位参考的恒电位电极。对参比电极的要求是:① 电极电位已知,电位稳定,可逆性好,在测量电池电动势的过程中有微弱电流通过时,电位能保持不变;② 重现性好;③ 装置简单,使用方便,寿命长。

标准氢电极是国际上为了测量其他电极的电位值而规定的标准参比电极。但实际上由于制备过程比较麻烦,故常规工作中很少应用。常用作参比电极的电极有甘汞电极和银-氯化银电极,它们的电极电位值是以标准氢电极为参比电极测定的。

(1)甘汞电极。甘汞电极是金属汞和甘汞(Hg_2Cl_2)及 KCl 溶液组成的电极,其结构如图 4-1 所示。电极由两个玻璃套管组成。内玻璃管的上端封接一根铂丝,铂丝插入纯汞中,下置一层甘汞和汞的糊状混合物;下端用一层多孔物质塞紧。外玻璃管中装入 KCl 溶液,电极下端与待测溶液接触部分是熔结陶瓷芯或玻璃砂芯等多孔物质。甘汞电极的半电池组成及电极反应是:

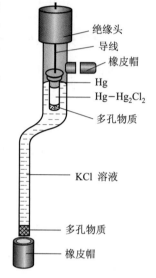

半电池组成　　$Hg, Hg_2Cl_2(s) | KCl$

电极反应　　$Hg_2Cl_2 + 2e^- \rightleftharpoons 2Hg + 2Cl^-$

电极电位(25 ℃):

$$\varphi_{Hg_2Cl_2/Hg} = \varphi_{Hg_2Cl_2/Hg}^{\ominus} + \frac{0.059 \text{ V}}{2} lg \frac{a_{Hg_2Cl_2}}{a_{Hg}^2 \cdot a_{Cl^-}^2}$$

$$= \varphi_{Hg_2Cl_2/Hg}^{\ominus} - (0.059 \text{ V}) lg a_{Cl^-} \qquad (4-3)$$

式(4-3)表明,当温度一定时,甘汞电极的电极电位取决于 Cl^- 的活度。电极中充入不同浓度的 KCl 溶液可具有不同的恒定数值,见表 4-1。

图 4-1　甘汞电极
结构示意图

表 4-1　甘汞电极的电极电位(25 ℃)

电极类型	0.1 mol·L⁻¹甘汞电极	标准甘汞电极(NCE)	饱和甘汞电极(SCE)
KCl 浓度	0.1 mol·L⁻¹	1.0 mol·L⁻¹	饱和溶液
电极电位/V	+0.336 5	+0.282 8	+0.244 4

(2)银-氯化银电极。银丝表面镀上一层 AgCl,浸在一定浓度的 KCl 溶液中即构成了银-氯化银电极,其结构如图 4-2 所示。该电极的半电池组成及电极反应是:

半电池组成　　$Ag, AgCl(s) | KCl$

电极反应　　$AgCl + e^- \rightleftharpoons Ag + Cl^-$

电极电位(25 ℃):

$$\varphi_{AgCl/Ag} = \varphi_{AgCl/Ag}^{\ominus} - (0.059 \text{ V}) lg a_{Cl^-} \qquad (4-4)$$

在不同浓度的 KCl 溶液中,电极电位的数值见表 4-2。

表 4-2　银-氯化银电极的电极电位(25 ℃)

电极类型	0.1 mol·L⁻¹ Ag-AgCl 电极	标准 Ag-AgCl 电极	饱和 Ag-AgCl 电极
KCl 浓度	0.1 mol·L⁻¹	1.0 mol·L⁻¹	饱和溶液
电极电位/V	+0.288 0	+0.222 3	+0.200 0

2. 指示电极

指示电极的电极电位随测量溶液的浓度不同而变化,电极电位与溶液中相关离子的浓度符合能斯特方程关系。可以作为指示电极的电极共有以下几类。

（1）第一类电极——金属-金属离子电极。此种电极为一纯金属片或棒,如铜电极、锌电极。把金属电极放入它的盐溶液中即可得到相应电极,如 Ag‑AgNO$_3$ 电极(银电极),Zn‑ZnSO$_4$ 电极(锌电极)等。发生的电极反应为:

$$M^{n+} + ne^- \rightleftharpoons M$$

在 25 ℃时,其电极电位为:

$$\varphi_{M^{n+}/M} = \varphi^{\ominus}_{M^{n+}/M} + \frac{0.059\ V}{n} \lg a_{M^{n+}} \qquad (4-5)$$

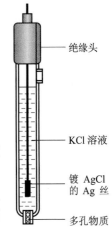

图 4‑2　银-氯化银
电极结构示意图

绝缘头

KCl 溶液

镀 AgCl
的 Ag 丝

多孔物质

第一类电极的电位仅与金属离子的活度有关,故可用金属电极测定溶液中相同金属离子的活度或浓度。

（2）第二类电极——金属-金属难溶盐电极。在金属电极表面覆盖其难溶盐,再插入难溶盐的阴离子溶液中,即可得到此类电极。例如 Ag‑AgCl/Cl$^-$ 电极(图 4‑2)、Hg‑Hg$_2$Cl$_2$/Cl$^-$ 电极。发生的电极反应为:

$$MX_n \rightleftharpoons M^{n+} + nX^-$$
$$M^{n+} + ne^- \rightleftharpoons M$$

在 25 ℃时,其电极电位为:

$$\varphi_{MX_n/M} = \varphi^{\ominus}_{MX_n/M} - (0.059\ V)\lg a_{X^-} \qquad (4-6)$$

利用该电极可测定难溶盐的阴离子的含量,但这类电极常用作参比电极。

（3）零类电极。它属于惰性金属材料电极。电极本身不参与反应,但其晶格间的自由电子可与溶液进行交换。故惰性金属电极可作为溶液中氧化态和还原态获得电子或释放电子的场所。例如,将 Pt 电极放入含有 Fe^{2+}、Fe^{3+} 的溶液中,Pt 电极不参与反应,仅作为 Fe^{2+}、Fe^{3+} 发生相互转化时的电子转移的场所,电极反应为:

$$Fe^{3+} + e^- \rightleftharpoons Fe^{2+}$$

在 25 ℃时,其电极电位为:

$$\varphi_{Fe^{3+}/Fe^{2+}} = \varphi^{\ominus}_{Fe^{3+}/Fe^{2+}} + (0.059\ V)\lg \frac{a_{Fe^{3+}}}{a_{Fe^{2+}}} \qquad (4-7)$$

（4）离子选择性电极。这是电位分析最常用的电极,仅对溶液中特定离子有选择性响应,但并没有发生电极反应。其电极电位与特定离子活度之间符合能斯特方程关系:

$$\varphi = K \pm \frac{RT}{nF} \ln a_i$$

式中,n 为离子的带电荷数,相关内容将在第二节中详细介绍。

三、电位分析法的分类及特点

1. 分类

电位分析法分为直接电位分析和电位滴定分析两种方法。

直接电位分析就是通过测定指示电极的电位,根据电位与待测离子活度之间的定量关系(即能斯特方程关系)进行定量分析的方法。

电位滴定分析就是通过测定滴定过程中电极电位突变来确定滴定终点进行分析的方法。

2. 特点

(1) 仪器设备简单,操作方便,测试费用低,易于普及。相对于其他仪器分析方法,电位分析仪器造价低,便于携带,适合现场操作。

(2) 选择性好,测定简便快速。因为使用离子选择性电极,常可避免麻烦的样品预处理时分离干扰离子的步骤;对于有色、浑浊和黏稠溶液,也可直接用电位分析法测定。电极的响应快,多数情况下是瞬时的,即使在不利条件下也能在几十分钟内得到读数。对于其他方法难以测定的某些离子如氟离子、硝酸根离子、碱金属离子等,用离子选择性电极法可得到满意的测定结果。如氟离子的测定,以往是先采用蒸馏、沉淀等方法,将氟从干扰组分中分离出来,然后用滴定法或比色法测定,手续繁琐,灵敏度低,难以掌握。用氟离子电极法测定,省去了冗长的分离步骤,数分钟就可获得数据,目前已广泛用于水或工业废水、岩石、氧化物或大气中氟的测定。

(3) 样品用量少。若使用特制的电极,所需试液可少至几微升。近年研制的微电极在某些特殊样品的测定中得到成功应用。例如,用钙离子选择性电极直接测定血液中的钙离子等。

(4) 自动化程度高。由于电位分析所测的电位变化信号可以连续显示和自动记录,所以这种方法更有利于实现连续和自动分析,目前在环境监测中已得到广泛使用。

(5) 精密度较差。当精密度要求优于2%时,一般不宜采用此法,采用电位滴定分析法可以提高精度,但在一定程度上将失去快速、简便的特点。另外,电极电位值的重现性受实验条件的影响较大,标准曲线不及光度法稳定。这些因素影响了该方法实际潜力的充分发挥。

第二节 离子选择性电极

一、离子选择性电极的基本结构

离子选择性电极(ISE)又称膜电极,它应该对溶液中特定离子有选择性响应。

离子选择性电极一般由内参比电极、内参比溶液和敏感膜三部分组成,基本结构如图4-3所示。内参比电极一般用银-氯化银电极;内参比溶液含有该电极响应的离子和内参比电极所需要的离子。膜电极的关键元件是选择性敏感膜。敏感膜可由单晶、混晶、液膜、功能膜及生物膜等构成。膜材料不同,制出的电极的性能也不同。

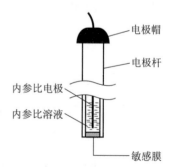

图 4 - 3 离子选择性电极基本结构示意图

二、离子选择性电极的电极电位

用不同膜材料制备出的电极的响应机理各不相同,但对所有膜电极,其电极电位都可用能斯特方程形式表示,即

对阳离子:

$$E_{膜} = K + \frac{RT}{nF} \ln a_{阳离子} \qquad (4-8)$$

对阴离子:

$$E_{膜} = K - \frac{RT}{nF} \ln a_{阴离子} \qquad (4-9)$$

三、离子选择性电极的性能

离子选择性电极性能的好坏,主要从电极的选择性、线性范围、检测下限、响应时间等方面考虑。

1. 膜电位及其选择性

对于一个离子选择性电极,其电极电位主要由电极所处溶液中该离子的活度决定,但并不是说其他离子对电位绝对没有贡献。一般地,若测定离子为 i,所带电荷数为 z_i,干扰离子为 j,所带电荷数为 z_j。考虑到共存离子产生的电位,则膜电位的通式可写为:

$$E_{膜} = K \pm \frac{RT}{nF} \ln \left[a_i + K_{ij}(a_j)^{z_i/z_j} \right] \qquad (4-10)$$

式中:对阳离子响应的电极,K 后取正号;对负离子响应的电极,K 后取负号。

K_{ij} 称为**电极的选择性系数**,其意义为:在相同的测定条件下,待测离子和干扰离子产生相同电位时待测离子的活度 a_i 与干扰离子活度 a_j 的比值:

$$K_{ij} = a_i/a_j \qquad (4-11)$$

通常 $K_{ij} \ll 1$,K_{ij} 值越小,表明电极的选择性越高。例如,$K_{ij} = 0.001$,意味着干扰离子 j 的活度是待测离子 i 的活度的 1 000 倍时,两者产生相同的电位。

K_{ij} 可用来估计干扰离子存在时产生的测定误差,以判断某干扰离子存在时所用测定方法是否可行。根据 K_{ij} 的定义,估量测定的相对误差可用下式计算:

$$相对误差 = K_{ij} \times \frac{(a_j)^{z_i/z_j}}{a_i} \times 100\% \qquad (4-12)$$

对于离子选择性电极,干扰离子数量越少、干扰离子的选择性系数越小,电极的性能越好。

【**例 4 - 1**】 钠玻璃膜电极对钾离子的 $K_{Na^+, K^+} = 0.001$,在测定活度为 1.0×10^{-3} mol·L^{-1} 钠离子试液时,如试液中含有 1.0×10^{-2} mol·L^{-1} 的钾离子,计算产生的相对误差。

【**解**】 $K_{Na^+, K^+} = 0.001$,$a_j = 1.0 \times 10^{-2}$ mol·L^{-1}

$$相对误差 = 0.001 \times \frac{1.0 \times 10^{-2} \text{ mol·L}^{-1}}{1.0 \times 10^{-3} \text{ mol·L}^{-1}} \times 100\% = 1\%$$

2. 线性范围和检测下限

根据图 4-4,以活度(浓度)的对数为横坐标,以电位值为纵坐标,绘制不同离子浓度溶液的电位与浓度对数的关系曲线。图中实线为实测线,虚线为延长线。

(1) 线性范围。活度(浓度)的对数与电位呈线性关系时(AB 段)对应的离子的活度(浓度)范围。

(2) 灵敏度。指活度(浓度)的对数与电位呈线性关系时直线(AB 段)的斜率,即活度相差一个数量级时电位改变的数值,用 S 表示。理论上 $S = 2.303\,RT/(nF)$,25 ℃时,对一价离子,$S = 0.059\,2$ V,对二价离子,$S = 0.029\,6$ V。离子电荷数越大,级差越小,测定灵敏度也越低,因此电位分析法多用于低价离子的测定。

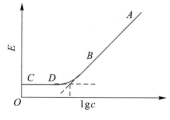

图 4-4 电位随浓度
变化的曲线

(3) 检测下限。图中 AB 与 CD 延长线的交点所对应的测定离子的活度(或浓度)称为电极的检测下限。

对于一个离子选择性电极,线性范围越宽、检测下限越低,电极性能越好。

3. 响应时间

电极的响应时间指将参比电极与离子选择性电极一起放到试液开始到电极电位达到稳定值所需的时间。它与以下因素有关。

(1) 待测离子到达电极表面的速度。搅拌可缩短响应时间。

(2) 待测离子的活度。活度越小,响应时间越短。

(3) 介质的离子强度。通常情况下,含有大量非干扰离子时响应较快。

(4) 敏感膜的厚度、表面光洁度等。膜越薄,响应越快;光洁度越好,响应越快。

响应时间是决定电极性能好坏的重要参数,特别是在用离子选择性电极进行连续自动测定时,尤其需要考虑电极的响应时间因素。

四、几种常见的离子选择性电极

离子选择性电极是电位分析仪器的核心部件。离子选择性电极分为以下几类:

动画:氟电极

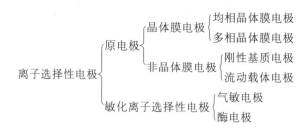

下面介绍几种常见的离子选择性电极。

1. 氟电极

(1) 构造。氟电极的敏感膜为掺有 EuF_2 的 LaF_3 单晶膜;内参比电极为 Ag-AgCl 电极;

内参比溶液为 0.1 mol·L^{-1} 的 NaCl 和 0.1 mol·L^{-1} 的 NaF 混合溶液,其构造如图 4-5 所示。

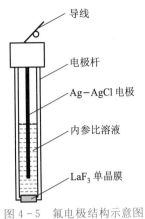

图 4-5　氟电极结构示意图

(2) 响应机理。LaF$_3$ 的晶格中有空穴,在晶格上的 F$^-$ 可以移入晶格邻近的空穴而导电。对于一定的晶体膜,离子的大小、形状和电荷决定其是否能够进入晶体膜内,故膜电极一般都具有较高的离子选择性。当氟电极插入 F$^-$ 溶液中时,F$^-$ 在晶体膜表面进行交换,产生电极电位。测量电池为:

$$Ag \mid AgCl, Cl^- (0.1 \ mol·L^{-1}), F^- (0.1 \ mol·L^{-1}) \mid$$
$$试液(a_{F^-}) \ \| \ Cl^-(饱和), Hg_2Cl_2 \mid Hg$$

25 ℃时,电极电位为:

$$\varphi_{F^-} = K - (0.059 \ V) \lg a_{F^-} = K + (0.059 \ V)pF \quad (4-13)$$

(3) 电极特性。氟电极具有较高的选择性,线性范围为 1～10^{-6} mol·L^{-1},但需要在 pH 5～7 时使用。pH 高时,溶液中的 OH$^-$ 与氟化镧晶体膜中的 F$^-$ 交换;pH 较低时,溶液中的 F$^-$ 生成 HF 或 HF$_2^-$。测量过程中的主要干扰离子有 Al^{3+}、Fe^{3+} 等。

氟离子选择性电极是比较成熟的离子选择性电极之一,其应用范围较为广泛。例如,雪和雨水、磷肥厂的废渣、谷物和食品等中的微量 F$^-$,都可用氟电极测定。人指甲、尿和血中的氟含量测定,为诊断氟中毒程度提供了科学依据。

因为其敏感膜是由 LaF$_3$ 单晶制作而成,所以氟电极属于晶体膜电极中的单晶均相膜电极。晶体膜电极还包括混晶膜电极,如 Cl 电极、Br 电极的敏感膜是由 AgCl、AgBr 与 Ag$_2$S 晶体混合后压制而成,所以称为混晶膜电极。由于晶体膜较薄,易破碎,为提高膜的机械强度,有时将晶体与一些支持体一同压制成敏感膜,可大大提高电极的使用寿命,这样的电极称为非均相膜电极。

2. 玻璃电极

(1) 构造。玻璃电极的敏感膜是在 SiO$_2$ 基质中加入 Na$_2$O、Li$_2$O 和 CaO 烧结而成的特殊玻璃膜,厚度约为 0.05 mm;内参比电极为 Ag-AgCl 电极;内参比溶液为 0.1 mol·L^{-1} 的 HCl 溶液,见图 4-6。

动画:玻璃电极

pH 玻璃电极,其玻璃配方为:Na$_2$O 21.4%,CaO 6.4%,SiO$_2$ 72.2%(摩尔分数),其 pH 测量范围为 1～10,若加入一定比例的 Li$_2$O,可以扩大测量范围。

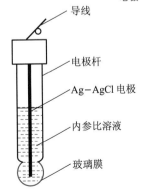

(2) 响应机理。玻璃电极使用前,必须在水溶液中浸泡,浸泡膜时,表面的 Na$^+$ 与水中的 H$^+$ 交换,在表面形成水合硅胶层。测定时,膜内外生成三层结构,即中间的干玻璃层和两边的水化硅胶层,见图 4-7 所示。

水化硅胶层厚度为 0.01～10 μm。在水化硅胶层中,玻璃上的 Na$^+$ 与溶液中 H$^+$ 发生离子交换而产生相界电位。

图 4-6　玻璃电极结构示意图

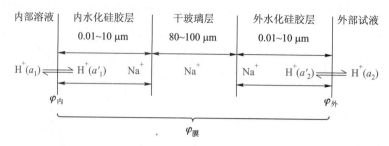

图 4-7 玻璃膜的水化硅胶层及膜电位的产生

水化硅胶层表面可视作阳离子交换剂。溶液中 H^+ 经水化硅胶层扩散至干玻璃层,干玻璃层的阳离子向外扩散以补偿溶出的离子,离子的相对移动产生扩散电位。两者之和构成膜电位。玻璃电极放入待测溶液,离子交换和扩散达到平衡,25 ℃时:

$$\varphi_{膜} = \varphi_{外} - \varphi_{内} = (0.059 \text{ V})\lg \frac{a_2}{a_1} \tag{4-14}$$

由于内参比溶液中的 H^+ 活度(a_1)是固定的,则

$$\varphi_{膜} = K + (0.059 \text{ V})\lg a_2 = K - (0.059 \text{ V})pH_{试液} \tag{4-15}$$

式中:K 是由玻璃膜电极本身性质决定的常数。

由此看出,氢电极的膜电位与试液中的 pH 呈线性关系。

（3）电极特性。玻璃膜电位的产生不是起因于电子的得失。由于其他离子不能进入晶格产生交换,所以电极对 H^+ 具有高选择性,溶液中 Na^+ 浓度比 H^+ 浓度高 10^{15} 倍时,两者才产生相同的电位。

当膜内外溶液中氢离子活度相同(即 $a_1 = a_2$)时,理论上 $\varphi_{膜} = 0$,但实际上由于玻璃膜内表面和外表面含钠量、表面张力及机械和化学损伤的细微差异可能造成 $\varphi_{膜} \neq 0$,此时膜两侧的电位称为不对称电位。在使用前电极需要在水中浸泡 24 h 以上。

玻璃电极适用于 pH 为 1～10 的溶液的测定。当测定溶液的酸性太强(pH<1)时,电位值偏离线性关系,产生的测量误差称为**酸差**。这是由于在强酸溶液中,H^+ 未完全游离的缘故。当测定溶液的碱性太强(pH>10)时,电位值偏离线性关系,产生的测量误差称为**碱差**或**钠差**,这主要是 Na^+ 参与相界面上的交换所致。每一支 pH 玻璃电极都有一个测定 pH 高限,超出此高限时,"钠差"就显现了。

使用电位分析法测定 pH,不受溶液中氧化剂、还原剂、颜色及沉淀的影响,不易中毒,是目前最好的方法。现在已有专门的商品仪器 pH 计。

3. 钙电极

（1）构造。钙电极属于流动载体电极或液膜电极,其中含有两种液体,一种是内参比溶液（0.1 $mol \cdot L^{-1}$ 的 $CaCl_2$ 水溶液）,其中插入内参比电极（Ag-AgCl 电极）;另一种是 0.1 $mol \cdot L^{-1}$ 二癸基磷酸钙的苯基磷酸二辛酯溶液,属于离子交换剂,它被置于内外管之间。该溶液不溶于水,故不能进入试液但极易扩散进入微多孔膜,这种多孔膜是憎水性的,仅支持液体离子交换

剂形成一层薄膜即为电极的敏感膜。其构造如图 4-8 所示。

（2）响应机理。二癸基磷酸根可以在液膜与试液两相界面间传递钙离子，直至达到平衡。由于 Ca^{2+} 在水相（试液和内参比溶液）中的活度与有机相中的活度差异，在液膜两侧发生离子交换，两相之间的离子反应为：

$$RCa \Longleftrightarrow R^{2-} + Ca^{2+}$$

有机相　有机相　水相

式中：R 表示有机离子交换剂（离子载体）。

25 ℃时，产生膜电位为：

$$\varphi_{膜} = K + \frac{0.059\ \text{V}}{2}\lg a_{Ca^{2+}} \qquad (4-16)$$

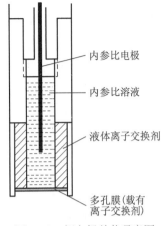

内参比电极
内参比溶液
液体离子交换剂
多孔膜（载有离子交换剂）

图 4-8　钙电极结构示意图

液膜电极的机理与玻璃电极相似，有机离子交换剂被限制在有机相内，但可在相内自由移动，与试液中待测离子发生交换产生膜电位。

（3）电极特性。钙电极适宜的 pH 范围是 5~11，线性范围是 $1~10^{-5}$ mol·L^{-1}，干扰离子有 Zn^{2+}、Pd^{2+}、Fe^{2+}、Cd^{2+}、Mg^{2+}、Sr^{2+} 等。

电极的选择性取决于离子载体与离子的交换反应的专属性，离子的交换反应的专属性越强，有机相中反应产物越稳定，则电极的抗干扰能力越强，选择性越好，检测限越低。

4. 气敏电极

气敏电极也被称为探头、探测器或气体传感器，能用于测定气体的含量。它是由基体电极（离子选择性电极）、参比电极、中介液和透气膜组成的复合电极，构造见图 4-9。透气膜由醋酸纤维、聚四氟乙烯、聚偏氟乙烯等材料制成，具有疏水性，将溶液和电极中介液隔开，只允许试液中产生电极响应的气体扩散透过，不允许溶液中的离子通过。样品中待测气体组分扩散通过透气膜，进入基体电极的敏感膜与透气膜之间的极薄的中介液层内，使液层内基体电极敏感的离子活度发生变化，引起基体电极膜电位改变，可由参比电极和基体电极进行检测。

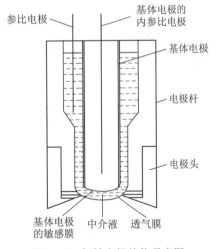

参比电极
基体电极的内参比电极
基体电极
电极杆
电极头
基体电极的敏感膜
中介液
透气膜

图 4-9　气敏电极结构示意图

例如，氨气敏电极，其基体电极为 pH 玻璃电极，参比电极为 Ag-AgCl 电极，中介液为 0.1 mol·L^{-1} 的 NH_4Cl 溶液。当电极放入待测介质时，氨气通过透气膜扩散并溶解于中介液中，存在以下平衡：

$$NH_3 + H_2O \Longleftrightarrow NH_4^+ + OH^-$$

由于中介液吸收 NH_3，引起其 pH 发生变化。平衡时，中介液中的 H^+ 活度与待测样品中 NH_3 含量或分压成反比，因此：

$$a_{H^+} = K' \cdot p_{NH_3}^{-1}$$

25 ℃时，玻璃电极的电极电位为：

$$\varphi = K_{玻} + (0.059 \text{ V}) \lg a_{H^+} = K_{玻}' - (0.059 \text{ V}) \lg p_{NH_3} \qquad (4-17)$$

如果中介液是 $0.01 \text{ mol} \cdot L^{-1}$ 的碳酸氢钠溶液，可制成 CO_2 气敏电极。二氧化碳通过透气膜与水作用生成碳酸，从而影响碳酸氢钠的电离平衡，使溶液 pH 发生变化，用 pH 玻璃电极作为指示电极，可测定 CO_2 含量。

5. 酶电极

酶是具有特殊生物活性的催化剂，对反应的选择性强，催化效率高，可使反应在常温、常压下进行。酶电极是基于界面酶催化反应的敏化电极，它是将一种或几种选定的酶以薄膜形式覆盖在选定的离子选择性电极上，样品中的被测物与电极接触，被电极膜上的酶催化，发生快速、定量的化学反应，用离子选择性电极检测反应产物，可间接测定被测物。图 4 - 10 是葡萄糖氧化酶 (GOD) 电极结构示意图。

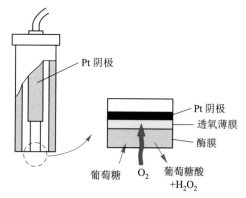

图 4 - 10　酶电极结构示意图

例如，将尿素酶固定在凝胶内，然后涂布在氨气敏电极薄膜表面，可制成尿素酶电极。当把酶电极插入含有尿素的溶液中时，尿素扩散进入酶膜，经尿素酶催化水解产生 NH_3：

$$CO(NH_2)_2 + H_2O \xrightarrow{\text{尿素酶}} 2NH_3 + CO_2$$

通过氨气敏电极检测生成的 NH_3，从而间接测定尿素含量。

酶电极的选择性取决于酶催化剂的催化选择性，用葡萄糖氧化酶、胆固醇氧化酶、谷氨酸脱氢酶、赖氨酸脱氢酶等制成的酶电极，可分别测定血液或其他体液中葡萄糖、胆固醇、L-谷氨酸、L-赖氨酸等。酶电极是一种生物传感器，适用于生物医学研究和临床诊断。

离子选择性电极很多，表 4 - 3 列出了一些电极及其应用实例。

表 4 - 3　部分离子选择性电极及其应用举例

离子选择性电极	测试物	线性浓度范围/$(mol \cdot L^{-1})$	适用 pH 范围	应用举例
氟电极	F^-	$1 \sim 10^{-7}$	5~8	水、矿物、生物体液、牙膏
氯电极	Cl^-	$10^{-2} \sim 5 \times 10^{-8}$	2~11	水、碱液、催化剂
氰电极	CN^-	$10^{-2} \sim 10^{-6}$	11~8	电镀废水、废渣
硝酸根	NO_3^-	$10^{-1} \sim 10^{-5}$	5~8	天然水
pH 玻璃电极	H^+	$10^{-1} \sim 10^{-14}$	5~8	溶液酸度
钠玻璃电极	Na^+	$10^{-1} \sim 10^{-7}$	5~8	天然水、锅炉水
氨气敏电极	NH_3	$1 \sim 10^{-6}$	5~8	废气、废水、土壤
钾微电极	K^+	$10^{-1} \sim 10^{-4}$	5~8	血清
钠微电极	Na^+	$10^{-1} \sim 10^{-3}$	5~8	血清
钙微电极	Ca^{2+}	$10^{-2} \sim 5 \times 10^{-7}$	5~8	血清

第三节　直接电位法

直接电位法的分析方法有直接比较法、标准曲线法和标准加入法。本节主要介绍直接电位法的分析方法。

一、直接比较法

配制浓度已知的标准溶液,分别在标准溶液和待测溶液中加入总离子强度调节缓冲液(total ionic strength adjustment buffer,简称 TISAB),以参比电极为正极,离子选择性电极为负极,在同一温度下,测定两种溶液的电动势 E_x 和 E_s 值。由于 TISAB 的加入,使被测离子在两种溶液中的活度系数相等,电动势与 $\lg c$ 之间有线性关系。以标准溶液为对比,通过测定两种溶液的电动势,确定未知溶液浓度的方法称为直接比较法。

如果被测离子为阳离子,则

$$E_x = \varphi_{\text{参比}} - \varphi_{\text{ISE}} = \varphi_{\text{参比}} - \left(K + \frac{2.303\,RT}{nF} \lg c_x \right) = K' - \frac{2.303\,RT}{nF} \lg c_x$$

$$E_s = K' - \frac{2.303\,RT}{nF} \lg c_s$$

$$\lg c_x = \lg c_s - \frac{E_x - E_s}{2.303\,RT/nF} \tag{4-18}$$

如果被测离子为阴离子,则

$$\lg c_x = \lg c_s + \frac{E_x - E_s}{2.303\,RT/nF} \tag{4-19}$$

总离子强度调节缓冲溶液包括三种成分,分别为:

(1) 离子强度调节剂。采用浓度较高的惰性强电解质,使溶液保持较大且相对稳定的离子强度,使各溶液体系中被测离子的活度系数恒定。

(2) 缓冲溶液。维持溶液在适宜的 pH 范围内,满足电极的使用要求。

(3) 掩蔽剂。掩蔽干扰离子,消除共存离子的干扰,根据测定样品的性质选择。

例如,测 F^- 过程所使用的 TISAB 的组成为:1 mol·L^{-1} 的 NaCl,使溶液保持较大且稳定的离子强度;0.25 mol·L^{-1} 的 HAc 和 0.75 mol·L^{-1} 的 NaAc,使溶液 pH 为 5~6;0.001 mol·L^{-1} 的柠檬酸钠,掩蔽 Fe^{3+}、Al^{3+} 等干扰离子。

以测定溶液的 pH 为例(测定仪器见图 4-11),用参比电极和玻璃电极组成如下电池:

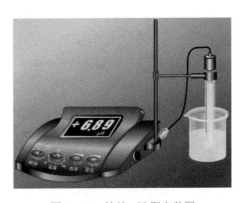

图 4-11　溶液 pH 测定装置

$$Ag - AgCl \mid HCl \mid 玻璃膜 \mid 样品溶液 \mathbin{\Vert} KCl(饱和) \mid Hg_2Cl_2(s), Hg$$

电池电动势为:

$$E = \varphi_{甘汞} - \varphi_{玻璃}$$
$$= \varphi_{Hg_2Cl_2/Hg} - (\varphi_{AgCl/Ag} + \varphi_{膜})$$
$$= \varphi_{Hg_2Cl_2/Hg} - \varphi_{AgCl/Ag} - K - \frac{2.303\,RT}{F}\lg a_{H^+}$$

或简化为:

$$E = K' + \frac{2.303\,RT}{F}\mathrm{pH} \tag{4-20}$$

25 ℃时:

$$E = K' + (0.059\ \mathrm{V})\mathrm{pH} \tag{4-21}$$

式中:K'为常数。

测定时,先用 pH 已知的标准缓冲溶液定位,再测定样品溶液。测定的电动势分别为:

$$E_s = K + \frac{2.303\,RT}{F}\mathrm{pH_s}, \quad E_x = K + \frac{2.303\,RT}{F}\mathrm{pH_x}$$

合并两式得 pH 的实用定义:

$$\mathrm{pH_x} = \mathrm{pH_s} + \frac{E_x - E_s}{2.303\,RT/F} \tag{4-22}$$

测定时,应尽量使温度保持恒定并选用与待测溶液 pH 接近的标准缓冲溶液。

二、标准曲线法

配制待测组分的标准溶液系列,分别加入总离子强度调节缓冲溶液,测定各溶液的电位值,绘制 $E - \lg c_i$ 关系曲线,得到标准曲线或校正曲线;在待测试液中加入同样的总离子强度调节缓冲溶液,测定电位值,在标准曲线上查出其浓度。

三、标准加入法

将小体积(V_s)(一般为待测试液的 $1/50 \sim 1/100$)而大浓度(c_s)(一般为待测试液的 $100 \sim 50$ 倍)的待测组分标准溶液,加入一定体积的待测试液中,分别测量标准溶液加入前后的电动势,从而求出 c_x,该法称为标准加入法。标准曲线法要求标准溶液和待测液具有相近的离子强度和组成,否则会因为两种溶液的离子活度不同引起测定误差。如果采用标准加入法,可大大降低这种误差,而且可以测定离子总浓度。

标准加入法可分为单次标准加入法和连续标准加入法两种。

1. 单次标准加入法

设某待测试液体积为 V_0，其待测离子的浓度为 c_x，测定电池电动势为 E_1，则

$$E_1 = K + \frac{2.303\,RT}{nF}\lg\,(x_1\gamma_1c_x) \tag{4-23}$$

式中：x_1 为游离态待测离子占总浓度的分数；γ_1 是活度系数；c_x 是待测离子的总浓度。

向待测试液中准确加入一小体积 V_s（约为 V_0 的 1/100）的用待测离子的纯物质配制的标准溶液，浓度为 c_s（约为 c_x 的 100 倍）。则加入标准溶液后溶液浓度增量为：

$$\Delta c = \frac{c_sV_s}{V_0+V_s}$$

由于 $V_0 \gg V_s$，可认为溶液体积基本不变。溶液浓度增量为：

$$\Delta c = c_s V_s/V_0$$

测定加入标准溶液后电池的电动势为 E_2：

$$E_2 = K + \frac{2.303\,RT}{nF}\lg(x_2\gamma_2c_x + x_2\gamma_2\Delta c)$$

可以认为 $\gamma_2 \approx \gamma_1$，$x_2 \approx x_1$。则

$$|\Delta E| = |E_2 - E_1| = \frac{2.303\,RT}{nF}\lg\left(1+\frac{\Delta c}{c_x}\right)$$

令

$$S = \frac{2.303\,RT}{nF}$$

则

$$|\Delta E| = S\,\lg\left(1+\frac{\Delta c}{c_x}\right)$$

$$c_x = \Delta c\,(10^{\Delta E/S}-1)^{-1} = \frac{c_sV_s}{V_0}(10^{\Delta E/S}-1)^{-1} \tag{4-24}$$

25 ℃下，$n=1$ 时，$S=59.2$ mV。上述公式对阴离子和阳离子都适用。只要测出 ΔE、S，就可以计算出 c_x。S 的简单测定方法是：在测定电位 E_1 后，用空白试验测定，即用空白溶液将待测试液稀释 1 倍，再测定电位 E_2，则 $S=|E_2-E_1|/\lg 2$。

本法的突出优点是，只需要一种标准溶液，溶液配制简单。适于组成复杂样品的个别成分的测定，分析准确度也较高。

2. 连续标准加入法

在测定过程中，连续多次（3～5 次）加入标准溶液，多次测定 E 值，按照上述方法，对于阴离子测量来说，每次 E 值为：

$$E = K + S\lg\frac{c_xV_0 + c_sV_s}{V_0+V_s}$$

变换整理后得:

$$(V_0 + V_s)10^{E/S} = (c_s V_s + c_x V_0)10^{K/S} \qquad (4-25)$$

即$(V_0 + V_s)10^{E/S}$与V_s呈线性关系。

每次加入V_s(累加值),测出一个E值,并计算出的$(V_0 + V_s)10^{E/S}$值,绘制$(V_0 + V_s)10^{E/S}$对V_s的曲线,如图$4-12$所示。延长直线交于V_s轴的V_s'(呈负值),即

$$(V_0 + V_s)10^{E/S} = 0$$

也就是 $$(c_x V_0 + c_s V_s') = 0$$

所以 $$c_x = -\frac{c_s V_s'}{V_0} \qquad (4-26)$$

对于阳离子,式$(4-25)$中指数项的指数为负值,即$10^{-E/S}$及$10^{-K/S}$,其余不变。

上述的计算是很复杂的,格氏(Gran)作图法用于直接电位法。格氏作图法是采用一种半反对数的格氏坐标纸,直接作$E-V_s$曲线,结果的计算公式同上。

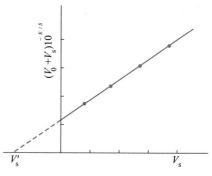

图 4-12 连续标准加入法曲线

使用格氏坐标纸时要注意以下几点。

(1) 坐标纸的纵坐标是以10%体积变化率校正的半反对数,规定一价离子的响应斜率为58 mV,而$10^{E/S}$以$10^{5/58}$为单位设计,即纵坐标每大格为5 mV。

(2) 横坐标以V_x取100 mV设计,每大格为1 mL(若V_0取50 mL,每格V_s为0.5 mL)。

(3) 若离子选择性电极的响应斜率S不是58 mV,应进行空白试验。

【例 4-2】 25 ℃时,用标准加入法测定某溶液中Cu^{2+}浓度,于100 mL铜盐溶液中添加0.1 mol·L^{-1}硝酸铜溶液1 mL后,电动势增加14 mV,求样品中铜的浓度。

【解】 $$\Delta c = \frac{V_s \cdot c_s}{V_0} = \frac{1\ mL \times 0.1\ mol \cdot L^{-1}}{100\ mL} = 1.0 \times 10^{-3}\ mol \cdot L^{-1}, \Delta E = 0.014\ V$$

因为$n=2$,所以,$S=29.6$ mV

应用式$(4-24)$:

$$c_x = \Delta c(10^{\Delta E/S} - 1)^{-1} = 0.001\ mol \cdot L^{-1} \times (10^{14/29.6} - 1)^{-1}$$
$$= 5.07 \times 10^{-4}\ mol \cdot L^{-1}$$

第四节 电位滴定法

一、基本原理

电位滴定法是利用滴定过程中电极电位的变化来确定滴定终点的分析方法。

滴定过程中,随着滴定剂的加入,发生化学反应,待测离子或与之有关的离子活度(浓度)发生变化,指示电极的电极电位(或电池电动势)也随着发生变化,在化学计量点附近,电位(或

电动势)发生突跃,由此确定滴定的终点。因此,电位滴定法与一般滴定分析法的根本不同之处是确定终点的方法不同。图 4-13 是一种测定仪器。

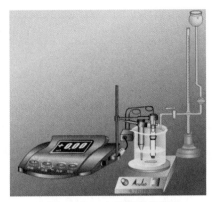

与化学滴定相比,电位滴定有以下特点。

(1) 测定准确度高。与化学容量法一样,测定相对误差可低于±0.2%。

(2) 可用于无法用指示剂判断终点的混浊体系或有色溶液的滴定。

(3) 可用于非水溶液的滴定。非水溶液的酸碱滴定,常常难找到合适的指示剂,因此电位滴定是基本的方法。

图 4-13　电位滴定装置

(4) 可用于微量组分测定。

(5) 可用于连续滴定和自动滴定。

二、滴定终点的确定方法

动画:电位滴
定曲线

进行电位滴定时,每加入一定体积的滴定剂 V,就测定一个电池的电动势 E,并对应地将它们记录下来,然后再利用所得的 E 和 V 来确定滴定终点。

电位滴定法中确定终点的方法主要有以下几种。

(1) 以测得的电动势和对应的体积作图,得到图 4-14(a)的 $E-V$ 曲线,曲线的突跃点(拐点)所对应的体积为终点的滴定体积 V_e。

(2) 计算 $E-V$ 曲线中对应点的一阶导数 $\Delta E/\Delta V$,用 $\Delta E/\Delta V$ 对 V 作图,得到图 4-14(b)中的 $\Delta E/\Delta V-V$ 曲线(即一阶微商曲线)。曲线极大值所对应的体积为滴定终点的滴定体积。

(3) 计算二阶微商 $\Delta^2 E/\Delta V^2$ 值,用 $\Delta^2 E/\Delta V^2$ 对滴定体积作图,得到图 4-14(c)的二阶微商曲线,曲线与 V 轴交点,即 $\Delta^2 E/\Delta V^2 = 0$ 所对应的体积为 V_e。

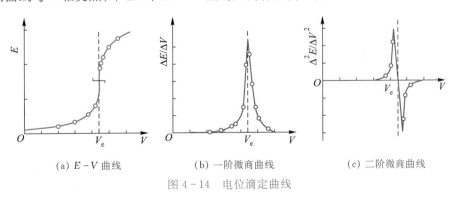

(a) $E-V$ 曲线　　　　(b) 一阶微商曲线　　　　(c) 二阶微商曲线

图 4-14　电位滴定曲线

【例 4-3】 用 0.100 0 mol·L^{-1} NaOH 溶液电位滴定 50.00 mL 某一元弱酸,用酸度计测定不同滴定体积(V)时溶液的 pH,下面是实验数据:

V/mL	pH	V/mL	pH	V/mL	pH
0.00	2.90	14.00	6.60	17.00	11.30
1.00	4.00	15.00	7.04	18.00	11.60
2.00	4.50	15.50	7.70	20.00	11.96
4.00	5.05	15.60	8.24	24.00	12.57
7.00	5.47	15.70	9.43	28.00	13.39
10.00	5.85	15.80	10.03		
12.00	6.11	16.00	10.61		

(1) 绘制滴定曲线。

(2) 绘制 $\Delta pH/\Delta V - V$ 曲线。

(3) 用二阶微商法确定终点。

(4) 计算样品中弱酸的浓度。

【解】 (1) 由于溶液 pH 与工作电池的电极电位呈线性关系,所以,pH 与滴定体积的关系曲线的变化趋势与电极电位和滴定体积的关系曲线相同。可用 $pH - V$ 曲线代替 $E - V$ 曲线。根据上表,以 pH 为纵坐标,以 V 为横坐标,作图即可得到如图所示的滴定曲线。

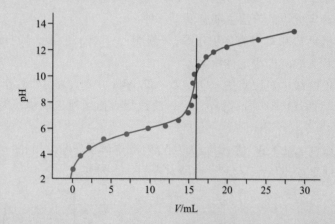

(2) 利用 $\Delta pH/\Delta V = (pH_2 - pH_1)/(V_2 - V_1)$ 求得一阶微商,并与对应 $V = (V_2 + V_1)/2$ 数值列于下表。然后,以 $\Delta pH/\Delta V$ 对 V 作图,即可得到一阶微商对 V 曲线。

V/mL	$\Delta pH/\Delta V$	V/mL	$\Delta pH/\Delta V$	V/mL	$\Delta pH/\Delta V$
11.00	0.13	15.25	1.32	15.75	6.0
13.00	0.245	15.55	5.40	15.90	2.9
14.50	0.44	15.65	11.9	16.50	0.69

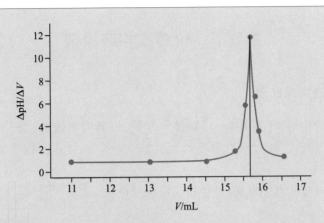

（3）从（2）中的表格数据可以计算如下的二阶微商，可以看出在 15.60～15.70 mL 时，$\Delta^2 pH/\Delta V^2$ 由 65 变化为 -59，即 $\Delta^2 pH/\Delta V^2 = 0$ 的点应该介于 15.60～15.70。

V/mL	$\Delta^2 pH/\Delta V^2$	V/mL	$\Delta^2 pH/\Delta V^2$
12.00	0.057 5	15.40	16.32
13.75	0.13	15.60	65
14.875	1.173	15.70	-59

设终点时的体积为 V_x，

$$\Delta V = (15.70 - 15.60)\text{mL} = 0.1 \text{ mL 时}, \Delta pH = -59 - 65 = -124$$

$$0.1 \text{ mL} : (-124) = (V_x - 15.60 \text{ mL}) : (0 - 65)$$

$$V_x = 15.65 \text{ mL}$$

（4）滴定终点处，$0.100\ 0 \text{ mol·L}^{-1} \times 15.65 \text{ mL} = c \times 50.00 \text{ mL}$，则

$$c = 0.031\ 3 \text{ mol·L}^{-1}$$

三、滴定类型及指示电极的选择

1. 酸碱滴定

电位滴定可以用于某些极弱酸（碱）的滴定。通常所用的指示电极为 pH 玻璃电极，饱和甘汞电极为参比电极。

2. 氧化还原滴定

滴定过程中，氧化态和还原态的浓度比值发生变化，可采用零类电极作为指示电极（常用 Pt 电极）。

3. 络合滴定

所用的指示电极一般有两种，一种是 Pt 电极或相应的金属离子选择性电极，另一种是 Hg 电极（实际上是第三类电极）。

4. 沉淀滴定

根据不同的沉淀反应，选用不同的指示电极。常选用的是 Ag 电极或汞电极。

第五节 仪器结构与原理

一、直接电位法常用仪器

电位分析仪器结构简单(见图 4-15),操作方便,仪器成本较低,易于普及。仪器由以下几部分组成。

1. 电极

电极包括指示电极和参比电极,其中指示电极是电位分析仪器的关键部件。

2. 精密毫伏计

该部件用以测定电位。用电位法测定离子活度时,如欲达到 2% 的精确度,电位测量应精确到 0.2 mV 数量级。

3. 搅拌装置

测定过程中应连续搅拌溶液,以缩短电极响应时间。常用磁力搅拌器。

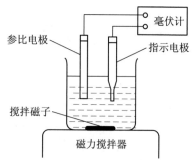

图 4-15 电位测量示意图

4. 试液容器

离子选择性电极具有较高的阻抗,如玻璃电极阻抗高达 10^8 Ω 以上,因此要求精密毫伏计也要有不低于 10^{10} Ω 的高输入阻抗与之匹配,这样,通过电池回路的电流小,可实现零电流测定。

与其他仪器分析法一样,电位分析仪器应有较好的稳定性以保证测量的精密度和准确度。

二、电位滴定法常用仪器

电位滴定法的装置由五部分组成,即指示电极、参比电极、搅拌器、测量仪表、滴定装置。

图 4-16(a)是手动电位滴定装置结构示意图。滴定装置是普通滴定管,控制滴定管滴出的滴定剂的体积,测定相应的电池电动势。在接近滴定终点时,每次滴入的滴定剂的体积要小一些。

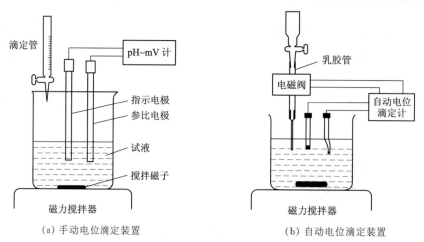

(a)手动电位滴定装置   (b)自动电位滴定装置

图 4-16 手动电位滴定装置和自动电位滴定装置

自动电位滴定的装置如图 4-16(b)所示。在滴定管末端连接可通过电磁阀的细乳胶管，此管下端接上毛细管。滴定前，根据具体的滴定对象为仪器设置电位(或 pH)的终点控制值(理论计算值或滴定实验值)。滴定开始时，电位测量信号使电磁阀断续开关，滴定自动进行。电位测量值到达仪器设定值时，电磁阀自动关闭，滴定停止。

 **仪器介绍**

视频:pH 计的
使用与校准

PHS-3C 型数字式酸度计

一、仪器简介

PHS-3C 型数字式酸度计是直流放大式酸度计，采用高输入阻抗、低漂移的集成运算放大器对电极传出信号直接进行放大，并由 A/D 变换器把模拟信号变为数字信号，用三位十进制数字显示器显示结果。该仪器可直接用来测定水溶液的 pH 和测量电极电位。配上适当的离子选择性电极，可用于对应离子的浓度分析，还可作为电位滴定分析的终点显示仪表。该仪器结果准确、直观，使用方便，可广泛应用于医疗卫生部门、制药企业、大专院校、科研单位、工矿企业及环保部门等。

仪器由 PHS-3C 主机、pH 复合电极、升降架、电极夹等组成。图 4-17 是仪器主机的前、后面板功能示意图。

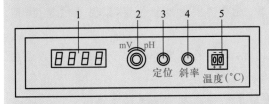

(a) 前面板

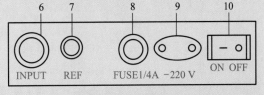

(b) 后面板

1—数码显示器;2—功能选择(mV,pH);3—定位调节器;4—斜率调节器;5—温度补偿调节器;6—输入电极插座(Q9 插座);
7—参比接线柱(REF);8—保险丝座(1/4 AMP);9—电源插座(220 V,交流电);10—电源开关。

图 4-17　PHS-3C 型数字式酸度计前面板和后面板示意图

二、仪器使用方法

1. 使用前的准备

(1) 把仪器平放于桌面,支撑好底面支架。

(2) 将参比电极,已活化(24 h)的测量电极,标准缓冲溶液和待测溶液准备就绪。

(3) 接通电源,仪器预热 30 min,然后进行测量。

2. "mV"挡的测量

当需要直接测定电池电动势的值或测量-1 999～+1 999 mV 范围电压值时,可在"mV"挡进行。

(1) 将功能选择开关拨至"mV"挡,仪器工作在测量电压值(mV)状态,此时仪器定位调节器、斜率调节器和温度补偿器调节器均不起作用。

(2) 将 Q9 短路插头旋上后面板输入电板插座上,并旋紧,调节底板上"调零"电位器,使仪器显示"000"(通常情况下不需要调零)。

(3) 旋下短路插头,将测量电极插头旋上输入电极插座,并旋紧,同时将参比电极接入后面板上参比接线柱(若使用复合电极无需接入参比电极),并迅速将两个电极插入被测溶液内。待仪器稳定数分钟后,仪器显示值即为所测溶液的电压值。

3. pH 测量

在测量溶液 pH 前,需先对仪器进行标定,通常采用两点定位标定法,操作步骤如下。

(1) 将功能选择开关置于"mV"挡,仪器先调零[步骤同上面"2.'mV'挡的测量"中(1)(2)操作],调零后将功能选择开关拨至"pH"挡,此时仪器有一任意显示数,将温度补偿调节器拨至被测溶液的温度。

(2) 定位:将参比电极接入参比接线柱(若使用复合电极无需接入参比电极),将活化后的测量电极旋入后面板输入电极插座上,并将它们迅速移入 $pH_1 = 4.00$ 的标准 pH 缓冲溶液中,调节定位调节器旋钮,使仪器显示为"4.00"pH。

(3) 取出电极,用去离子水冲洗,滤纸吸干电极表面水分,然后再移入 $pH_2 = 9.18$ 的标准 pH 缓冲溶液中,待仪器响应稳定后,调节斜率调节器旋钮,使仪器显示为 $\Delta pH = pH_2 - pH_1 = 5.18$ pH,此后请不要动斜率调节器旋钮,重新调节定位调节器旋钮,使仪器显示 $pH_2 = 9.18$ pH(以上所显示的 pH 均为标准缓冲溶液在 25 ℃情况下的显示值)。

(4) 至此,仪器已标定结束,保持定位调节器、斜率调节器旋钮位置,以免影响精度,即可测定被测溶液的 pH。

(5) 若测量样品温度与标准溶液温度不一致时,只需将温度补偿调节器拨至样品温度值即可测量。

(6) 经过上述两点定位法标定仪器,其测量结果精确。若精度不必很高时,可用"一点定位法"标定仪器,其方法是采用一种较接近被测样品 pH 的标准溶液标定,此时斜率调节器旋钮应逆时针旋到头(转换系数为 100%),调整温度补偿调节器至被测溶液温度值,再调节定位调节器旋钮,使仪器显示该标准溶液的 pH,然后即可测量样品。

注:如果测量 pH 精度要求较高时,请注意修正标准缓冲溶液在当时溶液温度下的 pH。

📖 **阅读材料**   **电化学生物传感器**

传感器与通信系统和计算机共同构成现代信息处理系统。传感器相当于人的感官,是计算机与自然界及社会的接口,是为计算机提供信息的工具。

传感器通常由敏感(识别)元件、转换元件、电子线路及相应结构附件组成。生物传感器是指用固定化的生物体成分(酶、抗原、抗体、激素等)或生物体本身(细胞、细胞器、组织等)作为敏感元件的传感器。电化学生物传感器则是指由生物材料作为敏感元件,电极(固体电极、离子选择性电极、气敏电极等)作为转换元件,以电动势或电流为特征检测信号的传感器。由于使用生物材料作为传感器的敏感元件,所以电化学生物传感器具有高度选择性,是快速、直接获取复杂体系组成信息的理想分析工具。一些研究成果已在生物技术、食品工业、临床检测、医药工业、生物医学、环境分析等领域获得实际应用。

根据敏感元件所用生物材料的不同,电化学生物传感器分为酶电极传感器、微生物电极传感器、电化学免疫传感器、组织电极与细胞器电极传感器、电化学 DNA 传感器等。

1. 酶电极传感器

以葡萄糖氧化酶(GOD)电极为例简述其工作原理。在 GOD 的催化下,葡萄糖($C_6H_{12}O_6$)被氧气氧化生成葡萄糖酸($C_6H_{12}O_7$)和过氧化氢。

根据上述反应,显然可通过氧电极(测氧的消耗)、过氧化氢电极(测 H_2O_2 的产生)和 pH 电极(测酸度变化)来间接测定葡萄糖的含量。因此只要将 GOD 固定在上述电极表面即可构成测葡萄糖的 GOD 传感器。这便是所谓的第一代酶电极传感器。这种传感器由于是用间接测定法,故干扰因素较多。第二代酶电极传感器是采用氧化还原电子媒介体在酶的氧化还原活性中心与电极之间传递电子。第二代酶电极传感器可不受测定体系的限制,测量浓度线性范围较宽,干扰少。现在不少研究者又在努力发展第三代酶电极传感器,即酶的氧化还原活性中心直接和电极表面交换电子的酶电极传感器。目前已有的商品酶电极传感器包括:GOD 电极传感器、L-乳酸单氧化酶电极传感器、尿酸氧化酶电极传感器等。在研究中的酶电极传感器则非常多。

2. 微生物电极传感器

将微生物(常用的主要是细菌和酵母菌)作为敏感材料固定在电极表面构成的电化学生物传感器称为微生物电极传感器。其工作原理大致可分为三种类型:① 利用微生物体内含有的酶(单一酶或复合酶)系来识别分子,这种类型与酶电极类似;② 利用微生物对有机化合物的同化作用,通过检测其呼吸活性(摄氧量)的提高,即通过氧电极测量体系中氧的减少间接测定有机化合物的浓度;③ 通过测定电极敏感的代谢产物间接测定一些能被厌氧微生物所同化的有机化合物。

微生物电极传感器在发酵工业、食品检验、医疗卫生等领域都有应用。例如,在食品发酵过程中测定葡萄糖的佛鲁奥森假单胞菌电极;测定甲烷的鞭毛甲基单胞菌电极;测定抗生素头孢菌素的弗氏柠檬酸杆菌电极等。微生物电极传感器由于价廉、使用寿命长而具有很好的应用前景,然而它的选择性和长期稳定性等还有待进一步提高。

3. 电化学免疫传感器

抗体对相应抗原具有唯一性识别和结合功能。电化学免疫传感器就是利用这种识别和结合功能将抗体或抗原和电极组合而成的检测装置。

电化学免疫传感器的例子有:诊断早期妊娠的 hCG 免疫传感器;诊断原发性肝癌的甲胎蛋白(AFP 或 αFP)免疫传感器;测定人血清蛋白(HSA)免疫传感器;还有 IgG 免疫传感器、胰岛素免疫传感器等。

4. 组织电极与细胞器电极传感器

直接采用动植物组织薄片作为敏感元件的电化学传感器称组织电极传感器,其原理是利用动植物组织中的酶,优点是酶活性及其稳定性均比离析酶高,材料易于获取,制备简单,使用寿命长等。但在选择性、灵敏度、响应时间等方面还存在不足。

动物组织电极主要有：肾组织电极、肝组织电极、肠组织电极、肌肉组织电极、胸腺组织电极等。测定对象主要有：谷氨酰胺、α-氨基酸、H_2O_2、胰岛素、腺苷等。植物组织电极敏感元件的选材范围很广，包括不同植物的根、茎、叶、花、果等。植物组织电极制备比动物组织电极更简单，成本更低并易于保存。

细胞器电极传感器是利用动植物细胞器作为敏感元件的传感器。细胞器是指存在于细胞内的被膜包围起来的微小"器官"，如线粒体、微粒体、溶酶体、过氧化氢体、叶绿体、氢化酶颗粒、磁粒体等。

5. 电化学 DNA 传感器

电化学 DNA 传感器是近几年迅速发展起来的一种全新思想的生物传感器。其用途是检测基因及一些能与 DNA 发生特殊相互作用的物质。电化学 DNA 传感器是利用单链 DNA(ssDNA)或基因探针作为敏感元件固定在固体电极表面，加上识别杂交信息的电活性指示剂(称为杂交指示剂)共同构成的检测特定基因的装置。其工作原理是利用固定在电极表面的某一特定序列的 ssDNA 与溶液中的同源序列的特异识别作用(分子杂交)形成双链 DNA(dsDNA)(电极表面性质改变)，同时借助一能识别 ssDNA 和 dsDNA 的杂交指示剂的电流响应信号的改变来达到检测基因的目的。

生物电化学所涉及的面非常广，内容很丰富。以上介绍的只是该交叉学科一些领域的概况。可以相信，随着相关学科的发展，生物电化学将进一步蓬勃发展。

本 章 小 结

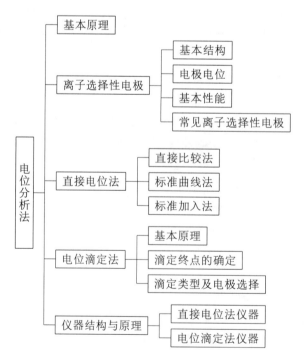

思考与练习

1. 用银离子选择性电极作指示电极,电位滴定测定牛奶中氯离子含量时,如以饱和甘汞电极作为参比电极,双盐桥应选用的溶液为(　　)。

(1) KNO_3　　　　　　　　　　(2) KCl

(3) KBr　　　　　　　　　　　(4) KI

2. pH 玻璃电极产生的不对称电位来源于(　　)。

(1) 内外玻璃膜表面特性不同　　　(2) 内外溶液中 H^+ 浓度不同

(3) 内外溶液的 H^+ 活度系数不同　(4) 内外参比电极不同

3. $M_1 | M_1^{n+} \| M_2^{m+} | M_2$,在上述电池的图解表示式中,规定左边的电极为(　　)。

(1) 正极　　　　　　　　　　(2) 参比电极

(3) 阴极　　　　　　　　　　(4) 阳极

4. 用离子选择性电极标准加入法进行定量分析时,对加入标准溶液的要求为(　　)。

(1) 体积要大,其浓度要高　　　　(2) 体积要小,其浓度要低

(3) 体积要大,其浓度要低　　　　(4) 体积要小,其浓度要高

5. 离子选择性电极的电位选择性系数可用于(　　)。

(1) 估计电极的检测限　　　　　(2) 估计共存离子的干扰程度

(3) 校正方法误差　　　　　　　(4) 计算电极的响应斜率

6. pH 玻璃电极产生酸误差的原因是(　　)。

(1) 玻璃电极在强酸溶液中被腐蚀

(2) H^+ 度高,它占据了大量交换点位,pH 偏低

(3) H^+ 与 H_2O 形成 H_3O^+,结果 H^+ 降低,pH 增高

(4) 在强酸溶液中水分子活度减小,使 H^+ 传递困难,pH 增高

7. 用氟离子选择性电极的标准曲线法测定试液中 F^- 浓度时,对较复杂的试液需要加入_____试剂,其目的有:

(1) _____;

(2) _____;

(3) _____。

8. 氟离子选择性电极由_____单晶片制成,内参比电极是_____,内参比溶液由_____组成。

9. 电位法测量时,在溶液中浸入两个电极,一个是_____电极,另一个是_____电极,在零电流条件下,测量所组成电池的_____。

10. 何谓指示电极及参比电极? 试各举例说明其作用。

11. 加入总离子强度调节缓冲溶液的作用是什么?

12. 电位测定法的根据是什么?

13. 计算下述电池中的溶液是 pH 等于 4.00 的缓冲溶液时,在 298 K 时用毫伏计测得下列电池的电动势为 0.209 V:

$$玻璃电极 | H^+(a=x) \| 饱和甘汞电极$$

当缓冲溶液由三种未知溶液代替时,毫伏计读数如下:(a)0.312 V;(b)0.088 V;(c)−0.017 V。试计算每种未

知溶液的 pH。

14. 用氟离子选择性电极测定某一含 F⁻ 的样品溶液 50.0 mL,测得其电位为 86.5 mV。加入 5.00×10^{-2} mol·L⁻¹氟标准溶液 0.50 mL 后测得其电位为 68.0 mV。已知该电极的实际斜率为 59.0 mV/pF,试求样品溶液中 F⁻ 的浓度为多少。

15. 设溶液中 pBr $=3$,pCl $=1$。如用溴离子选择性电极测定 Br⁻ 活度,将产生多大误差?已知电极的选择性系数 $K_{Br^-, Cl^-} = 6 \times 10^{-3}$。

 实验

实验一 直接电位法测定土壤 pH

一、目的要求

1. 掌握土壤酸碱度的测定方法。

2. 熟悉酸度计的使用。

二、基本原理

土壤 pH 是土壤酸碱度的指标,是土壤的基本性质和肥力的重要影响因素之一,直接影响土壤养分的存在状态、转化和有效性,从而影响植物的生长发育。土壤 pH 易于测定,常用作土壤分类、利用、管理和改良的重要参考。本实验采用直接电位法,以水为浸提剂,水土比为 2.5∶1,将指示电极和参比电极(或 pH 复合电极)浸入土壤悬浮液时,构成原电池,在一定温度下,其电动势与悬浊液的 pH 有关,通过测定原电池的电动势即可得到土壤的 pH。如果在酸度计上测定,可经过标准缓冲溶液校正后直接读取 pH。

三、仪器与试剂

1. 仪器

酸度计,精确到 0.01pH 单位,具有温度补偿功能;pH 玻璃电极和甘汞电极(或 pH 复合电极);分析天平(感量为 0.1 g);磁力搅拌器;土壤筛,孔径 2 mm(10 目);容量瓶、烧杯、烧瓶等。

2. 试剂

(1) 实验用水。即去除二氧化碳的新制备蒸馏水或纯水。将水注入烧瓶中,煮沸 10 min,放置冷却。临用现制。

(2) pH 4.01(25 ℃)标准缓冲溶液。称取 10.1 g 邻苯二甲酸氢钾置于烧杯中,溶解后转入 1 000 mL 容量瓶中,用实验用水稀释至刻度。也可直接采用符合国家标准的标准溶液。

(3) pH 6.86(25 ℃)标准缓冲溶液。分别称取 3.4 g 磷酸二氢钾和 3.5 g 无水磷酸氢二钠置于烧杯中,溶解后转入 1 000 mL 容量瓶中,用实验用水稀释至刻度。也可直接采用符合国家标准的标准溶液。

(4) pH 9.18(25 ℃)标准缓冲溶液。称取 3.8 g 四硼酸钠置于烧杯中,溶解后转入 1 000 mL 容量瓶中,用实验用水稀释至刻度。也可直接采用符合国家标准的标准溶液。

（5）土壤样品。采集土壤后,进行风干、粉碎和过筛,制备后的样品如果不即刻测定,应密封保存,以免受大气中氨和酸性气体的影响,同时避免日晒、高温、潮湿的影响。

四、实验步骤

1. 样品溶液的制备

称取 10 g 土壤样品置于 50 mL 烧杯中,加入 25 mL 实验用水,将烧杯用封口膜或保鲜膜密封后,用磁力搅拌器搅拌 2 min,静置 30 min,在 1 h 内完成测定。

2. 仪器标定

（1）在仪器测量状态下,清洗电极,并放入 pH 6.86(25 ℃)标准缓冲溶液中。

（2）测量标准缓冲溶液的温度,并将酸度计的温度补偿旋钮调节到该温度。有自动温度补偿功能的仪器,可省略此步骤。

（3）待 pH 读数稳定后,在"定位"状态下,调节仪器显示值与标准缓冲溶液 pH 一致,即完成一点标定(斜率为 100%),可进行样品溶液 pH 的测定。如果需要两点标定,则继续下列操作。

（4）清洗电极,并将电极放入 pH 4.01(25℃)标准缓冲溶液(酸性土壤用此溶液)中,或放入 pH 9.18(25 ℃)标准缓冲溶液(碱性土壤用此溶液)中,在"斜率"状态下,调节仪器显示值与标准缓冲溶液的 pH 一致。

（5）重复步骤(3)和(4),直至仪器 pH 显示值与相应标准缓冲溶液的 pH 一致,即完成两点标定,可进行样品溶液 pH 的测定。

3. 样品溶液 pH 的测定

将经过清洗、用滤纸吸干的电极插入样品的悬浮液,电极探头浸入液面下悬浮液垂直深度的 1/3～2/3 处,轻轻摇动烧杯,静置片刻,待读数稳定(在 5 s 内 pH 变化不超过 0.02)时记下 pH。样品测完后,立刻用实验用水冲洗电极,并用滤纸将电极外部水吸干,再测定下一个样品。

五、数据记录与处理

记录被测溶液的 pH,并比较两种方法测得的样品 pH 的差异。

六、讨论与思考

1. 在测量溶液 pH 时,为什么酸度计要用标准 pH 缓冲溶液进行标定?

2. 本实验水土比为 2.5∶1,若增加或减小水土比,测量结果会发生怎样变化?

实验二　离子选择性电极法测定天然水中的 F⁻

一、目的要求

1. 理解用氟离子选择性电极测定 F⁻ 的实验原理。

2. 掌握标准曲线法测定 F⁻ 的操作技术。

二、基本原理

氟离子选择性电极:敏感膜-LaF₃ 均相单晶膜(掺有微量 EuF₂,利于导电)。氟离子电极与饱和甘汞电极组成原电池：

$$Ag, AgCl \mid NaF, NaCl \mid LaF_3 \mid F^- 试液 \mid KCl(饱和), Hg_2Cl_2 \mid Hg$$

$$E = \varphi_{SCE} - \varphi_{F^-} = \varphi_{SCE} - \left(K - \frac{2.303\,RT}{nF} \lg a_{F^-} \right) = K' + \frac{2.303\,RT}{nF} \lg a_{F^-}$$

测量时，加入总离子强度调节缓冲液（由柠檬酸钠、大量 NaCl 及 HAc、NaAc 组成），以维持离子强度恒定。则

$$E = K'' + \frac{2.303\,RT}{nF} \lg c_{F^-}$$

要得到准确结果，需控制测量条件如下。

（1）pH＝5～6。

（2）搅拌速度要均匀。

（3）温度：待测液与标准溶液的温度应相同（否则，测量的电位值会产生漂移，引起活度或浓度测量值的误差）。

（4）测定顺序：测定标准溶液时，按浓度先低后高的顺序，以消除电极的"记忆效应"。

本实验采用标准曲线法测定 F^- 浓度，即配制成不同浓度的 F^- 标准溶液，测定工作电池的电动势，并在同样条件下测得待测液的 E_x，由标准曲线查得待测液中的 F^- 浓度。

三、仪器与试剂

1. 仪器

PHS－2 型酸度计或其他类型的酸度计；氟离子选择性电极；饱和甘汞电极；电磁搅拌器；容量瓶（1 000 mL、500 mL、100 mL）；吸量管（10 mL）；烧杯等。

2. 试剂

（1）0.100 mol·L^{-1} F^- 标准溶液。准确称取于 120 ℃干燥 2 h 并经冷却的优级纯 NaF 4.2 g 于小烧杯中，用水溶解后，转移至 1 000 mL 容量瓶中定容配成水溶液，然后转入洗净、干燥的塑料瓶中。

（2）总离子强度调节缓冲液（TISAB）。于 1 000 mL 烧杯中加入 500 mL 水和 57 mL 冰醋酸，58 g NaCl，12 g 柠檬酸钠（Na$_3$C$_6$H$_5$O$_7$·2H$_2$O），搅拌至溶解。将烧杯置于冷水中，用酸度计控制，缓慢滴加 6 mol·L^{-1} NaOH 溶液，至溶液的 pH＝5.0～5.5，冷却至室温，转入 1 000 mL 容量瓶中，用水稀释至刻度，摇匀。转入洗净后干燥的试剂瓶中。

（3）F^- 试液。浓度在 $10^{-1} \sim 10^{-2}$ mol·L^{-1}。

四、实验步骤

1. 将氟电极和饱和甘汞电极分别与 pH/mV 计相连，按下"mV"键，打开开关预热仪器。

2. 清洗电极：取去离子水 50～60 mL 于小塑料烧杯中，插入氟电极和饱和甘汞电极，在磁力搅拌器上搅拌 2～3 min，读取电位值（应用去离子水洗至＞300 mV，即接近最大空白值，以保证最好的工作性能）。

3. 工作曲线法

（1）制作标准曲线：配制 1.0×10^{-2} mol·L^{-1}、1.0×10^{-3} mol·L^{-1}、1.0×10^{-4} mol·L^{-1}、

1.0×10^{-5} mol·L^{-1}、1.0×10^{-6} mol·L^{-1} 的 F$^-$ 标准溶液(内含 0.05 mol·L^{-1}pH＝6 的柠檬酸钠缓冲溶液)。

(2) 将电极洗净,按浓度由小到大的顺序,将标准溶液倒入小塑料烧杯中,插入电极(每次测量前,无需清洗电极,但要用定性滤纸吸干),在磁力搅拌器上搅拌,读取稳定的电位值并记录。

(3) 水样的测定:移取 250 mL 自来水样,置于 500 mL 容量瓶中,加入 50 mL(用吸量管)0.5 mol·L^{-1} 的柠檬酸钠缓冲溶液,用去离子水定容,摇匀。

取部分于小塑料烧杯中,插入洗净的电极,按方法(1)读取稳定的电位值并记录 E_x。

4. 一次标准溶液加入法

(1) 准确移取水样 25.00 mL 于小塑料烧杯中,加入 0.5 mol·L^{-1} 的柠檬酸钠 5.0 mL,去离子水 20.0 mL,插入洗净的电极,在磁力搅拌器上搅拌,读取稳定的电位值并记录(E_1)。

(2) 再准确加入 1.0×10^{-3} mol·L^{-1} 的 F$^-$ 标准溶液 1.00 mL,同样测量出稳定的电位值并记录(E_2)。计算出 ΔE。

五、数据记录与处理

绘制 E - lgc_{F^-} 标准曲线。据水样的 E_x 查出其对应的浓度,计算水样中 F$^-$ 的含量(mg·L^{-1})。据步骤 4 中的 ΔE 及从标准曲线上计算得到的斜率 S,代入下列公式,计算水样中 F$^-$ 的含量(mol·L^{-1})。

$$c_{F^-} = \Delta c \ (10^{\Delta E/S} - 1)^{-1}$$
$$\Delta c = c_s V_s / V_0$$

(1) 工作曲线法测定自来水中的 F$^-$。

c_{F^-} /(mol·L^{-1})	1.0×10^{-6}	1.0×10^{-5}	1.0×10^{-4}	1.0×10^{-3}	1.0×10^{-2}	水样
电位 E/V						
$c_{F^-水样}$/(mol·L^{-1})						

绘制 E - lgc_{F^-} 标准曲线。

(2) 一次标准溶液加入法测定自来水中的 F$^-$。

项目	数值	项目	数值
水样电位 E_1/V		$c_{标}$/(mol·L^{-1})	
(水样＋F$^-$标准溶液)电位 E_2/V		$V_{标}$/mL	
ΔE/V		$c_{F^-水样}$/(mol·L^{-1})	
工作曲线斜率 S			

六、讨论与思考

1. 氟电极在使用时应注意哪些问题?

2. 柠檬酸盐在测量溶液中起了哪些作用?

实验三　电位滴定法测定自来水中氯离子的含量

一、目的要求

1. 学习电位滴定法的基本原理和操作技术。

2. 掌握电位滴定法中数据的处理方法。

3. 了解电位滴定法在环境检测中的应用。

二、基本原理

氯离子是水和废水中常见的一种阴离子,氯离子含量过高会造成饮水苦咸味、土壤盐碱化、管道腐蚀、植物生长困难,并危害人体健康,因此必须严格控制氯离子的排放浓度。电位滴定法是根据滴定过程中指示电极电位变化来确定终点的容量分析方法。用 $AgNO_3$ 滴定 Cl^- 时发生反应: $Ag^+ + Cl^- \longrightarrow AgCl \downarrow$。用银电极或氯离子选择性电极为指示电极,双液接饱和甘汞电极为参比电极,浸入被测溶液,组成工作电池,用 $AgNO_3$ 标准溶液滴定时,随着滴定剂的加入,溶液中 Cl^- 或 Ag^+ 浓度发生变化,电池电动势发生变化,且在反应终点附近发生突变。本实验采用一阶微商和二阶微商法确定反应终点,根据终点时 $AgNO_3$ 标准溶液的滴定体积,计算水样中 Cl^- 含量。

三、仪器与试剂

1. 仪器

自动电位滴定仪(可用酸度计代替);银电极,双盐桥饱和甘汞电极;磁力搅拌器;滴定管、容量瓶、移液管等。

2. 试剂

$AgNO_3$ 标准溶液($0.050\ mol \cdot L^{-1}$);KNO_3 固体。

四、实验步骤

1. 水样的制备

准确移取 50.00 mL 自来水于 100 mL 容量瓶中,KNO_3 固体 4 g,溶解后用蒸馏水稀释至刻度,摇匀。

2. 手动电位滴定

取 25.00 mL 水样置于 100 mL 烧杯中,加入磁子,将烧杯置于磁力搅拌器上。将电极浸入试液中,银电极接酸度计负极,双盐桥饱和甘汞电极接正极,用手动电位滴定法进行滴定,每滴加一次硝酸银溶液记录一次电位值。开始阶段,读数间隔可先大些(1~2 mL),至一定量后,电位读数变化较大,则预示临近终点,此时应逐滴加入 $AgNO_3$ 标准溶液(0.5~0.2 mL),并记录电位变化,直至继续加入 $AgNO_3$ 标准溶液后电位变化不再明显为止。滴定结束后,根据记录数据作图法或二阶微商法求出化学计量点的电位值。

3. 自动电位滴定

取 25.00 mL 水样置于烧杯中,按照自动电位滴定操作方法进行滴定,记录 $AgNO_3$ 标准溶液的滴定体积,平行测定三次。实验结束后,用蒸馏水洗净电极,使仪器复原。

五、数据记录与处理

1. 手动电位滴定数据

根据实验所得 E 值与 V 值,分别计算一阶微商 $\Delta E/\Delta V$(相邻两次的电位差与相应滴定液体积差之比)和二阶微商 $\Delta^2 E/\Delta^2 V$(相邻 $\Delta E/\Delta V$ 值间的差与相应滴定液体积差之比)值,以 $\Delta E/\Delta V$ 或 $\Delta^2 E/\Delta^2 V$ 作为纵坐标,以相应滴定液体积为横坐标作图。一阶微商曲线极值处或二阶微商曲线过零时的对应体积即为滴定终点消耗的 $AgNO_3$ 标准溶液的体积,对应的电位数值为终点的电位值。若没有自动电位滴定仪,可直接根据消耗的 $AgNO_3$ 标准溶液的体积,计算水样中 Cl^- 的含量($mg \cdot L^{-1}$)。

测定次数	E/mV	V/mL	$\Delta E/mV$	$\Delta V/mL$	$\Delta E/\Delta V$	$\Delta^2 E/\Delta^2 V$
1						
2						
3						

2. 根据自动电位滴定操作得到的 $AgNO_3$ 标准滴定溶液的体积,计算自来水中 Cl^- 离子含量($mg \cdot L^{-1}$)。

计算公式:$C_{Cl^-} = \dfrac{V_{AgNO_3} \times C_{AgNO_3} \times 34.45}{V_{水样}} \times 2 \times 1\,000\ mg \cdot L^{-1}$

式中,V_{AgNO_3} 为滴定终点消耗的 $AgNO_3$ 标准溶液的体积(ml);

C_{AgNO_3} 为 $AgNO_3$ 标准溶液的浓度($mol \cdot L^{-1}$);

34.45 为 Cl 为摩尔质量($g \cdot mol^{-1}$);

$V_{水样}$ 为移取水样的体积(ml);

2 为水样制备的稀释倍数。

六、讨论与思考

1. 与化学分析中的容量法相比,电位滴定法有何特点?

2. 在配制水样过程中为什么要加入 KNO_3?

第五章　库仑分析法

学习目标

知识目标：

● 熟悉法拉第电解定律。

● 了解影响电流效率的因素及消除方法。

● 理解控制电位库仑分析方法。

● 掌握恒电流库仑滴定的方法原理及应用。

能力目标：

● 能掌握恒电流库仑滴定的基本技术。

● 能掌握终点指示方法及电生滴定剂的产生方式。

● 能操作常用库仑仪。

资源链接

动画资源：

1. 电解装置；　2. 氢氧气体库仑计

动画：电解
装置

库仑分析法是以测量电解过程中被测物质在电极上发生电化学反应所消耗的电荷量来进行定量分析的一种电化学分析法。它的理论依据是法拉第电解定律。库仑分析法要求工作电极上没有其他的电极反应发生，电流效率必须达到 100％；电解过程的电荷量要有准确的测定方法；电解的终点要有合适的方法做出准确的指示。根据电解方式分为控制电位库仑分析法和恒电流库仑滴定法。

第一节　库仑分析法的基本原理

一、电解现象和电解电荷量

1. 电解现象

电解是利用外部电能使化学反应向非自发方向进行的过程。在电解池的两个电极上，加上一直流电压。由于外加电压的作用,导致电极上发生氧化还原反应(电极反应),同时伴随着电流流过,这一过程称为电解现象。在电解过程中,电能通过电解池转化为化学能。电解池的负极为阴极,它与外加电源的负极相连接,电解时阴极上发生还原反应;电解池的正极是阳极,它与外加电源的正极相连接,电解时阳极上发生氧化反应。

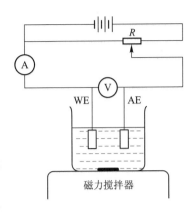

图 5-1 是一种电解装置,主要由电解池(包括电极、电解溶液及搅拌器)、外加电压装置(分压器)及显示仪器三部分。其中电极部分包括工作电极和辅助电极(或对电极)。借以反映离子浓度、发生所需电化学反应或响应激发信号的电极称为工作电极;提供电子传导的场所,但电极上的反应并非实验中所要研究或测量的电极称为辅助电极(或对电极)。工作电流很小时,参比电极可作为辅助电极(如电

WE 为工作电极;AE 为辅助电极(对电极)。

图 5-1 电解装置示意图

位分析方法中的参比电极即为辅助电极);当工作电流较大时,参比电极将难以负荷,其电位亦不稳定,此时应再加上一"辅助电极",构成所谓的"三电极系统"来测量或控制工作电极的电位。

【例 5-1】 在含有 $0.1\ mol\cdot L^{-1}\ CuSO_4$ 的 $0.1\ mol\cdot L^{-1}$ H_2SO_4 溶液中浸入两个铂电极,电极通过导线分别与直流电源的正极和负极连接,如果在两个电极上加足够大的电压,会发生电解现象,试写出正负极上的电极反应和整个电解反应。

【解】 溶液的电解过程可以用图 5-2 表示。接通电源后,电解液中的 Cu^{2+}、H^+ 移向阴极,SO_4^{2-}、少量的 OH^- 移向阳极。从电源负极输出的电子,通过导线传送到阴极,由于 Cu^{2+} 的得电子能力强而先进行还原反应,获得电子而成金属 Cu 沉积于铂阴极上。与此同时,阴离子在阳极释放电子。溶液中虽有 SO_4^{2-} 向阳极移动但在阳极释放电子的不是 SO_4^{2-},而是少量 OH^-。OH^- 进行氧化反应,释放电子而生成的 O_2 在铂阳极上逸出。因此,电解反应为:

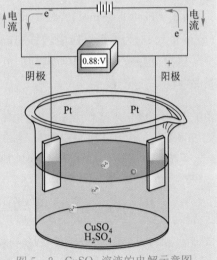

图 5-2 $CuSO_4$ 溶液的电解示意图

阴极反应 $Cu^{2+}+2e^-\!=\!\!=\!\!=Cu\downarrow$

阳极反应 $2H_2O\!=\!\!=\!\!=O_2\uparrow+4H^++4e^-$

电解反应 $2Cu^{2+}+2H_2O\!=\!\!=\!\!=4H^++O_2+2Cu$

2. 电解电荷量

在电解过程中,由电极反应产生的电流,称为电解电流,用 i(A,安培)表示。电解电流的大小反映了电极反应进行的速率。电解过程中电流可以积分为电荷量,用 Q(C,库仑)表示。它反映了电化学反应的物质的总量。电解电荷量与电解电流之间的关系为:

$$Q=\int_0^t i\,dt \qquad\qquad (5-1)$$

式中：t 为电解时间，单位为 s(秒)。如果电解过程中电流恒定，则

$$Q = it \qquad (5-2)$$

二、法拉第电解定律(库仑定律)

进行电解反应时，在电极上发生的电化学反应与溶液中通过电荷量之间的关系，可以用法拉第电解定律描述。

法拉第电解定律包括两方面内容。

(1) 电流通过电解质溶液时，物质在电极上析出的质量 m 与通过电解池的电荷量成正比。数学表达式为：

$$m \propto Q \qquad (5-3)$$

(2) 相同的电荷量通过各种不同的电解质溶液时，在电极上所获得的各种产物的质量与它们的摩尔质量成正比。

设电解反应为：$A + ne^- \Longrightarrow B$，则在通过 Q 电荷量后，生成的电解产物 B 的质量为：

$$m = \frac{Q}{nF}M \qquad (5-4)$$

式中：$F = 96\ 487\ \text{C·mol}^{-1}$，为 1 mol 电子的电荷量，称为法拉第常数；$M$ 为物质的摩尔质量(g·mol^{-1})；n 为电极反应中转移的电子数；$Q/(nF)$ 为电解产物的物质的量(mol)。

通过测量电解过程中所消耗的电荷量即可求得电极反应物质的质量，这是库仑分析的定量依据。

【例 5-2】 例 5-1 中，如果通过电解池的电流为 0.500 A，电流效率为 100%，在通电 24.12 min 后，在阳极和阴极上得到的产物分别是多少克？

【解】 根据例 5-1 的结果，在阳极上，每通过(4 mol)F 的电荷量，就有 1 mol 即 32 g 的 O_2 析出，因此该电解反应阳极上析出 O_2 的质量为：

$$m(O_2) = \frac{0.500\ \text{A} \times 60\ \text{s} \times 24.12}{4\ \text{mol} \times 96\ 487\ \text{C·mol}^{-1}} \times 32\ \text{g·mol}^{-1} = 6.0 \times 10^{-2}\ \text{g}$$

在阴极上，每通过(2 mol)F 的电荷量，就有 1 mol 即 63.5 g 的 Cu 析出，因此该电解反应阴极上析出 Cu 的质量为：

$$m(Cu) = \frac{0.500\ \text{A} \times 60\ \text{s} \times 24.12}{2\ \text{mol} \times 96\ 487\ \text{C·mol}^{-1}} \times 63.5\ \text{g·mol}^{-1} = 0.238\ \text{g}$$

三、电流效率的影响因素

对于库仑分析来说，通过电解池的电荷量应该全部用于测量物质的电极反应，即待测物质的电流效率应为 100%，这是库仑分析的先决条件。即电极反应是单一的，没有其他副反应发生。但实际应用中由于副反应的存在，使电流效率难以达到 100%，主要有以下影响因素。

1. 溶剂的电解

电解一般在水溶液中进行,水可以参加电极反应而被电解,消耗一定的电荷量。水引起的副反应主要是 H^+ 的还原和 H_2O 的氧化,即发生阴极释氢、阳极释氧的反应。水的电化学氧化或还原反应受电解质溶液 pH 和电位的影响,因此,防止水电解的办法是控制合适的电解电位、控制合适的 pH 及选择超电位高的电极。例如,为了避免 H^+ 还原反应的干扰,常采用对氢的超电位较高材料作电极(如汞电极),同时在测定中应尽量降低溶液中氢离子的浓度。

2. 杂质的电解

电解质溶液中的杂质可能是试剂的引入或样品中的共存物质,在控制的电位下会电解而产生干扰。消除的办法是试剂提纯或空白扣除,也可以对试剂中的杂质进行分离或掩蔽。

3. 溶液中溶解氧的电解

电解质溶液中往往存在微量的 O_2 称为溶解氧,在测试电极为阴极时,溶解氧可在电极上发生还原反应,生成 H_2O_2 或 H_2O。因此,在工作电极为阴极时,可事先向电解质溶液中通高纯 N_2 或 H_2 驱赶氧气,时间在 15 min 以上,然后进行库仑分析。必要时也可在分析过程中始终在电解池内维持 N_2 或 H_2 气氛。有时可在中性、弱碱性溶液中加入 Na_2SO_3,通过其与氧的化学反应来除氧。

4. 电极参与电极反应

有的惰性电极,如 Pt 电极,氧化电位很高,不易被氧化,电极电位高于 1.2 V 仍很稳定。但当电解质溶液中有配离子存在(如大量卤素离子)时,铂电极的氧化电位降至 0.7 V,使铂电极本身发生氧化,产生电极副反应,从而降低电流效率。防止办法是改变电解质溶液的组成或更换电极,如可换用石墨电极。

5. 电解产物的再反应

在有些情况下,一个电极上的产物与另一个电极上的产物反应,如测定碱时,Pt 对电极(阴极)上产生 OH^-,在搅拌下将与 Pt 工作电极(阳极)上产生的 H^+ 发生副反应,影响了电流效率。可用多孔陶瓷、玻璃砂或盐桥将两电极隔开,避免两电极上的产物发生副反应。有时电极反应产物与溶液中某物质再反应,如阴极还原 Cr^{3+} 为 Cr^{2+} 时,Cr^{2+} 会被 H^+ 氧化又重新生成 Cr^{3+}。克服的办法是改变电解质溶液。

以上的影响因素中,溶剂和杂质的电解是主要的因素。

第二节 控制电位库仑分析法

一、方法原理及装置

1. 方法原理

在实际工作中,阴极和阳极的电位都会发生变化。当样品中存在两种以上离子时,随着电解反应的进行,离子浓度将逐渐下降,电池电流也逐渐减小,此时仅依靠通过调节外加电压方式,会引起其他离子参与电极反应,影响电流效率,因此需要控制工作电极的电位。

　　控制电位库仑分析法又称恒电位库仑分析法,是在电解过程中,将工作电极的电位控制在待测组分析出电位上,使待测组分以 100％电流效率进行电解,随电解进行,由于被测组分浓度不断变小,电流也随之下降,当电解电流趋于零时,表明待测物质已经电解完全,此时停止电解。利用串联在电解电路中的库仑计,测量从电解开始到待测组分电解完全析出时消耗的电荷量,由法拉第电解定律计算出被测物质的含量。

　　2. 测量装置

　　图 5-3 是控制电位库仑分析法的基本装置,它包括电解池、库仑计和控制电极电位仪。在电解池与控制电极电位仪之间串联一库仑计,用以测定电荷量。工作电极与对电极之间构成电流回路系统,工作电极与参比电极之间构成电位测定及控制系统,常用的工作电极有铂、银、汞或碳电极等。

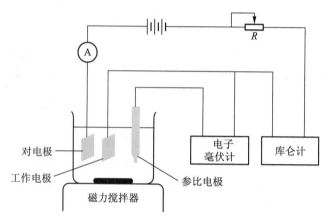

图 5-3　控制电位库仑分析法的基本装置示意图

二、电荷量的测定

电荷量大小用库仑计、积分仪或作图等方法测量。

1. 库仑计测量

　　在电路中串联一个用于测量电解中所消耗电荷量的库仑计。

　　(1) 质量库仑计。主要有银库仑计,结构如图 5-4 所示。以铂坩埚为阴极,银棒为阳极,用多孔瓷管把两极分开,坩埚内盛有 $1 \sim 2 \ mol \cdot L^{-1}$ 的 $AgNO_3$ 溶液,串联到电解回路上,电解时发生如下反应:

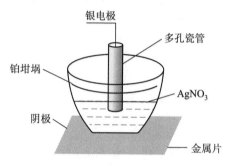

图 5-4　银库仑计

　　阴极反应　　$Ag^+ + e^- \Longrightarrow Ag$

　　阳极反应　　$Ag \Longrightarrow Ag^+ + e^-$

电解结束后,称量坩埚的增重,由析出银的量 m_{Ag} 算出所消耗的电荷量为:

$$Q=\frac{m_{\mathrm{Ag}}}{107.87\ \mathrm{g\cdot mol^{-1}}}\times 96\ 487\ \mathrm{C\cdot mol^{-1}}\tag{5-5}$$

此外还有钼库仑计、铜库仑计、汞库仑计等。

（2）气体库仑计。主要是氢氧气体库仑计，结构如图 5-5 所示。将装有 0.5 mol·L⁻¹ K₂SO₄ 溶液的电解管置于恒温水浴中，在管下方焊上两 Pt 片电极，串联到电解回路中，电解时，两 Pt 电极上分别析出 H₂ 和 O₂：

动画：氢氧气
体库仑计

阳极反应　　$2H_2O \Longequal O_2\uparrow +4H^+ +4e^-$

阴极反应　　$4H^+ +4e^- \Longequal 2H_2\uparrow$

电解结束后，刻度管电解前后液面之差为电解析出 H₂ 和 O₂ 混合气体的体积。从电极反应式及气体定律可知，在标准状况（273 K，101.325 kPa）下，通过（1 mol）F 电荷量（96 487 C）可产生 16 800 mL 混合气体（或每库仑可产生 0.174 1 mL 气体）。如果将测得的混合气体体积换算为标准状况下的体积 V(mL)，则电解所消耗的总电荷量为：

$$Q=\frac{V}{0.174\ 1\ \mathrm{mL\cdot C^{-1}}}\tag{5-6}$$

气体库仑计能准确测量 10 C 以上的电荷量，测量相对误差约为 ±0.1%。

2. 电子积分仪测量

电子积分仪测量电荷量是根据式(5-1)，采用电子线路进行电流-时间积分设计的，可直接由表头显示电解过程中消耗的电荷量。精确度可达 0.01~0.001 μC，非常方便、准确。

3. 作图法

在恒电位库仑分析中，电流随时间而衰减，电流与时间的关系如图 5-6 所示。

二者之间的函数关系为：

$$i=i_0\ 10^{-Kt}\tag{5-7}$$

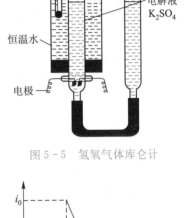

图 5-5　氢氧气体库仑计

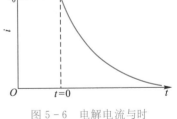

图 5-6　电解电流与时间的关系曲线

式中：i_0 为电解初始电流值；K 为与电极面积、离子扩散系数、电解液体积和扩散层厚度有关的常数。电解消耗的电荷量 Q 可通过积分上式得到：

$$Q=\int_0^t i\mathrm{d}t=\int_0^t i_0\ 10^{-Kt}\mathrm{d}t=\frac{i_0}{2.303K}(1-10^{-Kt})\tag{5-8}$$

当时间增加时，10^{-Kt} 减小。当 $Kt>3$ 时，10^{-Kt} 可以忽略，上式近似为：

$$Q=\frac{i_0}{2.303K}\tag{5-9}$$

式中：i_0 及 K 可通过作图法求得。对式(5-7)取对数,得：

$$\lg i_t = \lg i_0 - Kt \tag{5-10}$$

在电解过程中测定不同时间 t 时的电流 i_t,以 $\lg i_t$ 对 t 作图得一直线,由截距求得 i_0,由斜率求得 K,代入式(5-9)即可求得 Q。

由于电解时,电流随时间减小,电解时间较长,利用该方法测定电荷量比较困难。

三、特点及应用

1. 特点

控制电位库仑分析法具有以下主要特点。

(1) 该法是测量电荷量而非称量,对于电解产物不是固态物质或不易称量的反应也可以测定。例如,可以利用亚砷酸(H_3AsO_3)在铂阳极上氧化成砷酸(H_3AsO_4)的反应测定砷。因此,在有机化合物测定和生化分析及研究中有较独特的应用。

(2) 不需要基准物质,准确度高。一般库仑计测量电荷量的准确度较高,因而分析结果准确度高,相对误差可达 $\pm 0.1\% \sim \pm 0.5\%$。

(3) 灵敏度高。控制电位库仑分析法可以测定至 $0.01 \ \mu g$ 级的物质。

该法的不足之处是仪器构造相对较为复杂,杂质及背景电流影响不易消除,电解时间较长。

2. 应用

控制电位库仑分析法应用广泛。在无机元素分析方面,可应用于 50 多种元素的测定和研究,包括氢、氧、卤素等非金属元素,锂、钠、铜、银、金、铂等金属元素,以及镅、锏和稀土元素,在放射性元素铀和钍的分析上应用更多。它还可以测定一些阴离子如 AsO_3^{3-} 等。在有机化合物及生化方面应用也很广,如三氯乙酸、血清中尿酸等的测定都应用控制电位库仑分析法。

第三节 控制电流库仑分析法

一、方法原理及装置

1. 方法原理

控制电流库仑分析法又称恒电流库仑分析法或库仑滴定法。该法是以恒定的电流通过电解池,使工作电极上产生一种能够与溶液中待测组分反应的滴定剂,称电生滴定剂。反应的终点可以用加入指示剂或电化学方法来指示。准确测量通过电解池的电流和从电解开始到电生滴定剂与待测组分完全反应(即反应终点)的时间,利用法拉第电解定律求出组分含量。

库仑滴定分析与一般滴定分析在反应原理上是相同的,不同点在于:库仑滴定法中滴定剂是电解产生的,而不是由滴定管加入;其计量标准量为时间及电流(或 Q),而不是一般滴定法的标准溶液的浓度及体积。

2. 测量装置

库仑滴定装置如图5-7所示。它是由电解系统和终点指示系统两部分组成。

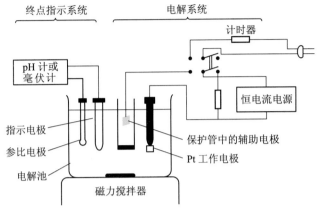

图5-7 库仑滴定装置示意图

电解系统由恒电流电源、电解池、计时器等主要部件组成。其中,恒电流电源是一种能供应直流电并保证所供电的电流恒定的装置,可以使用直流稳压器,也可以用几个串联的电池(库仑滴定中所用的电流常在1~20 mA,一般不超过100 mA)。电解池(又称库仑池)中工作电极直接浸入在溶液中,辅助电极通常需要套一多孔隔膜,以防止辅助电极所发生的反应干扰测定。电解池安装通 N_2 除 O_2 的通气口。计时器采用精密电子计时器,利用双掷开关可以同时控制电子计时器和电解电路,使电解和计时同步进行(当然,也可用秒表计时,但为了保证测量准确度,电解时间一般要在100~200 s为宜)。电解系统的作用是提供一个数值已知的恒电流,产生滴定剂并准确记录电解时间。

终点指示系统用于指示滴定终点的到达,其具体装置应根据终点指示方法确定,可以用指示剂,也可用电位法或电流法等电化学方法指示。使用电化学方法指示终点时,电解池内还要安装指示电极,这种方法的特点是易于实现自动化。

二、库仑滴定剂的产生方法

由于库仑滴定法所用滴定剂(电生滴定剂)是在电极上产生的,并且瞬间便与被测物质作用而被消耗掉,所以克服了普通滴定分析中标准溶液的制备、标定及储存等引起的误差。电生滴定剂产生方法主要有以下三种。

1. 内部电生滴定剂法

内部电生滴定剂法是指电生滴定剂的反应和滴定反应在同一电解池中进行的。这种方法是电解池内除了含有待测组分以外,还应含有大量的辅助电解质。辅助电解质起三种作用:一是电生出滴定剂;二是起电位缓冲剂作用;三是由于大量辅助电解质存在,可以允许在较高电流密度下进行电解而缩短分析时间。目前多数库仑滴定以此种方法产生滴定剂。

库仑滴定中对所使用的辅助电解质有以下几点要求。

(1) 要以100%的电流效率产生滴定剂,无副反应发生。

（2）要有合适的指示终点的方法。

（3）产生的滴定剂与待测物之间快速发生定量反应。

2. 外部电生滴定剂法

这种电生滴定剂法是指电生滴定剂的电解反应与滴定反应不在同一溶液体系中进行,而是由外部溶液电生出滴定剂,然后加到试液中进行滴定。当电生滴定剂和滴定反应由于某种原因不能在相同的介质中进行或被测试液中的某些组分可能和辅助电解质同时在工作电极上起反应时,必须用这种方法。

3. 双向中间体库仑滴定法

对于一些反应速率较慢的反应,在一般滴定分析法中多数采用返滴定方式,而不采用直接滴定方式。库仑滴定法对此类以返滴定方式进行测定的物质一般采用双向中间体库仑滴定法,即先在第一种条件下产生过量的第一种滴定剂,待与被测物质完全反应后,改变条件,再产生第二种滴定剂返滴定过量的第一种滴定剂。两次电解所消耗电荷量的差就是滴定被测物质所需的电荷量。例如,以 Br_2/Br^- 和 Cu^{2+}/Cu^+ 两电对可进行有机化合物溴值的测定。先由 $CuBr_2$ 溶液在阳极电解产生过量的 Br_2,待 Br_2 与有机化合物反应完全后,倒换工作电极极性,再由阴极电解产生 Cu^+,用以滴定过量 Br_2。这属于在同一种溶液中电解产生两种电生滴定剂的双向中间体库仑滴定法。

三、滴定终点的指示方法

库仑滴定终点的指示方法有指示剂法、电位法、双指示电极(双 Pt 电极)电流指示法(永停终点法)、分光光度法等,常用的有以下几种。

1. 指示剂法

这种方法与一般滴定分析法一样,都是利用加入指示剂后溶液的颜色变化来指示终点的到达。例如,测定 S^{2-} 加入辅助电解质 KBr,以甲基橙为指示剂,电极反应为:

阳极反应 $\qquad 2Br^- - 2e^- \longrightarrow Br_2$（滴定剂）

阴极反应 $\qquad 2H_2O + 2e^- \longrightarrow H_2 + 2OH^-$（用半透膜与阳极隔开）

滴定反应 $\qquad S^{2-} + Br_2 \longrightarrow S\downarrow + 2Br^-$

在达到化学计量点后,过量的 Br_2 使甲基橙褪色,指示滴定终点到达。

指示剂法简便、经济实用,但指示剂必须是在电解条件下的非电活性物质。另外,由于指示剂的变色范围一般较宽,指示终点不够敏锐,故误差较大。

2. 电位法

库仑滴定中随着滴定的不断进行,待测组分的浓度不断变化,与电位滴定法指示终点的原理一样,如果选用合适的指示电极来指示滴定终点,其电极电位也随之变化。到达化学计量点时,指示电极的电位发生突跃,从而指示滴定终点的到达。因此,可以根据滴定反应的类型,在电解池中另外置入合适的指示电极和参比电极,以直流毫伏计(高输入阻抗)或酸度计测量电动势或 pH 的变化。

例如,利用库仑滴定法测定溶液中酸的浓度时,可用 pH 玻璃电极为指示电解,甘汞电极

为参比电极指示终点。以 Na_2SO_4 作为电解质为例,用铂阴极为工作电极,银阳极为辅助电极,其电极反应为:

工作电极电极反应　　　　$2H_2O+2e^- \longrightarrow H_2+2OH^-$

辅助电极电极反应　　　　$H_2O-2e^- \longrightarrow \frac{1}{2}O_2+2H^+$

可以根据酸度计上的 pH 的突跃指示滴定终点。但由于阳极上产生的 H^+ 会干扰测定,所以采用半透膜套将阳极与电解液隔开。

3. 双指示电极(双 Pt 电极)电流指示法

双指示电极(双 Pt 电极)电流指示法又称永停(或死停)终点法,其装置如图5-8所示,在两支大小相同的 Pt 电极上加上一个 $50\sim200$ mV 的电压,并串联上灵敏检流计,这样只有在电解池中可逆电对的氧化态和还原态同时存在时,指示系统回路上才有电流通过,而电流的大小取决于氧化态和还原态浓度的比值。当滴定到达终点时,由于电解液中或者原来的可逆电对消失,或者新产生可逆电对,使指示回路的电流停止变化或迅速变化。

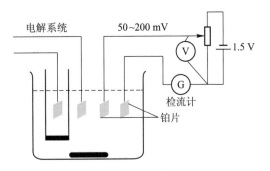

图5-8　永停终点法装置示意图

以滴定过程检流计电流 i 对相应的电解时间 t 作图,可得到永停滴定曲线。图5-9是几种典型的永停滴定曲线。

图5-9(a)为滴定过程中溶液中存在的是可逆电对,化学计量点后,溶液中存在的是不可逆电对的滴定曲线 $i-t$ 曲线。例如,$Na_2S_2O_3$ 产生不可逆电对 $S_4O_6^{2-}/S_2O_3^{2-}$,化学计量点后电流下降至零。

图5-9(b)为滴定过程中溶液中存在的是不可逆电对,化学计量点后,溶液中存在的是可逆电对的滴定曲线。例如,在 KBr 和 AsO_3^{3-} 溶液中,电生 Br_2 滴定 AsO_3^{3-} 就属此类。

图5-9(c)为滴定过程中溶液中存在的是可逆电对,终点时原可逆电对消失,滴定剂稍过量又产生新的可逆电对,所以电流在终点时为零,随后又迅速增大。例如,在 Ce^{3+} 和 Fe^{2+} 溶液中,用电生 Ce^{4+} 滴定 Fe^{2+},终点前溶液中存在的 Fe^{3+}/Fe^{2+} 可逆电对消失,电流为零,随后过量的滴定剂又产生 Ce^{4+}/Ce^{3+} 可逆电对,电流又上升。

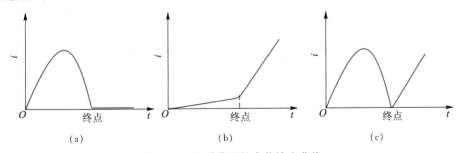

图5-9　几种典型的永停滴定曲线

四、特点及应用

1. 特点

库仑滴定法具有以下几个特点。

(1) 在现代技术条件下，i 和 t 均可以准确计量，只要电流效率及终点控制好，方法的准确度、精密度都会很高。一般相对误差为 0.2%，甚至可以达到 0.01%。因此，它可以用作标准方法或仲裁分析法。

(2) 有些物质或者不稳定，或者浓度难以保持一定，如 Cu^+、Cr^{2+}、Sn^{2+}、Cl_2、Br_2 等，在一般滴定中不能配制成标准溶液，而在库仑滴定中可以产生电生滴定剂。

(3) 灵敏度高，取样量少。检出限可达 10^{-7} $mol \cdot L^{-1}$，既能测定常量物质，又能测定痕量物质。

(4) 易实现自动检测，可进行动态的流程控制分析。

库仑滴定法的局限性是选择性不够好，不适宜于复杂组分的分析。

2. 应用

库仑滴定法的用途广泛，可以说能用一般滴定分析的各类滴定(如酸碱滴定、氧化还原滴定、沉淀滴定、配位滴定等)测定的物质均可用库仑滴定法测定。表 5-1 和表 5-2 列出了库仑滴定法部分应用实例。

表 5-1 应用酸碱、沉淀及配位反应的库仑滴定法

被测物质	产生滴定剂的电极反应	滴定反应
酸	$2H_2O + 2e^- \longrightarrow H_2 + 2OH^-$	$OH^- + H^+ \longrightarrow H_2O$
碱	$2H_2O \longrightarrow O_2 + 4H^+ + 4e^-$	$H^+ + OH^- \longrightarrow H_2O$
卤素离子	$Ag \longrightarrow Ag^+ + e^-$	$Ag^+ + X^- \longrightarrow AgX$
硫醇	$Ag \longrightarrow Ag^+ + e^-$	$Ag^+ + RSH \longrightarrow AgSR + H^+$
氯离子	$2Hg \longrightarrow Hg_2^{2+} + 2e^-$	$Hg_2^{2+} + 2Cl^- \longrightarrow Hg_2Cl_2$
Zn^{2+}	$Fe(CN)_6^{3-} + e^- \longrightarrow Fe(CN)_6^{4-}$	$2Fe(CN)_6^{4-} + 3Zn^{2+} + 2K^+ \longrightarrow$ $K_2Zn_3[Fe(CN)_6]_2$
Ca^{2+}、Cu^{2+}、Pb^{2+}、Zn^{2+}	$HgNH_3Y^{2-} + NH_4^+ + 2e^- \longrightarrow Hg + 2NH_3 + HY^{3-}$ （Y^{4-} 为 EDTA 离子)	$H_3Y^- + Ca^{2+} \longrightarrow CaY^{2-} + 3H^+$

表 5-2 库仑滴定法产生的滴定剂及应用

滴定剂	反应介质	工作电极	测定的物质
Br_2	0.1 $mol \cdot L^{-1}$ $H_2SO_4 + 0.2$ $mol \cdot L^{-1}$ NaBr	Pt	Sb (Ⅲ)、I^-、Tl (Ⅰ)、U(Ⅳ)、有机化合物
I_2	0.1 $mol \cdot L^{-1}$ 磷酸盐缓冲溶液(pH 8) + 0.1 $mol \cdot L^{-1}$ KI	Pt	As (Ⅲ)、Sb (Ⅲ)、$S_2O_3^{2-}$、S^{2-}

续表

滴定剂	反应介质	工作电极	测定的物质
Cl_2	$2\ mol \cdot L^{-1}\ HCl$	Pt	$As(III)$、I^-、脂肪酸
Ce^{4+}	$1.5\ mol \cdot L^{-1}\ H_2SO_4 + 0.1\ mol \cdot L^{-1}\ Ce_2(SO_4)_3$	Pt	$Fe(II)$、$Fe(CN)_6^{4-}$
$Mn(III)$	$1.8\ mol \cdot L^{-1}\ H_2SO_4 + 0.45\ mol \cdot L^{-1}\ MnSO_4$	Pt	草酸、$Fe(II)$、$As(III)$
$Ag(II)$	$5\ mol \cdot L^{-1}\ HNO_3 + 0.1\ mol \cdot L^{-1}\ AgNO_3$	Au	$As(III)$、$V(IV)$、$Ce(III)$、草酸
$Fe(CN)_6^{4-}$	$0.2\ mol \cdot L^{-1}\ K_3Fe(CN)_6\ (pH\ 2)$	Pt	$Zn(II)$
$Cu(I)$	$0.02\ mol \cdot L^{-1}\ CuSO_4$	Pt	$Cr(VI)$、$V(V)$、IO_3^-
$Fe(II)$	$2.0\ mol \cdot L^{-1}\ H_2SO_4 + 0.6\ mol \cdot L^{-1}$ 铁铵矾	Pt	$Cr(VI)$、$V(V)$、IO_4^-
$Ag(I)$	$0.5\ mol \cdot L^{-1}\ HClO_4$	Ag 阳极	Cl^-、Br^-、I^-
EDTA (Y^{4-})	$0.02\ mol \cdot L^{-1}\ HgNH_3Y^{2-} + 0.1\ mol \cdot L^{-1}$ $NH_4NO_3\ (pH\ 8,$ 除 $O_2)$	Hg	$Ca(II)$、$Zn(II)$、$Pb(II)$等
H^+ 或 OH^-	$0.1\ mol \cdot L^{-1}\ Na_2SO_4$ 或 KCl	Pt	OH^- 或 H^+、有机酸或碱

仪器介绍

KLT-1型通用库仑仪

一、仪器简介

KLT-1型通用库仑仪主要由终点方式选择、控制电路、电解电流交换电路、电流-时间积分电路、数字显示等部分组成,并配备通用库仑池,具有指示电极电流法、指示电极电位法、化学计量点上升法、化学计量点下降法四种终点检测方式。根据不同的要求,选用电极和电解液,可完成不同的实验。该仪器电荷量显示直观、终点指示方法齐全、操作简单、使用方便,既能用于大专院校、科研院所的教学科研,也可用于企业的分析测试。仪器前、后面板及通用库仑池示意图如图5-10、图5-11所示。

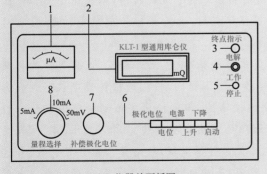

(a) 仪器前面板图

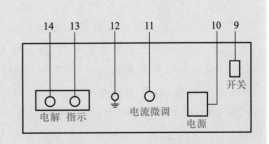

(b) 仪器后面板图

图5-10 KLT-1型通用库仑仪前面板和后面板示意图

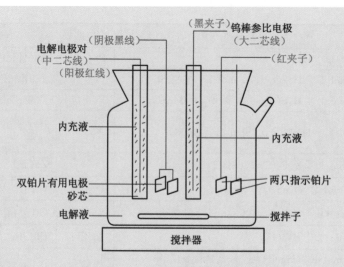

图 5-11 通用库仑池示意图

二、仪器使用方法

1. 开启电源前所有琴键全部释放,"工作、停止"开关置"停止"挡,根据样品含量大小、样品量多少及分析精度选择电解电流量程至合适的挡,一般情况下选 10 mA 挡,电流微调放在最大位置。

2. 开启电源开关,预热 10 min,根据样品分析需要及采用的滴定剂,选用指示电极电位法或指示电极电流法,把指示电极插头和电解电极插头插入主机后面板相应的插孔内,并夹在相应的电极上。把配好电解液的电解杯放在搅拌器上,开启搅拌器,选择适当转速。

3. 测定过程。

(1) 例 1:电解产生 Fe^{2+} 测定 Cr^{6+} 时,终点指示方式可选择"电位下降"法。接好电解电极及指示电极线(此时电解阴极为工作电极,即中二芯黑线接双铂片,红线接铂丝阳极,大二芯黑夹子夹钨棒参比电极,红夹子夹两指示铂片中的任意一只)。并把插头插入主机的相应插孔。补偿极化电位预先调在"3"的位置,按下启动琴键,调节补偿极化电位器使表针指在"40"左右,待指针稍稳定,将"工作、停止"开关置"工作"挡,若这时终点指示灯处于灭的状态,则此时开始电解,数码显示器开始计数;如这时指示灯处于亮的状态,则按一下"电解"按钮,灯灭,开始电解,数码显示器开始计数。电解至终点时,表针开始向左突变,终点指示灯亮,仪器显示数即为所消耗的电荷量(mC)。

(2) 例 2:电解产生碘测定砷时,终点指示方式可选择"电流上升"法。把夹钨棒的黑夹子夹到两只指示铂片中的另一只即可。其他接线与例 1 相同,极化电位钟表电位器预先调在"0.4"的位置,按下启动琴键,然后按下极化电位琴键,调节极化电位到所需的极化电位值,使 50 μA 表头至"20"左右,松开极化电位琴键,等表头指针稍稳定,将"工作、停止"开关置"工作"挡,若这时终点指示灯处于灭的状态,则此时开始电解,数码显示器开始计数;若这时指示灯处于亮的状态,则按一下"电解"按钮,灯灭,开始电解,数码显示器开始计数。电解至终点时,表针开始向右突变,终点指示灯亮,仪器显示数即为所消耗的电荷量(mC)。

阅读材料　　　　　　　**微库仑分析法**

　　微库仑分析法也是利用电生滴定剂滴定被测物质,与库仑滴定法的不同之处是该法的电流不是恒定的,而是随被测物质的含量大小自动调节,装置如图 5-12 所示。样品进入电解池之前,电解液中加入微量的滴定剂,指示电极和参比电极上的电压 $E_{指}$ 为定值。偏压源提供一个与 $E_{指}$ 大小相同,极性相反的偏压 $E_{偏}$,两者之差 $\Delta E = 0$。此时,放大器输入为零,输出也是零,处于平衡状态。当样品进入电解池时,滴定剂与被测物质反应,$E_{指}$ 变化,平衡状态被破坏,$\Delta E \neq 0$,放大器有电流输出,工作电极开始电解,直至滴定剂恢复至初始浓度,平衡重新建立,$\Delta E = 0$,终点到达,停止滴定。

　　微库仑分析法分析过程中电流是变化的,所以也称动态库仑分析法,电流-时间关系如图 5-13 所示。此方法灵敏度很高,适于微量时和痕量分析。

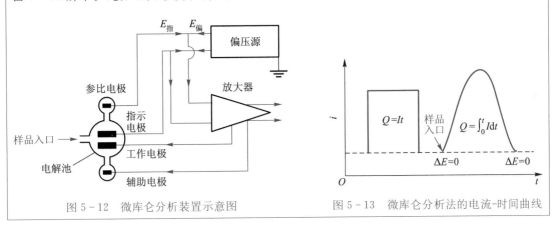

图 5-12　微库仑分析装置示意图　　　　图 5-13　微库仑分析法的电流-时间曲线

本 章 小 结

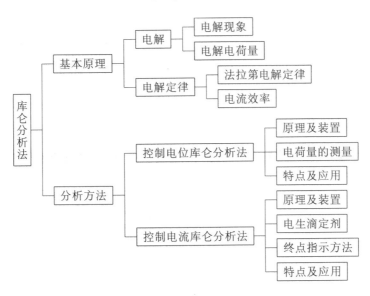

思考与练习

1. 由库仑分析法生成的 Br_2 来滴定 Tl^+，$Tl^+ + Br_2 \longrightarrow Tl^{3+} + 2Br^-$，到达终点时，测得电流为 10.00 mA，时间为 102.0 s，溶液中生成的 Tl^{3+} 的质量是多少克？$[M(Tl) = 204.4 \text{ g·mol}^{-1}]$（　　）。

(1) 7.203×10^{-4} g　　　(2) 1.080×10^{-3} g　　　(3) 2.160×10^{-3} g　　　(4) 1.808 g

2. 以镍电极为阴极电解 $NiSO_4$ 溶液，阴极产物是（　　）。

(1) H_2　　　　　(2) O_2　　　　　(3) H_2O　　　　　(4) Ni

3. 用 2.00 A 的电流，电解 $CuSO_4$ 的酸性溶液，计算沉积 400 mg 铜，需要多少时间（s）？$[M(Cu) = 63.54 \text{ g·mol}^{-1}]$（　　）。

(1) 22.4 s　　　　(2) 59.0 s　　　　(3) 304 s　　　　(4) 607 s

4. 用于库仑滴定指示终点的方法有_____，_____，_____。

5. 控制阴极电位电解的电流-时间曲线按_____衰减，电解完成时电流_____。

6. 随着电解的进行，阴极电位将不断变_____，阳极电位将不断变_____，要使电流保持恒定值，必须_____外加电压。

7. 法拉第电解定律是库仑分析法的理论基础。它表明物质在电极上析出的质量与通过电解池的电荷量之间的关系。其数学表达式为_____。

8. 库仑分析法的基本依据是什么？为什么说电流效率是库仑分析法的关键问题？在库仑分析中用什么方法保证电流效率达到 100%。

9. 试述库仑滴定的基本原理。

10. 控制电位库仑分析法和控制电流库仑分析法中，电荷量是如何测定的？

11. 在库仑滴定中，1 mA·s 相当于下列物质多少克？

(1) OH^-　　　　(2) Sb(Ⅲ～Ⅴ价)　　　(3) Cu(Ⅱ～0 价)　　　(4) As_2O_3(Ⅲ～Ⅴ价)

12. 在一硫酸铜溶液中，浸入两个铂片电极，接上电源，使之发生电解反应，这时在两铂片电极上各发生什么反应？写出反应式。若通过电解池的电流为 24.75 mA，通过电流时间为 284.9 s，在阴极上应析出多少毫克铜？

13. 10.00 mL 浓度约为 0.01 mol·L^{-1} 的 HCl 溶液，以电解产生的 OH^- 滴定此溶液，用 pH 计指示滴定时 pH 的变化，当到达终点时，通过电流的时间为 6.90 min，滴定时电流为 20 mA，计算此 HCl 溶液的浓度。

 实验

实验一　库仑滴定法标定 $Na_2S_2O_3$ 溶液的浓度

一、目的要求

1. 学习库仑滴定法和永停终点法指示终点的基本原理。

2. 掌握库仑滴定的基本操作技术。

二、基本原理

化学分析法所用的标准溶液大部分是由另一种基准物质来标定，而基准物质的纯度、预处理(如烘干、保干或保湿)、称量的准确度及对滴定终点颜色的目视观察等,都对标定的结果有重要影响。而库仑滴定法是通过电解产生的物质与标准溶液反应来对标准溶液进行标定,由于库仑滴定涉及的电流和时间这两个参数可进行精确的测量,因此该法准确性非常高,避免了化学分析中依靠基准物质的限制。例如,对 $Na_2S_2O_3$、$KMnO_4$、KIO_3 和亚砷酸等标准溶液,都可采用库仑滴定法进行标定。

本实验是在 H_2SO_4 介质中,以电解 KI 溶液产生的 I_2 标定 $Na_2S_2O_3$ 溶液。在工作电极上以恒电流进行电解,发生下列反应:

阳极　　　$2I^- \longrightarrow I_2 + 2e^-$

阴极　　　$2H^+ + 2e^- \longrightarrow H_2$

工作阴极置于隔离室,避免阴极反应对测定的干扰。阳极产物 I_2 与 $Na_2S_2O_3$ 发生反应:

$$I_2 + 2S_2O_3^{2-} \longrightarrow S_4O_6^{2-} + 2I^-$$

由于上述反应,在化学计量点之前溶液中没有过量的 I_2,不存在可逆电对,因而当采用双指示电极法指示滴定终点时,两个铂指示电极回路中无电流通过。当继续电解,产生的 I_2 与全部的 $Na_2S_2O_3$ 作用完毕,稍过量的 I_2 即可与 I^- 形成 I_2/I^- 可逆电对,此时在指示电极上发生下列电极反应:

指示阳极　　　$2I^- \longrightarrow I_2 + 2e^-$

指示阴极　　　$I_2 + 2e^- \longrightarrow 2I^-$

由于在两个指示电极之间保持一个很小的电位差(约 220 mV),所以此时在指示电极回路中立即出现电流的突跃,可以指示终点的到达。

三、仪器与试剂

1. 仪器

自制恒电流库仑滴定装置一套或商品库仑计;Pt 电极(4 支);秒表;吸量管(1 mL,5 mL);量筒(50 mL)。

2. 试剂

$1\ mol \cdot L^{-1}\ H_2SO_4$ 溶液;$0.1\ mol \cdot L^{-1}$ KI 溶液;待标定的 $Na_2S_2O_3$ 溶液,浓度约为 $0.01\ mol \cdot L^{-1}$。

四、实验步骤

1. 清洗 Pt 电极。用热的 10% HNO_3 溶液浸泡 Pt 电极几分钟,先用自来水冲洗,再用蒸馏水冲干净后待用。

2. 连接仪器装置,Pt 工作电极接恒电流源的正极;Pt 辅助电极接负极,并将它安装在玻璃套管中。注意:电极的极性切勿接错,若接错则必须仔细清洗电极。

3. 调节仪器进行预"滴定"。

(1) 在电解池中加入 5 mL 0.1 mol·L⁻¹ KI 溶液(根据电解池的大小确定溶液体积),放入搅拌子,插入 4 支 Pt 电极并加入适量蒸馏水使电极恰好浸没,玻璃套管中也加入适量 KI 溶液。

(2) 以永停终点法指示终点,并调节加在 Pt 指示电极上直流电压为 50～100 mV。

(3) 开启库仑滴定仪恒电流源开关,调节电解电流为 1.00 mA,此时 Pt 工作电极上有 I_2

产生,回流中有电流显示(若使用检流计则其光点开始偏转),此时立即用吸量管滴加几滴稀 $Na_2S_2O_3$ 溶液,使电流回至原值(或检流计光点回至原点)并迅速关闭恒电流源开关(这一步骤能将 KI 溶液中的还原性杂质除去,称为"预滴定")。仪器调节完毕可进行库仑滴定测定。

4. $Na_2S_2O_3$ 试液的测定。准确移取未知 $Na_2S_2O_3$ 溶液 1.00 mL 于上述电解池中,开启恒电流源开关,库仑滴定开始,同时用秒表记录时间,直至电流显示器上有微小电流变化(或检流计光点慢慢发生偏转),立即关闭恒电流源开关,同时记录电解时间,至此完成一次测定。接着可进行第二次测定。重复测定三次。

五、数据记录与处理

(1) 记录实验数据。

(2) 每次取待标定的 $Na_2S_2O_3$ 溶液的体积:_____ mL。

测定次数	1	2	3	平均
电解电流 i/mA				
电解时间 t/s				

(3) 计算 $Na_2S_2O_3$ 溶液的浓度($mmol \cdot L^{-1}$):

$$c(Na_2S_2O_3) = \frac{I \cdot t}{(96\ 487\ C \cdot mol^{-1})V}$$

式中:电流 I 的单位为 mA;电解时间 t 的单位为 s;试液体积 V 的单位为 L。

(4) 计算浓度的平均值和标准偏差。

六、注意事项

(1) 电极的极性切勿接错,若接错则必须仔细清洗电极。

(2) 保护管内应放 KI 溶液,使 Pt 电极浸没。

(3) 每次测定都必须准确移取试液。

七、讨论与思考

1. 结合本实验,说明以库仑分析法标定溶液浓度的基本原理,并与化学分析中的滴定方法相比较,本法有何优点?

2. 为什么进行"预滴定"?

实验二　库仑滴定法测定维生素 C 的含量

一、目的要求

1. 熟悉库仑仪的使用方法和操作技术。

2. 学会库仑滴定法测定维生素 C 含量的原理和方法。

二、基本原理

维生素 C(Vc)又称抗坏血酸,是人体必需的维生素,可增强机体免疫能力,促进牙骨发育、肝脂肪酸代谢和人体骨骼愈合,预防牙龈出血、口腔溃疡,治疗坏血病,抗感染。维生素 C

因分子中含烯二醇基而具有极强还原性,易被氧化成二酮基而成为脱氢抗坏血酸。本实验通过恒电流电解酸性 KBr 溶液产生 Br_2,利用 Br_2 与维生素 C 发生快速定量氧化还原反应,采用库仑滴定法测定药物中维生素 C 的含量。滴定终点用双铂电极电流法确定,即在双铂指示电极间加一小的极化电压(约 150 mV),由于抗坏血酸和脱氢抗坏血酸电对的不可逆性,它们不会在电极上发生氧化还原反应。在终点前,电生出的 Br_2 立即被抗坏血酸还原为 Br^-,溶液不会形成 Br_2/Br^- 电对,指示电极上只有微小残余电流通过。到达终点后,溶液中有了过量 Br_2,而与 Br^- 形成可逆电对,指示电极上发生如下反应:

$$阳极 \quad 2Br^- - 2e \Longrightarrow Br_2$$
$$阴极 \quad Br_2 + 2e \Longrightarrow 2Br^-$$

且电极电流迅速增大。此指示电流信号经过微电流放大器进行放大,然后经微分电路输出一脉冲信号触发电路,再推动开关执行电路自动关断电解回路,使滴定反应终止。根据此时消耗的电荷量,利用法拉第电解定律可计算出维生素 C 的含量。

三、仪器与试剂

1. 仪器

KLT-1 型通用库仑仪(或其他型号库仑仪);电解池装置,包括双铂工作电极、双铂指示电极;磁力搅拌器;超声波清洗仪;微量移液器、烧杯、玻璃棒、容量瓶、滴管等。

2. 试剂

维生素 C 药片(Vc 片,市售品);电解液,由醋酸与 $0.3\ mol \cdot L^{-1}$ KBr 溶液等体积混合而成。

四、实验步骤

1. 样品溶液的制备

精确称取一片维生素 C 药片,置于烧杯中,用少量蒸馏水浸泡片刻,用玻璃棒小心捣碎,用超声波清洗仪助溶。药片溶解后,把溶液连同残渣(样品中少量不溶辅料)全部转移到 100 mL 容量瓶中,用蒸馏水定容至刻度。

2. 按使用说明,调节库仑仪至相关状态

(1) 仪器面板上所有键全部弹出,"工作/停止"开关置于"停止"位置。

(2) "量程选择"旋至 10 mA 挡,"补偿极化电位"反时针旋至"0",开启电源,预热 10 min。

(3) 指示电极电压调节:按下"极化电位"键和"电流""上升"键,调节"补偿极化电位",使表指针摆至"20"(表示施加到指示电极上的电压为 200 mV),然后使"极化电位"键复原弹出。

3. 滴定测量

(1) 电解池准备。在电解池中加入 70 mL 电解液,并用滴管向电解阴极管填充足够电解底液。连接好电极接线,然后将电解池置于磁力搅拌器上。

(2) 终点指示的底液条件预设。"工作/停止"开关置于"工作"位置。向电解池中加几滴维生素 C 样品溶液,开动磁力搅拌器,按下"启动"键,再按一下"电解"按钮。这时即开始电解,在显示屏上显示出不断增加的电荷量(毫库仑数),直至指示红灯亮,计数自动停止,表示滴定到达终点,可看到表的指针向右偏转,指示有电流通过,即为终点指示的基本条件。

(3) 样品测定。用微量移液器向电解池中加入 500 μL 样品溶液,令"启动"键弹出(这时数示屏上的读数自动回零),再按下"启动"键及"电解"键。这时指示灯灭并开始电解,即开始库仑滴定,同时计数器同步开始计数。电解至近终点时,指示电流上升,当上升到一定数值时指示灯亮,计数器停止工作,即到达滴定终点。此时显示屏中的数值,即为滴定终点时所消耗的毫库仑数,记录数据。平行测定三次。

五、数据记录与处理

1. 数据记录

Vc 片质量:_____ g;样品定容体积:_____ mL;样品测定体积:_____ μL。

测量次数	1	2	3
消耗电荷量 Q/mC			
Vc 质量 m/mg			
Vc 含量 w/(mg·g^{-1})			
Vc 平均含量 w/(mg·g^{-1})			

2. 含量计算

根据反应终点消耗的电荷量,根据法拉第电解定律计算维生素 C 药片中维生素 C 的含量 w。

计算公式:

$$w = \frac{Q \cdot M}{n \cdot F \cdot m} \text{mg·g}^{-1}$$

式中:Q 为反应终点消耗的电荷量(mC);

M 为维生素 C 的摩尔质量(176.1 g·mol^{-1});

n 为电极反应的电子转移数($n = 2$);

F 为法拉第常数(96 487 C·mol^{-1});

m 为试样称取质量(g)。

六、思考与讨论

1. 电解液中加入 KBr 和冰醋酸的作用是什么?

2. 恒电流库仑滴定必需满足的基本条件是什么?

3. 查阅资料,写出维生素 C 与 Br$_2$ 的化学反应式。

第六章 色谱法导论

 学习目标

知识目标：

● 熟悉色谱法的基本术语。

● 了解色谱法的塔板理论和速率理论。

● 熟悉影响色谱柱柱效能、分离度的因素。

● 熟悉色谱分析中的定性和定量方法。

能力目标：

● 熟练校正因子的计算方法。

● 掌握归一化法、内标法的定量计算方法。

● 掌握外标法，熟练绘制外标法工作曲线并进行定量计算。

● 掌握填充柱的制备方法。

 资源链接

动画资源：

1. 色谱分离过程；　2. 色谱流出曲线；　3. 涡流扩散；　4. 分子扩散；　5. 传质阻力

1906 年,俄国植物学家茨维特(M.Tswett)做了一个著名的实验。他在研究植物绿叶中的色素时,采用石油醚浸取植物叶片中的色素,并将其注入一根装填有碳酸钙颗粒的玻璃管上端,再加入纯净石油醚进行淋洗。随着石油醚的不断淋洗,玻璃管上端的混合液不断向下移动,并逐渐分离成具有一定间隔的颜色不同的清晰色带,成功地分离了混合液中的叶绿素 a、叶绿素 b、叶黄素和胡萝卜素等组分。他将这种分离分析法命名为**色谱法**,淋洗用的石油醚称为流动相,玻璃管中的碳酸钙称为固定相,装有碳酸钙的玻璃管称为**色谱柱**,用石油醚流动相淋洗分离混合物中各组分分别出色谱柱的过程叫作**洗脱**。

第一节 色谱法及其分类

一、色谱法

色谱法是一种分离分析方法。它是利用各物质在两相中具有不同的分配系数,当两相做相对运动时,这些物质在两相中进行多次反复的分配来达到分离的目的。

样品加入色谱柱后,洗脱作用连续进行,直至各组分先后流出柱体,进入检测器,从而使各组分浓度的变化转变成电信号,然后用记录仪记录,所得到的色谱图如图 6-1 所示。图中每个峰代表样品中一个组分,峰面积代表该组分的含量。

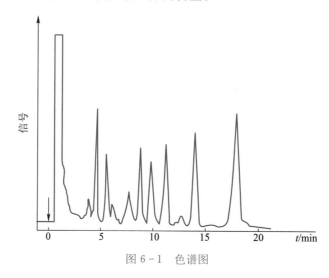

动画:色谱分
离过程

图 6-1 色谱图

色谱分离分析技术具有选择性好、分离效能高、灵敏度高、分析速度快等优点。不足之处是对未知物不易确切定性。但是,当与质谱、红外光谱、核磁共振等方法联用时,不仅可以确切定性,而且更能显现色谱法的高分离效能。色谱法与现代新型检测技术和计算机技术相结合,出现了许多带有工作站的自动化新型仪器,使分析水平有了很大提高,解决了一个又一个技术难题。目前,色谱法已广泛应用于工农业生产、医药卫生、经济贸易、石油化工、环境保护、生理生化、食品质量与安全等部门的有关工作,如样品中农药残留量的测定、农副产品分析、食品质量检验、生物制品的分离制备等。

二、分类

色谱法分类很多,通常按以下几种方式分类。

1. 按两相状态分类

流动相为气体的色谱法称为气相色谱(gas chromatography,GC),包括气固色谱(GSC)和气液色谱(GLC)。气固色谱的固定相为固体吸附剂,气液色谱的固定相为附着在惰性固定载体(也称为担体)表面上的薄层液体。流动相为液体的色谱法称为液相色谱(liquid chromatography,LC)。同理,液相色谱可分为液固色谱(LSC)和液液色谱(LLC)。

2. 按分离原理分类

色谱法中,固定相的性质对分离起着决定性的作用。

根据不同组分在固定液中溶解度的大小而分离的称为分配色谱。气相色谱法中的气液色谱和液相色谱法中的液液色谱均属于分配色谱。

根据不同组分在吸附剂上的吸附和解吸能力的大小而分离的称为吸附色谱。气相色谱法中的气固色谱和液相色谱法中的液固色谱均属于吸附色谱。

3. 按固定相的形式分类

固定相装在柱内的称为柱色谱,柱色谱有填充柱色谱和开管柱色谱。固定相填充在玻璃或金属管中的称为填充柱色谱;固定相涂敷在管内壁的称为开管柱色谱或毛细管柱色谱。固定相呈平面状的称为平板色谱,平板色谱包括纸色谱和薄层色谱。

此外,还可根据固定相材料的不同进行分类。以离子交换剂为固定相的称为离子交换色谱,以凝胶等多孔固体为固定相的称为尺寸排阻色谱或凝胶色谱,采用化学键合固定相的称为键合相色谱,等等。

第二节 色谱流出曲线和术语

一、色谱流出曲线

在色谱洗脱法中,采用比任何组分对固定相的亲和力都要弱的气体或液体为流动相。当样品加入后,样品中各组分随着流动相的不断向前移动而在两相间反复进行溶解、挥发,或吸附、解吸的过程。如果各组分在固定相中的分配系数(表示溶解或吸附的能力)不同,它们就有可能被分离。分配系数大的组分,滞留在固定相中的时间长,在柱内移动的速度慢,后流出柱子。分离后各组分的浓度或质量经检测器转换成电信号,并用记录仪记录下来,得到一条信号随时间变化的曲线,称为色谱流出曲线,也称为色谱峰,如图6-2所示。典型的色谱流出曲线应该是正态分布曲线。

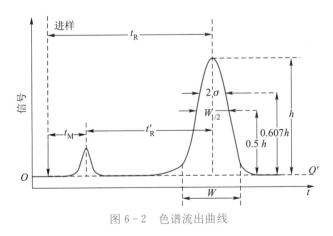

图6-2 色谱流出曲线

二、术语

1. 基线

基线指操作条件稳定后,无样品通过时检测器所反映的信号-时间曲线。稳定的基线是一条水平直线,如图 6-2 中的 OO' 线。

2. 死时间 t_M 和死体积 V_M

不被固定相吸附或溶解的组分,即非滞留组分(如空气或甲烷)从进样开始到色谱峰顶(即浓度极大)所对应的时间,称为死时间。死时间与柱前后的连接管道和柱内空隙体积的大小有关。利用死时间可以测定流动相的平均线速 u,即

$$u = \frac{柱长}{t_M} = \frac{L}{t_M} \tag{6-1}$$

对应于死时间 t_M 所需的流动相体积称为死体积 V_M,它等于 t_M 与操作条件下流动相的体积流速 $F_0(mL \cdot min^{-1})$ 的乘积:

$$V_M = t_M F_0 \tag{6-2}$$

3. 保留时间 t_R

组分从进样开始到出现色谱峰顶所需要的时间,称为保留时间。

4. 调整保留时间 t_R' 和调整保留体积 V_R'

扣除死时间后的组分的保留时间,称为调整保留时间。它表示该组分因吸附或溶解于固定相后,比非滞留组分在柱内多滞留的时间:

$$t_R' = t_R - t_M \tag{6-3}$$

同理,调整保留体积 V_R' 为:

$$V_R' = V_R - V_M = (t_R - t_M)F_0 = t_R' F_0 \tag{6-4}$$

5. 峰高 h

色谱峰顶到基线的垂直距离,称为峰高。

6. 区域宽度

区域宽度是组分在色谱柱中展宽因素的函数,是一种动力学参数。从色谱分离考虑,区域宽度越窄越好。通常,量度色谱峰区域宽度有三种方法。

(1) 半峰宽 $W_{1/2}$。是色谱峰高一半处的宽度。

(2) 峰底宽 W。是从色谱峰两侧拐点上的切线与基线交点之间的距离,也称基线宽度。

(3) 标准偏差。是峰高(h)的 0.607 倍处色谱峰宽度的一半。σ 与半峰宽及峰底宽的关系为:

$$W_{1/2} = 2\sigma\sqrt{2\ln 2} \tag{6-5}$$

$$W = 4\sigma \tag{6-6}$$

一般来说,在相同的色谱操作条件下获得的色谱峰的区域宽度值越小,说明色谱柱的分离

效能越好,柱效越高。

7. 峰面积

由色谱峰与基线之间所围成的面积称为峰面积,用"A"表示,是色谱定量分析的基本依据,对理想的对称峰,峰面积与峰高、半峰宽的关系为:

$$A = 1.065h \cdot W_{1/2} \tag{6-7}$$

由色谱流出曲线可以实现以下目的。

(1) 依据色谱峰的保留值进行定性分析。

(2) 依据色谱峰的面积或峰高进行定量分析。

(3) 依据色谱峰的保留值及区域宽度评价色谱柱的分离效能。

8. 相对保留值 r_{is}

一定实验条件下组分 i 与另一标准组分 s 的调整保留时间之比:

$$r_{is} = \frac{t'_{Ri}}{t'_{Rs}} = \frac{V'_{Ri}}{V'_{Rs}} \tag{6-8}$$

r_{is} 仅与柱温及固定相性质有关,而与其他操作条件如柱长、柱内填充情况及载气的流速等无关,因此 r_{is} 是色谱定性分析的重要参数。

9. 选择性因子 α

选择性因子指相邻两组分调整保留值之比:

$$\alpha = \frac{t'_{R1}}{t'_{R2}} = \frac{V'_{R1}}{V'_{R2}} \tag{6-9}$$

α 值的大小反映了色谱柱对难分离组分的分离选择性,α 值越大,相邻两组分色谱峰相距越远,色谱柱的分离选择性越高。当 α 等于或接近 1 时,说明相邻两组分不能分离。

10. 分配系数 K

组分在固定相和流动相之间的分配处于平衡状态时,在两相中的浓度之比为分配系数。

$$K = \frac{组分在固定相中的浓度}{组分在流动相中的浓度} = \frac{c_s}{c_m} \tag{6-10}$$

K 值与固定相和温度有关,K 值小的组分,每次分配达平衡后在流动相中的浓度较大,因此能较早地流出色谱柱;K 值大的组分后流出柱。所以,分配系数不同是混合物中有关组分分离的基础。

11. 分配比 k

在一定的温度和压力下,组分在两相间分配达平衡时,分配在固定相和流动相中的质量比。即

$$k = \frac{组分在固定相中的质量}{组分在流动相中的质量} = \frac{m_s}{m_m} = \frac{c_s V_s}{c_m V_m} = K \frac{V_s}{V_m} = \frac{K}{\beta} \tag{6-11}$$

k 值越大,说明组分在固定相中的量越多,相当于柱的容量大,因此又称分配容量比或容量因

子。它是衡量色谱柱对被分离组分保留能力的重要参数。式(6-11)中 c_m、c_s 分别为组分在流动相和固定相中的浓度；V_m、V_s 分别为柱中流动相和固定相的体积；V_m 近似于死体积 V_M；V_s 在分配色谱中表示固定液的体积，而在凝胶色谱中表示固定相孔穴的体积；$\beta = V_m/V_s$，表示相比率，是柱型特点参数，对于填充柱，β 值一般为 $6 \sim 35$，对于毛细管柱，β 值一般为 $60 \sim 600$。

第三节 色谱分析基本原理

色谱分析首先要解决的是组分的分离问题，只有当各组分分离之后，才能进行定性和定量分析。要使相邻两个组分得到很好的分离，就要从色谱热力学和色谱动力学两方面综合考虑。热力学因素是指两组分色谱峰间的距离与它们在两相中的分配平衡或分配系数有关，两组分分配系数值相差越大，两色谱峰间的距离就越大。动力学因素是指色谱峰变宽的问题或色谱柱效率问题。色谱峰的宽窄是由组分在色谱柱中传质和扩散行为决定的，与扩散和传质速率有关。

两相邻色谱峰有足够大的距离而没有足够高的柱效，区域宽度比较大，同样不能得到满意地分离。所以，色谱分析的基本理论有两个：一个是以热力学平衡为基础的塔板理论；另一个是以动力学为基础的速率理论。两个理论相辅相成，较为满意地揭示了色谱分析中的有关问题和现象。

一、塔板理论

塔板模型将一根色谱柱视为一个精馏塔，即色谱柱是由一系列连续的、相同的水平塔板组成。每一块塔板的高度用 H 表示，称为塔板高度，简称板高。塔板理论假设：在每一块塔板上，溶质在两相间很快达到分配平衡，然后随着流动相按一块一块塔板的方式向前转移。对一根长为 L 的色谱柱，溶质平衡的次数应为：

$$n = \frac{L}{H} \qquad (6-12)$$

n 称为理论塔板数。与精馏塔一样，色谱柱的柱效能随理论塔板数的增加而增加，随板高 H 的增大而减小。塔板理论指出：

第一，当溶质在柱中的平衡次数，即理论塔板数 n 大于 50 时，可得到基本对称的峰形曲线。在色谱柱中，n 值一般是很大的，如气相色谱柱的 n 为 $10^3 \sim 10^5$，因而这时的流出曲线可趋近于正态分布曲线。

第二，当样品进入色谱柱后，只要各组分在两相间的分配系数有微小差异，经过反复多次的分配平衡后，仍可获得良好的分离。

第三，n 与半峰宽度及峰底宽的关系式为：

$$n = 5.54 \times \left(\frac{t_R}{W_{1/2}}\right)^2 = 16 \times \left(\frac{t_R}{W}\right)^2 \qquad (6-13)$$

值得注意的是,式中 t_R 与 $W_{1/2}$(或 W)应采用同一单位(时间或距离)。从上式可以看出,在 t_R 一定时,如果色谱峰越窄,则说明 n 越大,H 越小,柱效能越高。

在实际工作中,按式(6-13)和式(6-12)式计算出来的 n 和 H 值有时并不能充分地反映色谱柱的分离效能,因为采用 t_R 计算时,没有扣除死时间 t_M,所以常用有效塔板数 $n_{有效}$ 表示柱效能:

$$n_{有效} = 5.54 \times \left(\frac{t'_R}{W_{1/2}}\right)^2 = 16 \times \left(\frac{t'_R}{W}\right)^2 \tag{6-14}$$

有效塔板高度为:

$$H_{有效} = \frac{L}{n_{有效}} \tag{6-15}$$

因为在相同的条件下,对不同的物质计算所得的塔板数不一样,所以在说明柱效能时,除色谱条件外,还应指出是用什么物质来进行测量的。在比较不同色谱柱的柱效能时,应在同一色谱操作条件下,以同一种组分通过不同色谱柱,测定并计算不同色谱柱的 $n_{有效}$ 或 $H_{有效}$,然后再进行比较。

二、速率理论

塔板理论从热力学角度形象地描述了溶质在色谱柱中的分配平衡和分离过程,成功地解释了色谱峰的正态分布现象和浓度极大值的位置,提出了计算和评价柱效能的一些参数。但由于其假设不符合实际分离过程,不能解释造成谱带扩张的原因和影响柱效能的各种因素,不能说明为什么在不同的流速下测得的塔板数不同,应用上受到了限制。

针对塔板理论忽视了组分分子在两相中的扩散和传质的动力学过程问题,1956 年荷兰学者范第姆特(van Deemter)等提出了色谱过程的动力学理论——速率理论。该理论吸收了塔板理论中板高的概念,充分考虑组分在两相间的扩散和传质过程,从动力学的角度较好地解释了影响板高的各种因素,对气相、液相色谱都较为适用。范第姆特方程的数学简化式为:

$$H = A + \frac{B}{u} + Cu \tag{6-16}$$

由式(6-16)可知,速率理论认为板高 H 受涡流扩散项 A、分子纵向扩散项 B/u 和传质阻力项 Cu 等因素的影响。式中的 u 为流动相的平均线速率,可根据式(6-1)计算;A、B、C 常数分别代表涡流扩散系数、分子纵向扩散系数和传质阻力项系数,当 u 一定时,只有 A、B、C 较小时 H 才能较小,柱效能才会较高。反之,色谱峰将会展宽,柱效能将下降。

1. 涡流扩散项

涡流扩散项也称为多路效应项,是由于组分随着流动相通过色谱柱时,因固定相颗粒大小不一、排列不均匀,使得颗粒间的空隙有大有小,组分分子通过色谱柱到达检测器所走过的路径长短不同,从而引起色谱峰展宽。如图 6-3 所示,同一组分的三个质点开始时都加到色谱柱端的同一位置(如第零块塔板上),当流动相连续不断地通过色谱柱时,质点③从颗粒之间空隙大的部位流过,受到的阻力小,移动速率大;质点①从颗粒之间孔隙小的部位流过,受到的阻力大,移动速率小;质点②介于两者之间。由于组分质点在流动相中形成不规则的"涡流",同时进入色谱柱的相同组分的不同分子到达检测器的时间并不一致,引起了色谱峰的展宽。其程度由下式决定:

$$A = 2\lambda d_p \qquad (6-17)$$

动画:涡
流扩散

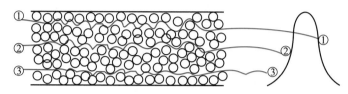

图 6-3 涡流扩散示意图

A 与流动相的性质、线速度和组分性质无关。采用适当细粒度、颗粒均匀的固定相,并尽量填充均匀,可降低涡流扩散项,提高柱效能。空心毛细管柱由于没填充担体,A 项为零。

动画:分
子扩散

2. 分子纵向扩散项

待测组分从柱入口加入,其浓度分布的构型呈"塞子"状,在"塞子"的前后(纵向)存在着浓度差而形成浓度梯度,在随流动相向前推进时必然自动地沿色谱柱方向前后扩散,造成谱带展宽。分子扩散系数为:

$$B = 2\gamma D_g \qquad (6-18)$$

式中:γ 是柱内流动相扩散路径弯曲因子,它反映固定相颗粒对分子扩散的阻碍情况,为小于1的系数(空心毛细管柱的 $\gamma=1$);D_g 为组分在流动相中扩散系数。组分在气相中扩散比在液相中约大10万倍,所以液相中的分子纵向扩散可以忽略。对气相色谱,采用相对分子质量较大的 N_2、Ar 为流动相并适当加大流动相流速,可降低分子纵向扩散项的影响。

动画:传
质阻力项

3. 传质阻力项

传质阻力系数 C 由流动相传质阻力 C_m 和固定相传质阻力 C_s 两项组成,即 $C=C_m+C_s$。当组分从流动相移动到固定相表面进行两相间的质量交换时,所受到的阻力称为流动相传质阻力 C_m;组分从两相的界面迁移至固定相内部达到交换分配平衡后,又返回到两相界面的过程中所受到的阻力为固定相传质阻力 C_s。气相色谱的传质系数为:

$$C = C_m + C_s = \left(\frac{0.1k}{1+k}\right)^2 \cdot \frac{d_p^2}{D_g} + \frac{2k}{3(1+k)^2} \cdot \frac{d_f^2}{D_s} \qquad (6-19)$$

从上式可知,流动相传质阻力与固定相粒度 d_p 的平方成正比,与组分在气体流动相中的扩散系数 D_g 成反比。所以,用相对分子质量小的气体 H_2、He 为流动相和选用小粒度的固定相可使 C_m 减小,柱效能提高。C_s 与固定相液膜厚度 d_f 的平方成正比,与组分在固定相中的扩散系数 D_s 成反比。所以,固定相液膜越薄,扩散系数越大,固定相传质阻力就越小,但固定相液膜不宜过薄,否则会减少样品容量,降低柱的寿命。

由于组分在两相间的传质速率并不很快,而流动相有比较高的流速,所以色谱柱中的传质过程实际上是不均匀的,有的分子会较早地从固定相中流出,形成色谱峰的前沿变宽,有的分子从固定相中出来较晚,形成色谱峰的拖尾展宽,这种传质阻力导致塔板高度的改变。综上所述,气相色谱中的范第姆特方程为:

$$H = A + \frac{B}{u} + Cu = 2\lambda d_p + \frac{2rD_g}{u} + \left[\left(\frac{0.1k}{1+k}\right)^2 \cdot \frac{d_p^2}{D_g} + \frac{2k}{3(1+k)^2} \cdot \frac{d_f^2}{D_s}\right]u \qquad (6-20)$$

三、分离度

图 6-4 说明了柱效能和选择性对色谱分离的影响。(a)两色谱峰距离近且峰形宽,彼此严重相重叠,柱效能和选择性都差;(b)虽然两峰的距离相距较远,能很好分离,但峰形很宽,表明选择性好,但柱效能低;(c)的分离情况最为理想,既有良好的选择性,又有高的柱效能。图 6-4 中(a)和(c)的相对保留值相同,即它们的选择性因子是一样的,但分离情况截然不同。

由此可见,单独用柱效能或选择性不能真实反映组分在柱中的分离情况,所以需引入一个色谱柱的总分离效能指标——分离度(R),又称分辨率,被定义为相邻两组分的色谱峰保留值之差与峰底宽总和一半的比值。R 既是反映柱效率又是反映选择性的综合性指标。其计算公式如下:

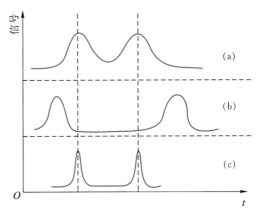

图 6-4 柱效能和选择性对色谱分离的影响

$$R = \frac{2(t_{R2} - t_{R1})}{W_1 + W_2} \qquad (6-21)$$

R 值越大,表明两组分的分离程度越高,$R=1.0$ 时,分离程度可达 98%,$R<1.0$ 时两峰有部分重叠,$R=1.5$ 时,分离程度达到 99.7%。所以,通常用 $R=1.5$ 作为相邻两色谱峰完全分离的指标。

四、基本色谱分离方程

分离度表达式(6-21)并没有反映影响它的诸多因素。实际上 R 受柱效能 n、选择因子 α 和容量因子 k 三个参数的控制。对于难分离物质对,由于它们的分配比差别小,可合理地假设 $k_1 \approx k_2 = k$,$W_1 \approx W_2 = W$。由 $n = 16 \times (t_R/W)^2$ 得

$$\frac{1}{W} = \frac{\sqrt{n}}{4} \times \frac{1}{t_R} \qquad (6-22)$$

分离度 R 为:

$$R = \frac{\sqrt{n}}{4}\left(\frac{\alpha-1}{\alpha}\right)\left(\frac{k}{k+1}\right) \qquad (6-23)$$

该式即为基本色谱分离方程。

实际应用中,往往用有效理论塔板数 $n_{有效}$ 代替 n:

$$n_{有效} = n\left(\frac{k}{k+1}\right)^2 \tag{6-24}$$

将式(6-24)代入式(6-23),可得到基本色谱分离方程:

$$R = \frac{\sqrt{n_{有效}}}{4}\left(\frac{\alpha-1}{\alpha}\right) \tag{6-25}$$

或写成

$$n_{有效} = 16R^2\left(\frac{\alpha}{\alpha-1}\right)^2 \tag{6-26}$$

1. 分离度与柱效能的关系

由式(6-25)可以看出,具有一定相对保留值 α 的物质对,分离度直接和有效塔板数有关,说明有效塔板数能正确地代表柱效能。由式(6-23)说明分离度与理论塔板数的关系还受热力学性质的影响。当固定相确定,被分离物质的 α 确定后,分离度将取决于 n。这时,对于一定理论板高的柱子,分离度的平方与柱长成正比,即

$$\left(\frac{R_1}{R_2}\right)^2 = \frac{n_1}{n_2} = \frac{L_1}{L_2} \tag{6-27}$$

说明用较长的色谱柱可以提高分离度,但延长了分析时间。因此,提高分离度的好方法是制备出一根性能优良的柱子,通过降低板高,以提高分离度。

2. 分离度与选择性因子的关系

由基本色谱分离方程判断,当 $\alpha=1$ 时,$R=0$。这时,无论怎样提高柱效能也无法使两组分分离。显然,α 大,选择性好。研究证明,α 的微小变化,就能引起分离度的显著变化。一般通过改变固定相和流动相的性质和组成或降低柱温,可有效增大 α 值。

3. 分离度与容量因子的关系

根据式(6-23),增大 k 可以适当增加分离度 R,但这种增加是有限的,当 $k>10$ 时,随容量因子增大,分离度 R 的增加是非常少的。R 通常控制在 2～10 为宜。对气相色谱,通过提高柱温选择合适的 k 值,可改善分离度。对液相色谱,改变流动相的组成比例,就能有效地控制 k 值。

五、基本色谱分离方程的应用

在实际工作中,可通过基本色谱分离方程将柱效能、选择性因子、分离度三者联系起来,知道其中两个指标,就可求出第三个指标。

【例6-1】 有一根 1.5 m 长的柱子,分离组分 1 和 2,得到如图 6-5 所示的色谱图。图中横坐标为记录纸走纸距离。

(1)求此两种组分在该色谱柱上的分离度和该色谱柱的有效塔板数。

(2)如要使组分 1、2 完全分离,色谱柱应该要加到多长?

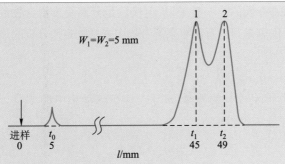

图 6-5 组分 1、2 的色谱图

【解】 (1) 根据式(6-8),先求出组分 2 对组分 1 的相对保留值 $r_{2,1}$(即 α 值)

$$\alpha = r_{2,1} = \frac{t'_{R2}}{t'_{R1}} = \frac{49-5}{45-5} = 1.1$$

根据式(6-21),求出分离度:

$$R = \frac{2(t_{R2} - t_{R1})}{W_1 + W_2} = \frac{2 \times (49-45)}{5+5} = 0.8$$

根据式(6-14)求有效塔板数:

$$n_{有效} = 16 \times \left(\frac{t'_{R2}}{W}\right)^2 = 16 \times \left(\frac{49-5}{5}\right)^2 = 1\ 239$$

(2) 根据式(6-15)求该柱有效塔板高度:

$$H_{有效} = \frac{L}{n_{有效}} = \frac{1.5\ \text{m}}{1\ 239} = 1.21 \times 10^{-3}\ \text{m}$$

完全分离的条件是分离度 $R=1.5$。根据式(6-26)求此时色谱柱的有效塔板数:

$$n_{有效} = 16R^2 \left(\frac{\alpha}{\alpha-1}\right)^2 = 16 \times 1.5^2 \times \left(\frac{1.1}{1.1-1}\right)^2 = 4\ 356$$

要使有效塔板数为 4 356 块,柱长:

$$L = n_{有效} H_{有效} = 4\ 356 \times 1.21 \times 10^{-3}\ \text{m} = 5.27\ \text{m}$$

第四节 定性和定量分析

色谱法是分离复杂混合物的重要方法,同时还能将分离后的物质直接进行定性和定量分析。

一、定性分析

色谱定性分析的任务是确定色谱图上每一个峰所代表的物质。在色谱条件一定时,任何一种物质都有确定的保留时间。因此,在相同色谱条件下,通过比较已知物和未知物的保留值或在色谱图上的位置,即可确定未知物是何种物质。但是不同的物质在同一色谱条件下,可能具有相似或相同的保留值,即保留值并非专属的。一般来说,色谱法是分离复杂混合物的有效工具,如果将色谱与质谱或其他光谱法联用,则是目前解决复杂混合物中未知物定性分析的最有效的技术。

二、定量分析

在一定的色谱条件下,组分 i 的质量(m_i)或其在流动相中的浓度,与检测器响应信号(峰面积 A_i 或峰高 h_i)成正比:

$$m_i = f_i^A A_i \qquad (6-28)$$

或

$$m_i = f_i^h h_i \qquad (6-29)$$

上述两个式子是定量分析的依据。式中:f_i^A 和 f_i^h 分别为峰面积和峰高的校正因子。

1. 响应信号的测量

色谱峰的峰高是其峰顶与基线之间的距离,测量比较简单,特别是较窄的色谱峰。测量峰面积的方法分为手工测量和自动测量两大类。现代色谱仪一般都装有数据处理机,可进行自动积分求出峰面积。很多色谱仪也配备了化学工作站系统,其峰面积由化学工作站系统自动计算,通常情况下,已不再需要手工计算。如果没有积分装置,可用手工测量,再用有关公式计算峰面积。对于对称的峰,近似计算公式为:

$$A_i = 1.065 h_i W_{1/2} \qquad (6-30)$$

不对称峰的近似计算公式为:

$$A_i = \frac{1}{2} h_i (W_{0.15} + W_{0.85}) \qquad (6-31)$$

式中:$W_{0.15}$ 和 $W_{0.85}$ 分别是峰高 0.15 和 0.85 处的峰宽值。

峰面积的大小不易受操作条件如柱温、流动相的流速、进样速度等的影响,从这一点来看,峰面积更适于作为定量分析的参数。

2. 定量校正因子

(1) 绝对校正因子。定量分析是基于峰面积与组分的量成正比关系。但同一检测器对不同的物质有不同的响应值,两种物质即使含量相同,得到的色谱峰面积却不同,所以不能用峰面积来直接计算组分的含量,为使峰面积能够准确地反映组分的量,在定量分析时需要对峰面积进行校正,因此引入定量校正因子,在计算时乘上定量校正因子,使组分的面积转换成相应的组分的量。即

$$m_i = f_i' A_i \qquad (6-32)$$

f_i' 为将峰面积换算为组分的量的换算系数,即绝对校正因子,它可表示为:

$$f_i' = \frac{m_i}{A_i} \qquad (6-33)$$

绝对校正因子是指某组分 i 通过检测器的量与检测器对该组分的响应信号之比,亦即单位峰面积所代表的物质的量。m_i 的单位用克、摩尔或体积表示时相应的校正因子,分别称为质量

校正因子(f'_m),摩尔校正因子(f'_M)和体积校正因子(f'_V)。

很明显,在定量测定时,由于精确测定绝对进样量比较困难,所以要精确求出 f'_i 值往往是比较困难的,故其应用受到限制。在实际定量分析中,一般常采用相对校正因子 f_i。

(2)相对校正因子。相对校正因子是指组分 i 与基准组分 s 的绝对校正因子之比,即

$$f_i = \frac{f'_i}{f'_s} = \frac{A_s m_i}{A_i m_s} \qquad (6-34)$$

式中:f_i 为组分 i 的相对校正因子,f'_s 为基准组分 s 的绝对校正因子。由于绝对校正因子很少使用,所以一般文献上提到的校正因子,就是相对校正因子。相对校正因子只与检测器类型有关,而与色谱操作条件、柱温、载气流速和固定液的性质等无关。表 6-1 列出了一些化合物的相对校正因子。

表 6-1 一些化合物的相对校正因子

化合物	沸点/℃	相对分子质量	热导池检测器		氢焰检测器
			f_M	f_m	f_m
甲烷	−160	16	2.80	0.45	1.03
乙烷	−89	30	1.96	0.59	1.03
丙烷	−42	44	1.55	0.68	1.02
丁烷	−0.5	58	1.18	0.68	0.91
乙烯	−104	28	2.08	0.59	0.98
丙烯	−48	42	1.55	0.63	
乙炔	−83.6	26			0.94
苯	80	78	1.00	0.78	0.89
甲苯	110	92	0.86	0.79	0.94
环己烷	81	84	0.88	0.74	0.99
甲醇	65	32	1.82	0.58	4.35
乙醇	78	46	1.39	0.64	2.18
丙酮	56	58	1.16	0.68	2.04
乙醛	21	44	1.54	0.68	
乙醚	35	74	0.91	0.67	
甲酸	100.7	46.03			1.00
乙酸	118.2	60.05			4.17
乙酸乙酯	77	88	0.9	0.79	2.64
氯仿		119	0.93	1.10	
吡啶	115	79	1.0	0.79	
氨	33	17	2.38	0.42	
氮		28	2.38	0.67	
氧		32	2.5	0.80	
CO_2		44	2.08	0.92	
CCl_4		154	0.93	1.43	
水	100	18	3.03	0.55	

如果某些物质的校正因子查不到,需要自己测定,方法是:准确称量被测组分和标准物质,混合后,在实验条件下进样分析(进样量应在线性范围内),分别测定相应的峰面积,由相应的公式计算校正因子。

3. 定量方法

色谱法一般采用外标法、内标法和归一化法进行定量分析。

(1) 外标法。外标法是所有定量分析中最通用的一种方法,也叫标准曲线法。

测定方法为:把待测组分的纯物质配成不同浓度的标准系列,在一定操作条件下分别向色谱柱中注入相同体积的标准样品,测得各峰的峰面积或峰高,绘制 $A-c$ 或 $h-c$ 的标准曲线。在完全相同的条件下注入相同体积的待测样品,根据所得的峰面积或峰高从曲线上查得含量。

在已知组分标准曲线呈线性的情况下,可不必绘制标准曲线,而用单点校正法测定。即配制一个与被测组分含量相近的标准物,在同一条件下先后对被测组分和标准物进行测定,被测组分的量为:

$$m_i = \frac{A_i}{A_s} m_s \quad 或 \quad w_i = \frac{A_i}{A_s} w_s \tag{6-35}$$

式中:A_i 和 A_s 分别为被测组分和标准物的峰面积;w_s 为标准物的质量分数。也可以用峰高代替峰面积进行计算。

外标法的优点是操作简便,不需要校正因子,但进样量要求十分准确,操作条件也需严格控制,适于日常控制分析和大量同类样品分析。其结果的准确度取决于进样量的重现性和操作条件的稳定性。

(2) 内标法。当只需测定样品中某几个组分,或样品中所有组分不可能全部出峰时,可采用内标法。具体做法是:准确称取样品,加入一定量某种纯物质作为内标物,然后进行色谱分析,再由被测物和内标物在色谱图上相应的峰面积和相对校正因子,求出某组分的含量。根据内标法的校正原理,可写出下式:

$$\frac{A_i}{A_s} = \frac{f_s}{f_i} \cdot \frac{m_i}{m_s}$$

则

$$m_i = \frac{A_i f_i}{A_s f_s} m_s \tag{6-36}$$

所以

$$w_i = \frac{m_i}{m} \times 100\% = \frac{A_i f_i}{A_s f_s} \cdot \frac{m_s}{m} \times 100\% \tag{6-37}$$

式中:m_s、m 分别为内标物质量和样品质量(注意:m 不包括 m_s);A_i、A_s 分别为被测组分和内标物的峰面积;f_i、f_s 分别为被测组分和内标物的相对质量校正因子。

在实际工作中,一般以内标物作为基准物质,即 $f_s = 1$,此时含量计算式可简化为:

$$w_i = \frac{A_i}{A_s} \cdot \frac{m_s}{m} \cdot f_i \times 100\% \tag{6-38}$$

内标法中内标物的选择至关重要,需要满足以下条件:第一,应是样品中不存在的稳定易得的纯物质;第二,内标峰应在各待测组分之间或与之相近;第三,能与样品互溶但无化学反应;第四,内标物浓度应恰当,其峰面积与待测组分相差不大。色谱法采用内标法定量时,因在样品中增加了一个内标物,常常给分离造成一定的困难。

【例 6-2】 用气相色谱法测定样品中一氯乙烷、二氯乙烷和三氯乙烷的含量。采用甲苯作内标物,称取 2.880 g 样品,加入 0.240 0 g 甲苯,混合均匀后进样,测得其校正因子和峰面积如下表所示,试计算各组分的含量。

组分	甲苯	一氯乙烷	二氯乙烷	三氯乙烷
f_{is}	1.00	1.15	1.47	1.65
A/cm^2	2.16	1.48	2.34	2.64

【解】 按照式(6-37)可得

$$w_i = \frac{A_i}{A_s} \cdot \frac{m_s}{m} \cdot f_{is} \times 100\% = A_i f_{is} \cdot \frac{m_s}{A_s m} \times 100\%$$

$$w_{C_2H_5Cl} = 1.15 \times 1.48 \times \frac{0.240\ 0}{2.16 \times 2.880} \times 100\% = 6.57\%$$

$$w_{C_2H_4Cl_2} = 1.47 \times 2.34 \times \frac{0.240\ 0}{2.16 \times 2.880} \times 100\% = 13.27\%$$

$$w_{C_2H_3Cl_3} = 1.65 \times 2.64 \times \frac{0.240\ 0}{2.16 \times 2.880} \times 100\% = 16.80\%$$

(3) 归一化法。归一化法也是色谱法中常用的定量方法。它是将样品中所有组分的含量之和按 100% 计算,以它们相应的色谱峰面积或峰高为定量参数,通过下列公式计算各组分的质量分数:

$$w_i = \frac{A_i f_i}{\sum_{i=1}^{n} A_i f_i} \times 100\% \tag{6-39}$$

对于较狭窄的色谱峰或峰宽基本相同的色谱峰,可用峰高代替面积进行归一化定量。这种方法简便易行,但此时 f_i 应是峰高校正因子。例如:

$$f_i = \frac{h_s m_i}{h_i m_s} \tag{6-40}$$

必须先行测定。

当各组分的 f_i 相同时,式(6-39)计算式可简化为:

$$w_i = \frac{A_i}{\sum_{i=1}^{n} A_i} \times 100\% \tag{6-41}$$

从以上公式可见,只有当样品中所有组分经过色谱分离后均能产生可以测量的色谱峰时才能采用归一化法定量。归一化法简单准确,不必称量和准确进样,操作条件如进样量、载气流速等变化时对结果影响较小,该法不适于痕量分析。

【例 6-3】 用归一化法分析苯、甲苯、乙苯和二甲苯混合物中各组分的含量,在一定色谱条件下得到色谱图,如图 6-6 所示。测得各组分的峰高及峰高校正因子如下表。试计算样品中各组分的含量。

组分	苯	甲苯	乙苯	二甲苯
h/mm	103.8	119.0	66.8	44.0
峰高校正因子 f_i	1.00	1.99	4.16	5.21

【解】 利用式(6-39),将峰高代替峰面积,用峰高归一化法定量:

$$w_i = \frac{h_i f_i}{\sum\limits_{i=1}^{n} h_i f_i} \times 100\%$$

$$w_苯 = \frac{103.8 \times 1.00}{103.8 \times 1.00 + 119.1 \times 1.99 + 66.8 \times 4.16 + 44.0 \times 5.21} \times 100\%$$

$$= \frac{103.8}{848} \times 100\% = 12.2\%$$

$$w_{甲苯} = \frac{119.1 \times 1.99}{848} \times 100\% = 27.9\%$$

$$w_{乙苯} = \frac{66.8 \times 4.16}{848} \times 100\% = 32.8\%$$

$$w_{二甲苯} = \frac{44.0 \times 5.21}{848} \times 100\% = 27.0\%$$

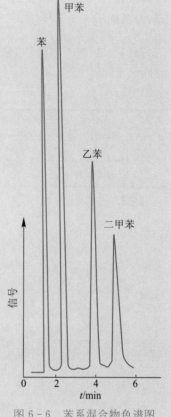

图 6-6 苯系混合物色谱图

阅读材料　　　　色谱法的应用领域

色谱法问世以来快一个世纪了,但是最近 20 年是发展最快的时期,特别是 20 世纪 80 年代到 20 世纪末,有许多崭新的色谱法方法相继出现,如毛细管超临界流体色谱、超临界流体萃取、毛细管电泳、电色谱等。21 世纪将是生命科学、材料科学、信息科学的时代和环境科学的时代,而环境科学又是人们面临的重大课题,色谱新方法的出现和发展正是服务于这些重要领域的新技术。毛细管电泳和全新的高效液相色谱的发展,可以实现生物大分子的分离和纯化;各种各样的手性分离介质的应用,可解决药物对映异构体的拆分问题;高灵敏检测器的开发,可实现极数微量环境污染物的检测。

另一方面,为了弥补色谱法定性功能较差的弱点,大力发展了色谱和其他仪器的联用技术,特别是液相色谱和毛细管电泳与电喷雾质谱的联用技术近年已趋于成熟,它将对生物大分子的分离和鉴定发挥极大的作用,因此色谱仪和其他各种仪器的联合使用将成为分析化学的重要领域。

本 章 小 结

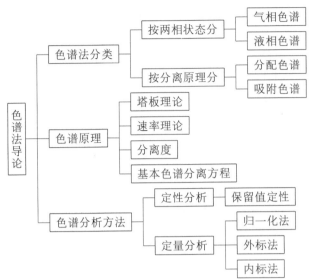

思考与练习

1. 反映色谱柱柱型特性的参数是( )。

(1) 分配系数   (2) 分配比   (3) 相比率   (4) 保留值

2. 常用于表征色谱柱柱效的参数是( )。

(1) 理论塔板数   (2) 塔板高度   (3) 色谱峰宽   (4) 组分的保留体积

3. 对某一组分来说,在一定的柱长下,色谱峰的宽或窄主要决定于组分在色谱柱中的( )。

(1) 保留值   (2) 扩散速率   (3) 分配比   (4) 理论塔板数

4. 下列参数改变会引起相对保留值增加的是( )。

(1) 柱长增加   (2) 相比率增加   (3) 降低柱温   (4) 流动相速度降低

5. 在色谱分析中,柱长从 1 m 增加到 4 m,其他条件不变,则分离度增加( )。

(1) 2 倍   (2) 1 倍   (3) 4 倍   (4) 10 倍

6. 相对校正因子 f' 与下列因素无关的是( )。

(1) 基准物   (2) 检测器类型   (3) 被测样品   (4) 载气流速

7. 下述说法中,错误的是( )。

(1) 根据色谱峰的保留时间可以进行定性分析

(2) 根据色谱峰的面积可以进行定量分析

(3) 色谱图上峰的个数一定等于样品中的组分数

(4) 色谱峰的区域宽度体现了组分在柱中的运动情况

8. 理论塔板数反映了( )。

(1) 分离度   (2) 分配系数   (3) 保留值   (4) 柱的效能

9. 如果样品中各组分无法全部出峰或只要定量测定样品中某几个组分,那么应采用( )为宜。

(1) 归一化法   (2) 外标法   (3) 内标法   (4) 标准工作曲线法

10. 俄国植物学家茨维特在研究植物色素成分时,所采用的色谱方法是(   )。

(1) 液-液色谱法　　　　　　　　　　　　(2) 液-固色谱法

(3) 空间排阻色谱法　　　　　　　　　　　(4) 离子交换色谱法

11. 常用于评价色谱分离条件选择是否适宜的参数是(   )。

(1) 理论塔板数　　　(2) 塔板高度　　　(3) 分离度　　　(4) 死时间

12. 载体填充的均匀程度主要影响(   )。

(1) 涡流扩散　　　(2) 分子扩散　　　(3) 气相传质阻力　　　(4) 液相传质阻力

13. 色谱图上的色谱峰流出曲线可以说明什么问题?

14. 有哪些常用的色谱定量方法? 试比较它们的优缺点和使用范围。

15. 某色谱柱的理论塔板数为 2 500,组分 A 和 B 在该柱上的保留距离分别为 25 mm 和 36 mm,求 A 和 B 的峰底宽。

16. 在一根 2 m 长的色谱柱上,分析一个混合物,得到以下数据:苯、甲苯和乙苯的保留时间分别为 1 min 20 s,2 min 2 s 及 3 min 1s;半峰宽为 0.211 cm、0.291 cm、0.409 cm,已知记录纸速为 1 200 mm·h^{-1},求色谱柱对每种组分的理论塔板数及塔板高度。

17. 组分 A、B 在 2 m 长的色谱柱上,保留时间依次为 17.63 min、19.40 min,峰底宽依次为1.11 min、1.21 min,试计算两物质的分离度为多少?

18. 用一根 3 m 长的色谱柱将组分 A、B 分离,实验结果如下:它们的调整保留时间分别为 13 min 和 16 min,两者的基线宽度为 1 min。求色谱柱的平均理论塔板数 n;相对保留值 $r_{2,1}$;两峰的分离度 R;若将两峰完全分离,柱长应该是多少?

19. 在测定苯、甲苯、乙苯和邻二甲苯的峰高校正因子时,称取的各组分的纯物质,以及在一定色谱条件下所得的色谱图上各组分色谱峰的峰高分别如下:

组分	苯	甲苯	乙苯	邻二甲苯
m/g	0.596 7	0.547 8	0.612 0	0.668 0
h/mm	180.1	84.4	45.2	49.0

求各组分的峰高校正因子(以苯为基准)。

20. 分析某样品中 E 组分的含量,先配制已知含量的正十八烷内标物和 E 组分标准品混合液做气相色谱分析,按色谱峰面积及内标物、E 组分标准品的质量计算得到相对质量校正因子 $f_E=2.40$,然后精密称取含 E 组分样品 8.623 8 g,加入内标物 1.967 5 g。测出 E 组分峰面积积分值为 72.2,内标物峰面积积分值为 93.6。试计算该样品中 E 组分的质量分数。

21. 某样品中含对、邻、间甲基苯甲酸及苯甲酸并且全部在色谱图上出峰,各组分相对质量校正因子和色谱图中测得各峰面积积分值列于下表:

组分	苯甲酸	对甲基苯甲酸	邻甲基苯甲酸	间甲基苯甲酸
f	1.20	1.50	1.30	1.40
A	375	110	60.0	75.0

用归一化法求出各组分的质量分数。

22. 一样品含甲酸、乙酸、丙酸及其他物质。取此样 1.132 g,以环己酮为内标,称取环己酮 0.203 8 g 加入

样品中混合,进样 2.00 μL,得色谱图中数据如下表:

组分	甲酸	乙酸	丙酸	环己酮
A	10.5	69.3	30.4	128
f	0.261	0.562	0.938	1.00

分别计算甲酸、乙酸、丙酸的质量分数。

 实验

填充色谱柱的制备

一、目的要求

1. 学习固定液的涂渍方法。

2. 学习装填色谱柱的操作和色谱柱的老化处理方法。

二、基本原理

色谱柱是气相色谱仪的关键部件之一,制备气液色谱的色谱柱,一般应考虑以下几方面。

1. 担体的选择与预处理

根据被测组分的极性大小选择不同的担体,并通过酸洗、碱洗或硅烷化、釉化等方式进行预处理,以改进担体孔径结构和屏蔽活性中心,从而提高柱效能。担体的颗粒度常用 80~120 目。

2. 固定液的选择

根据相似相溶的原理和被测组分的极性,选择合适的固定液。

3. 确定固定液与担体的配比

一般固定液与担体的配比为(5~25)∶100,配比的比例直接影响担体表面固定液液膜的厚度,因而影响色谱柱的柱效能。

4. 柱管的选择与清洗

一般填充柱的柱长为 1~10 m,柱的内径为 2~6 mm,柱管材质有不锈钢、玻璃、铜等。柱管需用酸、碱反复清洗。

5. 色谱柱的装填与老化

固定相在柱管内应该装填得均匀、紧密,并在装填过程中不被破碎,才能获得高的柱效能。固定相在装填后还须进行老化处理,以除去残留的溶剂和低沸点杂质,并使固定液液膜牢固、均匀地涂渍在担体表面。

三、仪器与试剂

1. 仪器

气相色谱仪;红外线干燥箱250 W;筛子100 目、120 目;真空泵;水泵;干燥塔(玻璃);漏斗;蒸发皿;色谱柱管长 2 m,内径 2 mm 的螺旋状不锈钢空柱;氮气钢瓶。

2.试剂

固定液:二甲基硅橡胶(SE－30)。

担体:102 硅烷化白色担体,100～120 目。

乙醚、盐酸、氢氧化钠等(均为分析纯)。

四、实验步骤

1.担体的预处理

称取 100 g 100～120 目的 102 硅烷化白色担体,用 100 目和 120 目筛子过筛,在 105 ℃ 烘箱内烘干 4～6 h,以除去担体吸附的水分,冷却后保存在干燥器内备用。

2.固定液的涂渍

称取固定液二甲基硅橡胶(SE－30)1.0 g 于 150 mL 蒸发皿中,加入适量乙醚溶解,乙醚的加入量应能浸没担体并保持有 3～5 mm 的液层。然后加入 20 g 102 硅烷化白色担体,置于通风橱内使乙醚自然挥发,并且不时加以轻缓搅拌,待乙醚挥发完毕后,移至红外线干燥箱继续烘干 20～30 min 即可准备装填。本实验选用的固定液与担体的配比为 5∶100。

涂渍时应注意以下几点。

(1) 选用的溶剂应能完全溶解固定液,不可出现悬浮或分层等现象,同时溶剂应能完全浸润担体。

(2) 使用的溶剂不是低沸点、易挥发的,则应在低于溶剂沸点约 20℃ 的水浴上,徐徐蒸去溶剂。

(3) 在溶剂蒸发过程中,搅动应轻而缓慢,不可剧烈搅拌和摩擦蒸发皿,以免把担体搅碎。

(4) 开始时不能使用红外线干燥箱来蒸发溶剂,否则溶剂蒸发得太快,使固定液涂渍不均匀。

3.色谱柱的装填

将色谱柱管一端与水泵相接,另一端接一漏斗,倒入 50 mL 1～2 mol·L⁻¹ 的盐酸溶液,浸泡5～6 min,然后用水抽洗至中性,再用 50 mL 1～2 mol·L⁻¹ 的氢氧化钠溶液浸泡抽洗,而后用水抽洗;如此反复抽洗 2～3 次,最后用水抽洗至中性,烘干备用(见图 6－7)。

在清洗烘干备用的不锈钢柱管的末端垫一层干净的玻璃棉,与真空泵相接,另一端接上小漏斗,启动真空泵。向小漏斗中倒入固定相填料,并用小木棒敲打色谱柱管的各个部位,使固定相填料均匀而紧密地装填在柱管内直到固定相填料不再继续进入柱管为止。

填料时要注意以下几点。

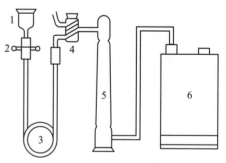

1—小漏斗;2—螺旋夹;3—色谱柱管;4—三通旋塞;5—干燥塔;6—真空泵。

图 6－7　色谱柱装填示意图

(1) 在色谱柱管与玻璃三通旋塞之间,须用 2~3 层纱布隔开,以避免固定相填料被抽入干燥塔内。

(2) 敲打色谱柱管时,不能用金属棒剧烈敲击,以免固定相填料破碎。

(3) 装填完毕,先把玻璃三通旋塞切换与大气相通,然后再切断真空泵电源,否则泵油将被倒抽至干燥塔内。

(4) 若填充后色谱柱内的固定相填料出现断层或间隙,则应重新装填。

4. 色谱柱的老化处理

(1) 把填充好的色谱柱的进气口与色谱仪上载气口相连接,色谱柱的出气口直接通大气,不要接检测器,以免检测器受杂质污染。

(2) 开启载气,使其流量为 2~5 mL·min^{-1},并用毛笔或棉花团蘸些肥皂水,抹于各个气路连接处,如果发现有气泡,表明气路连接处漏气,应重新连接,直至不出现气泡为止。

(3) 开启色谱仪上总电源和柱箱温度控制器开关,调节柱箱温度于 250 ℃,进行老化处理 4~8 h。然后接上检测器,开启记录仪电源,若记录的基线平直,说明老化处理完毕,即可用于测定。

五、讨论与思考

1. 涂渍固定液应注意哪些问题?

2. 通过本实验,你认为要装填好一个均匀、紧密的色谱柱,在操作上应注意哪些问题?

3. 影响填充色谱柱柱效能的因素有哪些?

4. 色谱柱为什么需进行老化处理?

第七章 气相色谱法

 学习目标

知识目标:

- 熟悉气相色谱仪的结构和各部分的作用。
- 熟悉各种检测器的应用范围。
- 掌握常见有机化合物用色谱分析时固定相的选择。
- 了解气相色谱在化工、环境、食品、质检等行业的应用。

能力目标:

- 掌握气相色谱仪的管路连接和安装。
- 掌握用气相色谱法进行归一化的定量方法。
- 掌握用气相色谱法进行内标法的定量方法。
- 掌握用气相色谱法进行外标法的定量方法。

资源链接

动画资源:

1. 填充柱色谱与毛细管柱色谱结构对比; 2. 热导池检测器; 3. 氢火焰离子检测器;
4. 电子捕获检测器

用气体作为流动相的色谱法称为气相色谱法(GC)。它是由惰性气体将气化后的样品带入加热的色谱柱,并携带分子渗透通过固定相,达到分离的目的。根据所用固定相的状态不同,可将气相色谱分为气固色谱和气液色谱。前者是用多孔性固体为固定相,分离对象主要是一些在常温常压下为气体和低沸点的化合物。后者的固定相是用高沸点的有机化合物涂渍在载体上作为固定相,由于可供选择的固定液种类很多,故选择性较好,应用广泛。

第一节　气相色谱仪

一、气相色谱仪的工作过程

用气相色谱法分离分析样品的基本过程如图7-1所示。由高压钢瓶供给的流动相载气，经减压阀、净化器、稳压阀和转子流量计后，以稳定的压力和流速连续经过气化室、色谱柱、检测器，最后放空。气化室与进样口相接，它的作用是把从进样口注入的液体样品瞬间气化为蒸气，以便随载气带入色谱柱中进行分离。分离后的样品随载气依次进入检测器，检测器将组分的浓度（或质量）变化转变为电信号。电信号经放大后，由记录仪记录下来，即得色谱图。

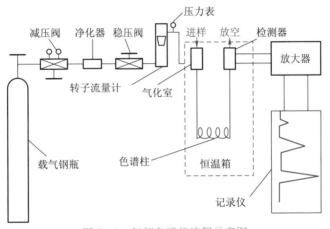

动画：填充柱
色谱与毛细
管柱色谱结
构对比

图7-1　气相色谱仪流程示意图

二、气相色谱仪

目前国内外的气相色谱仪型号和种类很多，如图7-2和图7-3所示，但它们均由以下五大系统组成：气路系统、进样系统、分离系统、温控系统和检测记录系统。样品中各组分能否分开，关键在于色谱柱；分离后组分能否鉴定出来则在于检测器，所以分离系统和检测记录系统是仪器的核心。

图7-2　国产GC 102气相色谱仪

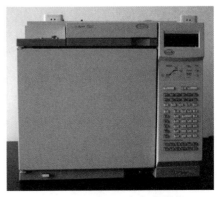

图7-3　HP6890气相色谱仪

1. 气路系统

气路系统是指流动相连续运行的密闭管路系统。它包括气源、净化器、气体流速控制和测量装置。通过该系统可获得纯净的、流速稳定的载气。为了获得好的色谱结果,气路系统必须气密性好、载气纯净、流量稳定且能准确测量。

(1) 载气。常用的载气有氮气、氢气和氦气等。载气可以储存于相应的高压钢瓶中,也可以由气体发生器提供。选择何种载气,主要由所用检测器的性质和分离要求决定。某些检测器还需要辅助气体,如火焰离子化和火焰光度检测器需要氢气和空气作燃气和助燃气。

(2) 净化器。载气在进入色谱仪之前,必须经过净化处理,载气的净化由装有气体净化剂的气体净化管来完成,如图7-4,常用的净化剂有活性炭、硅胶和分子筛,分别用来除去烃类物质、水分和氧气。

(3) 稳压恒流装置。由于载气的流速是影响色谱分离和定性分析的重要参数之一,所以要求载气流速稳定。流速的调节和稳定靠稳压阀或稳流阀调节控制。稳压阀的作用有两个:一是通过改变输出气压来调节气体流量的大小;二是稳定输出气压。在恒温色谱中,当操作条件不变时,整个系统阻力不变,单独使用稳压阀便可使色谱柱入口压力稳定,从而保持稳定的流速。但在程序升温色谱中,由于柱内阻力不断

图7-4　气体净化管

增加,载气的流量逐渐减少,因此需要在稳压阀后连接一个稳流阀,以保持恒定的流量。现在高档气相色谱仪的气体流量和压力采用了电子压力流量控制(EPC),控制精度有了很大提高。

2. 进样系统

进样系统包括进样器和气化室。其作用是把待测样品(气体或液体)快速而定量地加到色谱柱中进行色谱分离。进样量的大小、进样时间的长短和样品气化速度等都会影响色谱分离效率和分析结果的准确性及重现性。

(1) 进样器。液体样品的进样,一般都用微量注射器,常用的规格有 1 μL、5 μL、10 μL 和 25 μL 等,如图 7-5 所示。气体样品的进样,

常用的是旋转式六通阀,如图 7-6 所示,当六通阀处于采样位时,用注射器或球胆将样品压

图 7-5　微量注射器

入定量管中,转至进样位时,流动相将样品带入色谱柱中。

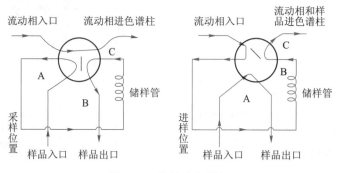

图 7-6　旋转式六通阀

（2）气化室。液体样品在进柱之前必须在气化室内变成蒸气。气化室位于进样口的下端，为了使样品能瞬间气化而不分解，要求气化室热容量大，温度足够高且无催化效应；为了尽量减少柱前峰展宽，气化室的死体积也应尽可能小。因此，气化室是由一块金属制成，外套加热块，在气化室内常衬有石英套管以消除金属表面的催化作用。气化室注射孔用厚度为 5 mm 的硅橡胶垫密封，由散热式压管压紧，采用长针头注射器将样品注入热区，以减少气化室死体积，提高柱效。图 7 - 7 是一种常用的填充柱进样口。气化室的不锈钢套管中插入石英管，石英管内壁就保持干净，使用一段时间后应进行清洗或更换，石英衬管中的石英玻璃毛能起到保护色谱柱的作用。进样口隔垫的作用是防止漏气，硅橡胶在使用一段时间后会失去密封作用，应经常更换。

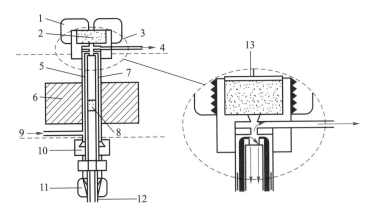

1—固定隔垫的螺母；2—隔垫；3—隔垫吹扫装置；4—隔垫吹出口；5—气化室；
6—加热块；7—衬管；8—石英玻璃毛；9—载气入口；10—柱连接件固定螺
母；11—色谱柱固定螺母；12—色谱柱；13—隔垫吹扫装置放大图。
图 7 - 7　填充柱进样口结构示意图

3. 分离系统

色谱仪的分离系统是色谱柱，安装在柱箱内用于分离样品，是色谱仪中最重要的部件之一。色谱柱主要有两类：填充柱和毛细管柱。填充柱（如图 7 - 8）由不锈钢或玻璃材料制成，内装固定相，一般内径为 2~4 mm，长 1~10 m。形状有 U 形和螺旋形两种，常用的是螺旋形。填充柱制备简单，可供选择的固定相种类多，柱容量大，分离效率也足够高，应用很普遍。

毛细管柱又叫空心柱（如图 7 - 9），分为：① 涂壁开管柱（WCOT），是将固定液均匀地涂在内径为 0.1~0.5 mm 的毛细管内壁而成。② 多孔层开管柱（PLOT），在管壁上涂一层多孔性吸附剂固体微粒，实际上是气固色谱开管柱。③ 载体涂渍开管柱（SCOT），先在毛细管内壁涂上一层载体，如硅藻土载体，在此载体上再涂以固定液。④ 键合型开管柱，将固定液用化学键合的方法键合到涂敷硅胶的柱表面或经表面处理的毛细管内壁上，该类柱的固定液流失少，热稳定性高。毛细管材料可以是不锈钢、玻璃和石英，柱内径一般小于 1 mm。毛细管柱渗透性好，传质阻力小，柱长可长达几十米，甚至几百米。毛细管柱分辨率高（理论塔板数可达 1.0×10^6），分析速度快，样品用量小。但柱容量小，对检测器的灵敏度要求高。

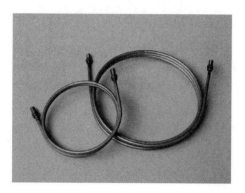

图 7-8 填充柱

图 7-9 毛细管柱

4. 温控系统

温控系统的作用是对气相色谱的气化室、色谱柱和检测器进行温度控制。在气相色谱测定中，温度直接影响色谱柱的选择分离、检测器的灵敏度和稳定性。色谱柱的温度控制方式有恒温和程序升温两种。对于沸点范围很宽的混合物，往往采用程序升温法进行分析。程序升温法是指在一个分析周期内，炉温连续地随时间由低温到高温线性或非线性的变化，使沸点不同的组分在其最佳柱温时流出。程序升温法具有改善分离效果，使峰变窄，检测限下降及省时等优点。一般地，气化室温度比柱温高 10～50 ℃，以保证样品能瞬间气化而不分解，有些气相色谱仪的气化室也可进行程序升温控制。检测器温度与柱温相同或略高于柱温，以防止样品在检测器冷凝。检测器的温度控制精度要求在 ±0.1 ℃ 以内，柱的温度也要求能精确控制。

5. 检测记录系统

检测记录系统包括检测器、放大器和记录仪。现在许多气相色谱仪采用了色谱工作站的计算机系统，不仅可对色谱仪进行实时控制，还可自动采集数据和完成数据处理。毛细管气相色谱仪与填充柱气相色谱仪十分相似，只是在柱前多一个分流/不分流进样器，柱后加了一个尾吹气路（以减少组分在柱后的扩散），常用的毛细管气相色谱仪大都是单气路。由于毛细管柱具有柱容量小、出峰快的特点，所以必须有一些特殊的技术要求。它要求瞬间注入极小量样品，需要响应快、灵敏度高的检测器和快速响应的记录仪。气相色谱中的检测器有几十种，常用的有热导池检测器、氢火焰离子化检测器、电子捕获检测器和火焰光度检测器四种。

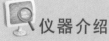仪器介绍

岛津 GC-2010 型气相色谱仪

一、仪器简介

岛津 GC-2010 型气相色谱仪（图 7-10）由柱温箱（温度范围：室温＋4～450 ℃）、检测器（可配氢火焰离子化检测器、热导池检测器、电子捕获检测器、火焰光度检测器）、分流/无

分流进样口、"GC Solution"中文或英文色谱操作软件和计算机等组成,另外还包括打印机等辅助设备。仪器载气流量控制精度高,使保留时间、峰面积、峰高等色谱数据具有良好的重现性。检测器的数据采集速度高,可保证快速分析时数据的准确性和完整性。柱温箱的升温、冷却速度快,可满足快速分析的升温要求。显示部分采用可容纳大信息量的大型显示器与图解式人机对话方式,可在短时间内设定进样口、柱温箱、检测器的所有参数,升温程序及实时得到的色谱图可清晰展现,内置帮助功能使操作更为简便直观。该仪器主要用于化工、医药、生物、食品、环境等多个领域有机化合物的分离分析。

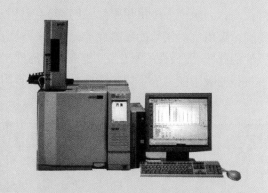

图 7 - 10　岛津 GC - 2010 型气相色谱仪

二、仪器使用方法

1. 确保气源处于工作压力范围内:载气 0.5～0.9 MPa;使用 FID 检测器时打开空气压缩机和氢气发生器电源。

2. 打开 GC - 2010 型气相色谱仪和色谱工作站电源。

3. 点击工作站桌面"GC Real Time Analysis",再点击"OK",长声蜂鸣表示联机成功。

4. 打开原有方法文件或重新设定新的参数,包括色谱柱、进样口、柱温、检测器等。

5. 点击"Download Parameters",再点击"System On",待检测器达到设定温度后,点击 Flame "On"(FID,点火之前检查空气和氢气是否已达到需要压力)或 Current "On"(TCD)。

6. 系统稳定且基线平稳后,点击"Single Run",再点击"Sample Login",编辑样品信息,点击"Start"→进样→按气相色谱仪上"Start"键,进行色谱分析及数据获取。

7. 点击"GC Post Run Analysis"进行数据处理。

8. 分析结束后,点击"System Off",待检测器、进样口、柱箱温度均降至至少 80 ℃ 以下时,方可关闭工作站、气相色谱仪电源和载气气源。

第二节　气相色谱的固定相

气相色谱根据使用的固定相性质分为气固色谱和气液色谱。气固色谱固定相为吸附剂,气液色谱固定相由固定液和载体组成。由于使用惰性气体作流动相,可以认为组分和流动相分子之间基本没有作用力,决定色谱分离的主要因素是组分和固定相分子之间的相互作用力,所以固定相的性质对分离起着关键的作用。

一、固体固定相

固体固定相一般采用固体吸附剂,主要用于分离和分析永久性气体及气态烃类物质。利用固体吸附剂对气体的吸附性能差别,来得到满意的分析结果。常用的固体吸附剂主要有强极性的硅胶、弱极性的氧化铝、非极性的活性炭和具有特殊吸附作用的分子筛,根据它们对各种气体的吸附能力的不同来选择最合适的吸附剂。常见的吸附剂及其一般用途见表 7-1。

表 7-1 气固色谱常用的几种吸附剂及其性能

吸附剂	主要化学成分	最高使用温度/℃	性质	分离特征
活性炭	C	<300	非极性	永久性气体、低沸点烃类
石墨化炭黑	C	>500	非极性	主要分离气体及烃类
硅胶	$SiO_2 \cdot x H_2O$	<400	氢键型	永久性气体及低级烃
氧化铝	Al_2O_3	<400	弱极性	烃类及有机异构物
分子筛	$x(MO) \cdot y(Al_2O_3) \cdot z(SiO_2) \cdot n H_2O$	<400	极性	特别适宜分离永久气体

二、液体固定相

液体固定相由载体(担体)和固定液组成,是气相色谱中应用最广泛的固定相。

1. 载体

载体是固定液的支持骨架,是一种多孔性的、化学惰性的固体颗粒,固定液可在其表面上形成一层薄而均匀的液膜,以加大与流动相接触的表面积。载体应有如下特点。

第一,具有多孔性,即比表面积大。

第二,化学惰性,即不与样品组分发生化学反应。表面没有活性,但有较好的浸润性。

第三,热稳定性好。

第四,有一定的机械强度,使固定相在制备和填充过程中不易破碎。

(1) 载体种类及性能。载体大致可分为两大类,即硅藻土类和非硅藻土类。硅藻土类载体是天然硅藻土经煅烧等处理后而获得的具有一定粒度的多孔性颗粒。非硅藻土类载体品种不一,多在特殊情况下使用,如氟载体、玻璃珠等。硅藻土类载体是目前气相色谱中广泛使用的一种载体,按其制造方法的不同,又可分为红色载体和白色载体两种。

红色载体因含少量氧化铁颗粒呈红色而得名,如 201、202、6201,C-22 火砖和 Chromosorb P 型载体等。红色载体的机械强度大,孔穴密集、孔径小(约 2 μm),比表面积大(约4 $m^2 \cdot g^{-1}$),但表面存在吸附活性中心,对极性化合物有较强的吸附性和催化活性,如烃类、醇、胺、酸等极性物质会因吸附而产生严重拖尾。因此,红色载体适用于涂渍非极性固定液,分离非极性和弱极性化合物。

白色载体是天然硅藻土在煅烧时加入少量碳酸钠之类的助熔剂,使氧化铁转变为白色的铁硅酸钠而得名,如 101、102、Chromosorb W 等型号的载体。白色载体的比表面积小(1 $m^2 \cdot g^{-1}$),孔径较大(8~9 μm),催化活性小,所以适于涂渍极性固定液,分离极性化合物。

（2）硅藻土载体的预处理。普通硅藻土载体的表面并非惰性，而是具有硅醇基（—Si—OH），并有少量金属氧化物，如氧化铝、氧化铁等。因此，在它的表面上既有吸附活性，又有催化活性，会造成色谱峰的拖尾。因此，使用前要对硅藻土载体表面进行化学处理，以改进孔隙结构，屏蔽活性中心。处理方法有：酸洗（除去碱性作用基团）、碱洗（除去酸性作用基团）、硅烷化（除去氢键结合力）、釉化（表面玻璃化，堵住微孔）等。

2. 固定液

固定液一般为高沸点的有机化合物，均匀地涂在载体表面，呈液膜状态。

（1）对固定液的要求。

第一，对被测组分化学惰性。

第二，热稳定性好，在操作温度下固定液的蒸气压很低，不应超过 13.3 Pa，超过此限度，固定液易流失。

第三，对不同的物质具有较高的选择性，即对沸点相同或相近的不同物质有尽可能高的分离能力。

第四，黏度小、凝固点低，使其对载体表面具有良好浸润性，易涂布均匀。

第五，对样品中各组分有适当的溶解能力。

（2）固定液的分类。固定液种类众多，其组成、性质和用途各不相同。主要依据固定液的极性和化学类型来进行分类。固定液的极性可用相对极性（P）来表示。

相对极性的确定方法如下：规定非极性固定液角鲨烷的极性 $P=0$，强极性固定液 β,β'-氧二丙腈的极性 $P=100$。其他固定液以此为标准通过实验测出它们的相对极性均在 $0\sim100$。通常将相对极性值分为五级，每 20 个相对单位为一级，相对极性在 $0\sim+1$ 的为非极性固定液（亦可用"-1"表示非极性）；$+2$ 为弱极性固定液；$+3$ 为中等极性固定液；$+4$、$+5$ 为强极性固定液。表 7-2 列出了常用的 12 种固定液。

表 7-2　12 种固定液

固定液名称	型号	相对极性	最高使用温度/℃	溶剂	分析对象
角鲨烷	SQ	-1	150	乙醚、甲苯	气态烃、轻馏分液态烃
甲基硅油或甲基硅橡胶	SE-30 OV-101	+1	350 200	氯仿、甲苯	各种高沸点化合物
苯基（10%）甲基聚硅氧烷	OV-3	+1	350	丙酮、苯	各种高沸点化合物、对芳香族和极性化合物保留值增大OV-17+QF-1可分析含氯农药
苯基（20%）甲基聚硅氧烷	OV-7	+2	350	丙酮、苯	
苯基（50%）甲基聚硅氧烷	OV-17	+2	300	丙酮、苯	
苯基（60%）甲基聚硅氧烷	OV-22	+2	350	丙酮、苯	
三氟丙基（50%）甲基聚硅氧烷	QF-1 OV-210	+3	250	氯仿、二氯甲烷	含卤化合物、金属螯合物、甾类

续表

固定液名称	型号	相对极性	最高使用温度/℃	溶剂	分析对象
β-氰乙基(25%)甲基聚硅氧烷	XE-60	+3	250	氯仿、二氯甲烷	苯酚、酚醚、芳胺、生物碱、甾类
聚乙二醇-20000	PEG-20M	+4	225	丙酮、氯仿	选择性保留分离含 O、N 官能团及 O、N 杂环化合物
聚己二酸二乙二醇酯	DEGA	+4	200	丙酮、氯仿	分离 $C_1 \sim C_{24}$ 脂肪酸甲酯,甲酚异构体
聚丁二酸二乙二醇酯	DEGS	+4	200	丙酮、氯仿	分离饱和及不饱和脂肪酸酯,苯二甲酸酯异构体
1,2,3-三(2-氰乙氧基)丙烷	TCEP	+5	175	氯仿、甲醇	选择性保留低级含 O 化合物,伯、仲胺,不饱和烃、环烷烃等

这 12 种固定液的极性均匀递增,可作为色谱分离的优选固定液。

(3)固定液的选择。一般可按"相似相溶"原则来选择固定液。此时分子间的作用力强,选择性高,分离效果好。具体可从以下几个方面进行考虑。

第一,分离非极性物质,一般选用非极性固定液。此时样品中各组分按沸点次序流出,沸点低的先流出,沸点高的后流出。如果非极性混合物中含有极性组分,当沸点相近时,极性组分先出峰。

第二,分离极性物质,则宜选用极性固定液。样品中各组分按极性由小到大的次序流出。

第三,对于非极性和极性的混合物的分离,一般选用极性固定液。这时非极性组分先流出,极性组分后流出。

第四,能形成氢键的样品,如醇、酚、胺和水等,则应选用氢键型固定液,如腈醚和多元醇固定液等,此时各组分将按与固定液形成氢键能力的大小顺序流出。

第五,对于复杂组分,一般首先在不同极性的固定液上进行实验,观察未知物色谱图的分离情况,然后在 12 种常用固定液中,选择合适极性的固定液。

三、合成固定相

合成固定相又称聚合物固定相,包括高分子多孔微球和键合固定相。其中,键合固定相多用于液相色谱。高分子多孔微球是一种合成的有机固定相,可分为极性和非极性两种。非极性聚合物固定相由苯乙烯和二乙烯苯共聚而成,如我国的 GDX-1 型和 GDX-2 型及国外的 Chromosorb 系列等。极性聚合物固定相是在苯乙烯和二乙烯苯聚合时引入不同极性的基团,即可得到不同极性的聚合物,如我国的 GDX-3 型和 GDX-4 型及国外的 Porapak N 等。

聚合物固定相既是载体又起固定液作用,可活化后直接用于分离,也可作为载体在其表面涂渍固定液后再用,由于聚合物固定相是人工合成的,所以能控制其孔径大小及表面性质。一般来说,这类固定相的颗粒是均匀的圆球,所以色谱柱容易填充均匀,其数据重现性好。由于无液膜存在,所以没有流失问题,有利于程序升温,用于沸点范围宽的样品的分离。这类高分子多孔微球的比表面积和机械强度较大且耐腐蚀,其最高使用温度为 250 ℃,特别适用于有机化合物中痕量水的分析,也可用于多元醇、脂肪酸、腈类和胺类的分析。

第三节　气相色谱的检测器

检测器是一种将被分离的组分的量转为易于测量的电信号的装置。目前,检测器的种类多达数十种。根据检测原理的不同,可将检测器分为浓度型检测器和质量型检测器两类。

浓度型检测器测量的是载气中某组分浓度瞬间的变化,即检测器的响应值与组分的浓度成正比,如热导检测器和电子捕获检测器等。质量型检测器测量的是载气中某组分进入检测器的速度变化,即检测器的响应值与单位时间内进入检测器某组分的质量成正比,如氢火焰离子化检测器和火焰光度检测器等。

一、热导池检测器

热导池检测器(thermal conductivity cell detector,TCD)是根据不同的物质具有不同的热导率这一原理制成的。它结构简单,性能稳定,通用性好,线性范围宽,价格便宜,是应用最广、最成熟的一种检测器。

动画:热导
池检测器

热导池由池体和热敏元件构成,热敏元件为金属丝(钨丝或铂金丝)。目前,普遍使用的是四臂热导池,其中二臂为参比臂,另二臂为测量臂。将参比臂和测量臂接入惠斯顿电桥,组成热导池测量线路,如图 7-11 所示。其中,R_2、R_3 为测量臂,R_1、R_4 为参比臂。电源提供恒定电压加热钨丝,当只有载气以恒定速度通入时,载气从热敏元件带走相同的热量,热敏元件温度变化相同,其电阻值变化也相同,电桥处于平衡状态。即 $R_1R_4=R_2R_3$。进样后样品气和载气混合通过测量臂,由于混合气体的热导率与载气的热导率不同,测量臂和参比臂带走的热量不相等,热敏元件的温度和阻值的变化就不同,导致参比臂热丝和测量臂热丝的电阻不相等,电桥失去平衡,记录器上就有信号产生。混合气体的热导率与纯载气的热导率相差越大,输出信号就越大。

热导池检测器是一种通用的非破坏性浓度型检测器,一直是实际工作中应用最多的气相色谱检测器之一。TCD 特别适用于气体混合物的分析,对于那些氢火焰离子化检测器不能直接检测的无机气体的分析,TCD 更是显示出独到之处。TCD 在检测过程中不破坏被检测的组分,有利于样品的收集,或与其他仪器联用。TCD 能满足工业分析中峰高定量的要求,很适于工厂控制分析。

在使用 TCD 时,应先通入载气,保证检测器部分没有空气后才能打开检测器的电流,否则,检测器中的热丝很容易被烧毁。

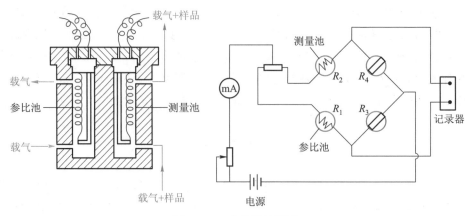

图 7-11 热导池检测器

二、氢火焰离子化检测器

氢火焰离子化检测器(flame ionization detector, FID)简称氢焰检测器。它以氢气和空气燃烧作为能源,利用含碳有机化合物在火焰中燃烧产生离子,在外加电场作用下,使离子形成离子流,根据离子流产生的电信号强度,检测被色谱柱分离出的组分。它的主要部件是一个用不锈钢制成的离子室,包括收集极、发射极(极化极)、气体入口和石英喷嘴(见图7-12)。在离子室下部,被测组分被载气携带,从色谱柱流出,与氢气混合后通过喷嘴,再与空气混合后点火燃烧,形成氢火焰。燃烧所产生的高温(约2100 ℃)使被测有机化合物组分电离成正负离子。在火焰上方收集极(阳极)和发射极(阴极)所形成的静电场作用下,离子流定向运动形成电流,经放大、记录即得色谱峰。

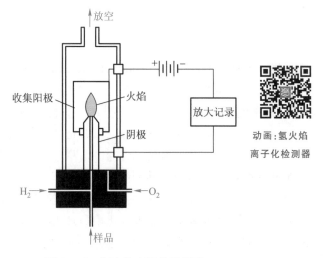

动画:氢火焰
离子化检测器

图 7-12 氢火焰离子化检测器

FID 对能在火焰中燃烧电离的有机化合物都有响应,可以直接进行定量分析,是目前应用最广泛的气相色谱检测器之一。FID 的主要缺点是不能检测永久性气体、水、CO、CO_2、氮的氧化物、硫化氢等物质。

在使用 FID 时,在点火前应将检测器温度升至 100 ℃以上,避免水蒸气在检测器冷凝,从而影响检测器的灵敏度。

三、电子捕获检测器

电子捕获检测器(electron capture detector, ECD)是应用广泛的一种高选择性、高灵敏度的浓度型检测器,它对含有较强电负性元素(如卤素、氧、硫、磷、氮等)的检测有很高的灵敏度,

检出限约 10^{-14} g·mL^{-1}。电负性越强,灵敏度越高。广泛应用于食品、农副产品中农药残留量、大气及水质污染分析。ECD 对电负性很小的化合物,如烃类化合物等,只有很小或没有输出信号。

ECD 的构造如图 7-13 所示,它与氢火焰离子化检测器相似,也有一个能源和一个电场。在检测器池体内有一个筒状 β 放射源(^{63}Ni 或 ^{3}H)作为阴极,一个不锈钢棒作为阳极。在两极施加直流或脉冲电压,当载气(一般为 N$_2$ 或 Ar)进入检测器时,在放射源发射的 β 射线作用下发生电离成为游离基和低能电子:

$$N_2 \xrightarrow{\text{β射线}} N_2^+ + e^-$$

这些电子在电场作用下,向阳极运动,形成恒定的电流即基流。当电负性物质进入检测器后,就能捕获这些低能电子,从而使基流下降,产生负信号(倒峰),如图 7-14 所示。被测组分的浓度越大,倒峰越大;组分中电负性元素的电负性越强,捕获电子的能力越大,倒峰也越大。实际过程中,常通过改变极性使负峰变为正峰。

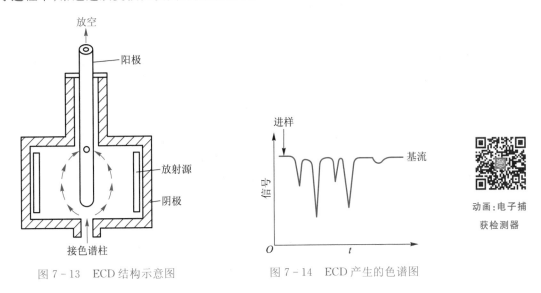

图 7-13　ECD 结构示意图　　　　图 7-14　ECD 产生的色谱图

动画:电子捕获检测器

电子捕获检测器线性范围较窄,进样量不可太大。

四、火焰光度检测器

火焰光度检测器(flame photometric detector,FPD)又称硫磷检测器,是对含硫、磷的有机化合物具有高选择性和灵敏度的质量型检测器。对磷的检出限可达 10^{-12} g·s^{-1},对硫的检出限可达 10^{-11} g·s^{-1}。这种检测器可用于大气中痕量硫化物及农副产品、水中的纳克级有机磷和有机硫农药残留量的测定。

FPD 的结构如图 7-15 所示,主要由火焰喷嘴、滤光片和光电倍增管组成。当含硫(或磷)的样品进入氢焰离子室,在富氢-空气焰中燃烧时,发生下列反应:

$$RS + 空气 + O_2 \longrightarrow SO_2 + CO_2$$

$$2SO_2 + 8H \longrightarrow 2S + 4H_2O$$

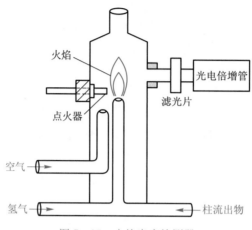

图 7-15 火焰光度检测器

有机硫首先被氧化成 SO_2，然后被氢还原成 S 原子，S 原子在适当的温度下生成激发态的 S_2^* 分子，当 S_2^* 返回基态时发射出特征波长为 350～430 nm 的特征分子光谱：

$$S_2^* \longrightarrow S_2 + h\nu$$

含磷的样品燃烧时生成磷的氧化物，然后在富氢的火焰中被氢还原为化学发光的 HPO（氢氧磷）碎片，发射出 526 nm 波长的特征光谱。这些发射光通过滤光片照射到光电倍增管上，将光转变为光电流，经放大后由记录仪记录即得化合物色谱图。

五、检测器性能指标

一个优良的检测器要求有灵敏度高、检出限低、死体积小、响应速度快、线性范围宽和稳定性强等特点。通用型检测器要求适用范围广，选择性检测器要求选择性好。

1. 灵敏度(S)

一定浓度或一定质量的样品进入检测器，产生一定响应信号 R。以进样量 Q（单位 $mg \cdot mL^{-1}$ 或 $g \cdot s^{-1}$）对响应信号 R 作图，就可得到一条直线，如图 7-16 所示，直线的斜率就是检测器的灵敏度，以 S 表示。因此，灵敏度就是响应信号对进样量的变化率：

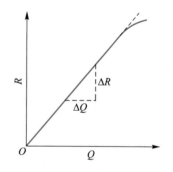

图 7-16 检测限 R-Q 关系

$$S = \frac{\Delta R}{\Delta Q}$$

对于浓度型检测器，如果进样为液体，则灵敏度的单位是 $mV \cdot mL \cdot mg^{-1}$，即每毫升载气中有 1 mg 样品时在检测器上能产生的响应信号（单位 mV）；若样品为气体，灵敏度的单位

是 $mV \cdot mL \cdot mL^{-1}$。对于质量型检测器,其响应值取决于单位时间内进入检测器的某组分的量,对载气没有响应,灵敏度的单位是 $mV \cdot s \cdot g^{-1}$。

2. 检出限

检出限是指恰能产生和噪声相鉴别的信号时,在单位体积或时间需进入检测器的物质质量(单位 g)。一般将三倍于噪声所相当的物质的量称为检出限,如图 7-17 所示。

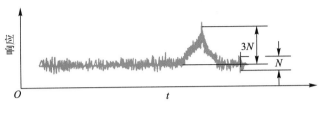

图 7-17　检出限

检出限:

$$D = \frac{3N}{S}$$

式中:N 为检测器的噪声,即基线波动,单位 mV;S 为检测器灵敏度。D 值越小,说明仪器越敏感。

3. 响应时间

响应时间是指进入检测器的某一组分的输出信号达到其真值的 63% 所需的时间。因此,要求检测器的死体积要小,电路系统的滞后现象尽可能小,一般都小于 1 s。

第四节　分离操作条件的选择

在气相色谱分析中,除了要选择合适的固定相之外,还要选择分离的最佳操作条件,以提高柱效能,增大分离度,满足分离需要。

一、载气及其线速的选择

根据范第姆特方程,当载气流速较小时,纵向扩散系数 B 为影响色谱柱塔板高度的主要因素,为了降低纵向扩散可采用相对分子质量较大的 N_2 或 Ar 作载气。在流速较高时,应采用相对分子质量小的 H_2 或 He 作载气,有利于降低气相传质阻力,尤其在低固定液配比时,气相传质阻力对板高 H 的影响较大。

同时,载气的选择还必须考虑检测器的适应性。TCD 常用 H_2、He 作载气,可获得较高的检测灵敏度;FID 和 FPD 常用 N_2 作载气(H_2 作燃气,空气作助燃气);ECD 常用 N_2 作载气。

其次,应考虑载气流速的大小。根据范第姆特方程可以看出,分子扩散项与载气流速成反比,而传质阻力与载气流速成正比,所以必然有一最佳流速使板高 H 最小,柱效最高。最佳流速一般是通过实验来选择。其方法是:选择好色谱柱和柱温后,固定其他实验条件,依次改变载气流速,将一定量待测组分纯物质注入色谱仪。出峰后,分别测出在不同载气流速下,该组分的保留时间和峰底宽。利用式(6-14),计算出不同流速下的有效理论塔板数 $n_{有效}$ 值,并由

$H = L/n$ 求出相应的有效塔板高度。以载气流速 μ 为横坐标,板高 H 为纵坐标,绘制出 $H-u$ 曲线(如图 7-18 所示)。图中曲线最低点处对应的塔板高度最小,因此对应载气的最佳线速度 $u_{最佳}$,在最佳线速度下可获得最高柱效。实际上,若选用最佳流速,柱效能固然最高,但分析时间较长。为加快分析速度,一般采用稍高(比最佳流速高 10% 左右)于最佳流速的载气流速。对一般色谱柱(内径 3~4 mm)常用流速为 20~100 mL·min^{-1},而对于毛细管柱(内径 0.25 mm),通常用的载气流速为 1~2 mL·min^{-1}。

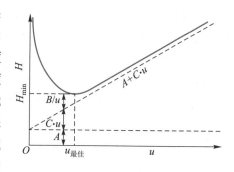

图 7-18 塔板高度 H 与载气
流速 u 的关系

二、柱温的选择

柱温是一个重要的色谱操作参数。它直接影响分离效能和分析速度。降低柱温可使色谱柱的选择性增大;升高柱温可以缩短分析时间,并且可以改善气相和液相的传质速率,有利于提高柱效能,但柱温不能高于色谱柱的最高使用温度,否则会造成固定液大量流失。所以这两方面的情况均要考虑到。在实际工作中,一般根据样品的沸点来选择柱温。

对于宽沸程的多组分混合物,可采用程序升温法,即在分析过程中按一定的速度提高柱温,在程序开始时,柱温很低,低沸点的组分得以分离,中沸点的组分移动很慢,高沸点的组分则停留在柱口附近。随着柱温的升高,中沸点和高沸点的组分也依次得以分离。

程序升温能兼顾高、低沸点组分的分离效果和分离时间,使不同沸点的组分由低沸点到高沸点依次分离出来,从而达到用最短的时间获得最佳的分离效果的目的。

程序升温的起始温度、维持起始温度的时间、升温速率、最终温度和维持最终温度的时间通常都要经过反复实验加以选择。起始温度要足够低,以保证混合物中的低沸点组分能够得到满意的分离。对于含有一组低沸点组分的混合物,起始温度还需维持一定的时间,使低沸点组分之间分离良好。如果峰与峰之间靠得很近,则应选择低的升温速率。图 7-19 为恒温色谱和程序升温色谱分离直链烷烃的比较。

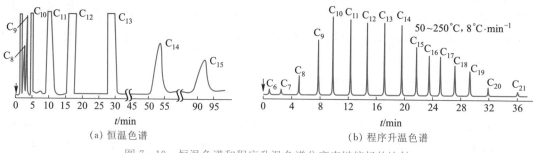

图 7-19 恒温色谱和程序升温色谱分离直链烷烃的比较

从图可以看出,采用程序升温后不仅可以改善分离,而且可以缩短分离时间,得到的峰形也比较理想。

三、进样量和进样时间

进样量与柱容量、固定液配比和检测器的线性范围等因素有关。在实际分析中,最大允许进样量应控制在使半峰宽基本不变,而峰高与进样量呈线性关系的范围内。进样量太多时,柱效能会下降,使分离效果不好;进样量太小,检测器又不易检测而使分析误差增大。一般液体样品的进样量控制在 $0.1\sim10\ \mu L$,气体样品的进样量控制在 $0.1\sim10\ mL$。

进样速度必须很快,若进样时间太长,样品原始宽度将变大,会导致色谱峰扩展甚至峰变形。一般来说,进样时间应在 1 s 之内。

第五节 气相色谱法应用

气相色谱法效率高、分析速度快、操作方便、结果准确,因此它在石油化工、医药、食品、环境等领域有着广泛的应用。

一、气相色谱在石油化工中的应用

石油产品包括各种气态烃类物质、汽油、柴油、重油和石蜡等。图 7-20 是采用 Al_2O_3/KCl PLOT 柱分离 $C_1\sim C_5$ 烃的色谱图。

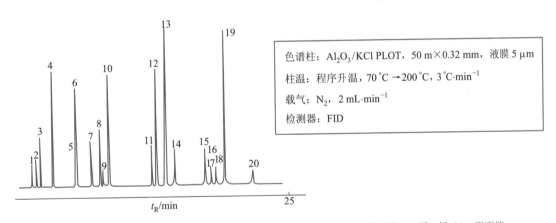

色谱柱:Al_2O_3/KCl PLOT,50 m×0.32 mm,液膜 5 μm

柱温:程序升温,70 ℃ → 200 ℃,3 ℃·min^{-1}

载气:N_2,2 mL·min^{-1}

检测器:FID

1—甲烷;2—乙烷;3—乙烯;4—丙烷;5—环丙烷;6—丙烯;7—乙炔;8—异丁烷;9—丙二烯;10—正丁烷;
11—反-2-丁烯;12—1-丁烯;13—异丁烯;14—顺-2-丁烯;15—异戊烷;16—1,2-丁二烯;
17—丙炔;18—正戊烷;19—1,3-丁二烯;20—3-甲基-1-丁烯。

图 7-20 分离 $C_1\sim C_5$ 烃类物质的色谱图

二、气相色谱在食品分析中的应用

气相色谱法可用于测定食品中的各种组分、添加剂及食品中的污染物,尤其是农药残留量。图 7-21 为牛奶中有机氯农药的色谱图。

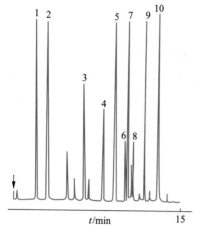

色谱柱: SE-30，25 m×0.32 mm，液膜 0.15 μm
柱温: 程序升温，
40℃ → 140℃，20℃·min⁻¹ → 220℃，3℃·min⁻¹
载气: H₂，2 mL·min⁻¹
检测器: ECD

色谱峰:1—六氯苯;2—林丹;3—艾氏剂;4—环氧七氯;5—p'-滴滴伊;6—狄氏剂;
7—p,p'-滴滴伊;8—异艾氏剂;9—o,p'-滴滴涕;10—p,p'-滴滴涕。

图 7-21 有机氯农药色谱图形

三、气相色谱在环境分析中的应用

环境是人类生存繁衍的物质基础。凡是与人类生存生活有关的样品都可称为环境样品，它包括大气、烟尘、各种工业废气、自然界的各种水质(江河湖海及地下水、地表水等)、各种工业废水和城市污水、土壤等。现代环境污染的重点不再是重金属污染，而是有机化合物污染。因此气相色谱在环境分析中起着非常重要的作用。图 7-22 是水溶剂中常见的有机溶剂分析的色谱图。图 7-23 为多环芳烃的分析色谱图。

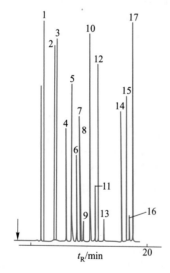

色谱柱: CP-Sil 5CB，25 m×0.32 mm

柱温: 35℃(3 min) → 220℃，10℃·min⁻¹

载气: H₂

检测器: FID

色谱峰:1—乙腈;2—甲基乙基酮;3—仲丁醇;4—1,2-二氯乙烷;5—苯;6—1,1-二氯丙烷;7—1,2-二氯丙烷;8—2,3-二氯丙烷;9—氯甲代氧丙环;10—甲基异丁基酮;11—反-1,3-二氯丙烷;12—甲苯;13—未定;14—对二甲苯;15—1,2,3-三氯丙烷;16—2,3-二氯取代的醇;17—乙基戊基酮。

图 7-22 水中溶剂的分离分析色谱图

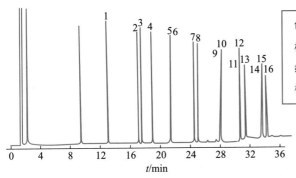

色谱柱：SE-54，30 m×0.32 mm，膜厚 0.25 μm

柱温：35℃恒温 4 min→325℃，10℃·min^{-1}

载气：H$_2$，线速：40 cm/s

检测器：FID

1—萘;2—苊;3—二氢苊;4—芴;5—菲;6—蒽;7—荧蒽;8—芘;9—苯并[a]蒽;10—,11—苯并[b]荧蒽;12—苯
并[k]荧蒽;13—苯并[a]芘;14—茚并[1,2,3-cd]芘;15—二苯并[a,h]蒽;16—苯并[g,h,i]芘。

图 7-23　多环芳烃的分析色谱图

四、气相色谱在药物分析中的应用

许多中西药在提纯浓缩后,能直接或衍生化后进行分析,其中主要有镇静催眠药、镇痛药、
兴奋剂、抗生素、磺胺类药及中药中常见的萜烯类化合物等。在药物研究中,通过体液和组织
的药物检测可以了解给药后药物在体内的吸收、分布、代谢和排泄情况,为药物的药效、毒性的
评价及其在体内的作用机制的研究提供信息。图 7-24 是常见的 22 种镇静催眠药物在血液
中含量的气相色谱图。

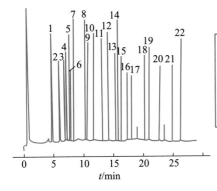

色谱柱：SE-54，22 m×0.24 mm，膜厚 0.25 μm

柱温：120~250℃(15 min)，速率10℃·min^{-1}

载气：H$_2$

检测器：FID

1—巴比妥;2—阿普巴比妥;3—异戊巴比妥;4—戊巴比妥;5—司可巴比妥;6—眠尔通;7—导眠能;8—苯巴
比妥;9—环巴比妥;10—美道明;11—丙咪嗪;12—内标物;13—舒宁;14—安定;15—氯丙嗪;16—羟
基安定;17—三氟安定;18—氟安定;19—硝基安定;20—利眠宁;21—三唑安定;22—佳静安定。

图 7-24　常见 22 种镇静催眠药物的气相色谱图

五、气相色谱在农药分析中的应用

气相色谱在农药分析中有着广泛的应用,如对含氯、磷、氮等农药的分析。尤其是随着生
活质量的提高,蔬菜中农药残留的分析尤其重要,在农药分析中常使用选择性检测器,如
ECD、NPD 等检测器。图 7-25 是有机氯农药的色谱图。

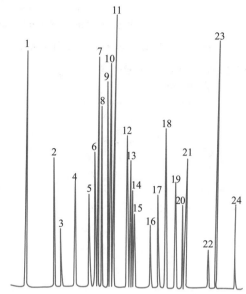

色谱柱：OV-101
柱温：80℃→250℃，速率4℃·min⁻¹
检测器：ECD

1—氯丹；2—七氯；3—艾氏剂；4—碳氯灵；5—氧化氯丹；6—光七氯；7—光六氯；8—七氯环氧化合物；9—反氯丹；

10—反九氯；11—顺氯丹；12—狄氏剂；13—异狄氏剂；14—二氢灭蚁灵；15—p,p'-DDE；16—氢代灭蚁灵；

17—开蓬；18—光艾氏剂；19—p,p'-DDT；20—灭蚁灵；21—异狄氏剂醛；

22—异狄氏剂酮；23—甲氧DDT；24—光狄氏剂。

图7-25　有机氯农药色谱图

阅读材料　　　气相色谱技术在食品安全检测中的应用

目前,气相色谱技术在食品安全检测方面的应用主要包括:蔬菜、水果及烟草中的农药残留分析;畜禽和水产品中兽药残留及瘦肉精、三甲胺含量分析;饮用水中的农药残留及挥发性有机化合物污染分析;熏肉中的多环芳烃分析;食品中添加剂种类与含量分析;油炸食品中的丙烯酰胺分析;白酒中的甲醇和杂醇含量分析;啤酒、葡萄酒和饮料的风味组分及质量控制分析;食品包装袋中有害物质及含量的检测分析;植物食用油中的脂肪酸组成分析等。

1. 农药和其他药物残留与污染检测分析

近年来,在蔬菜和水果中有机氯、有机磷农药残留,以及肉类、鱼类产品中的兽药残留已被社会广泛关注。目前,利用气相色谱-电子捕获检测器(GC-ECD)技术检测有机氯农药残留,气相色谱-氮磷检测器(GC-NPD)技术检测有机磷和有机氮农药残留,气相色谱-火焰光度检测器(GC-FPD)技术检测有机磷和有机硫农药残留等分析技术已经很成熟,例如,采用气相色谱-质谱(GC-MS)技术可同时检测出100多种农药残留成分。利用GC-ECD分析技术可对高丽人参中的有机氯农药残留进行准确分析检测。

2. 多环芳烃、添加剂及丙烯酰胺含量检测分析

多环芳烃(PAHs)是一类重要的环境和食品污染物,目前已知的2~7环PAHs就有数百种,其中很多种具有致突变性和致癌性。加工食品中以烟熏和烧烤食品中的PAHs污染

最为严重,而我国烟熏食品风味独特,为广大消费者所青睐,分析检测烟熏类食品中 PAHs 含量、了解我国烟熏类食品中 PAHs 的污染程度并制定相应的卫生标准有着重要的食品安全意义。采用 GC-MS 技术可迅速检测与分析常见的 20 多种 PAHs,其中在熏肉制品中利用 GC-MS 技术已检测出 9 种 PAHs 污染。

3. 食品包装袋有害物质的检测

塑料包装材料生产过程中,为增加塑料的可塑性和强度及提高其透明度,往往添加多种增塑剂,其中使用量最大、最普遍的是酞酸酯(邻苯二甲酸酯,PAEs)。酞酸酯在接触到食品中的油脂时,特别是在加热的条件下便会溶解出来,酞酸酯对动物和人均有慢性毒性并包括生殖与发育毒性,具有致突变、致癌作用,是目前全球范围内最广泛存在的化学污染物之一。利用气相色谱-氢火焰检测器(GC-FID)技术可对塑料食品包装袋及包装食品中的 5 种酞酸酯,包括邻苯二甲酸二甲酯、邻苯二甲酸二乙酯、邻苯二甲酸二丁酯、邻苯二甲酸二正辛酯和邻苯二甲酸二(2-乙基己基)酯进行准确分离和检测。

4. 食用植物油的浸油溶剂残留及脂肪酸组成分析

目前,国内生产食用植物油大多采用 6 号溶剂为萃取剂,而 6 号溶剂以 $C_6 \sim C_8$ 烷烃类化合物为主要成分,并含少量芳烃,长期接触这些物质会导致呼吸中枢麻醉,皮肤屏障功能损伤,周围神经和造血功能损害。国家标准规定以 6 号溶剂油为标准物配制标准溶液,以顶空气相色谱法(HS-GC)测定食用植物油中的残留溶剂。该方法能实现对 $C_6 \sim C_8$ 烷烃及芳香烃类化合物进行有效分离及检测。

此外,采用 GC-FID 技术还可以对食用植物油中的 30 多种脂肪酸的含量进行测定与分析,主要是检测分析会对人体的营养状况产生不良影响、具有抑制生长并引起甲状腺肥大等副作用的芥酸的含量。

本 章 小 结

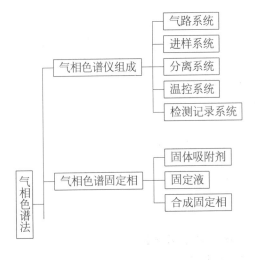

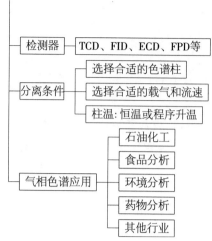

思考与练习

1. 在气相色谱分析中,用于定性分析的参数是( )。

(1) 保留值　　　　(2) 峰面积　　　　(3) 分离度　　　　(4) 半峰宽

2. 在气相色谱分析中,用于定量分析的参数是( )。

(1) 保留时间　　　(2) 保留体积　　　(3) 半峰宽　　　　(4) 峰面积

3. 良好的气-液色谱固定液为( )。

(1) 蒸气压低、稳定性好

(2) 化学性质稳定

(3) 溶解度大,对相邻两组分有一定的分离能力

(4) (1)(2)和(3)

4. 使用热导池检测器时,应选用( )作载气,其效果最好。

(1) H_2　　　　　(2) He　　　　　(3) Ar　　　　　(4) N_2

5. 下列气体中不是气相色谱法常用的载气的是( )。

(1) 氢气　　　　　(2) 氮气　　　　　(3) 氧气　　　　　(4) 氦气

6. 色谱体系的最小检出量是指恰能产生与噪声相鉴别的信号时( )。

(1) 进入单独一个检测器物质的最小质量　　(2) 进入色谱柱物质的最小质量

(3) 组分在气相中物质的最小质量　　　　　(4) 组分在液相中物质的最小质量

7. 在气-液色谱分析中,良好的载体为( )。

(1) 粒度适宜、均匀,表面积大

(2) 表面没有吸附中心和催化中心

(3) 化学惰性、热稳定性好,有一定的机械强度

(4) (1)(2)和(3)

8. 热导池检测器是一种( )。

(1) 浓度型检测器

(2) 质量型检测器

(3) 只对含碳、氢的有机化合物有响应的检测器

(4) 只对含硫、磷化合物有响应的检测器

9. 使用氢火焰离子化检测器时,下列气体中最适合用作载气的是(　　)。

(1) H_2　　　　　　　(2) He　　　　　　　(3) Ar　　　　　　　(4) N_2

10. 选择程序升温方法进行分离的样品主要是(　　)。

(1) 同分异构体　　　　　　　　　(2) 同系物

(3) 沸点差异大的混合物　　　　　　(4) 极性差异大的混合物

11. 程序升温色谱图中的色谱峰与恒温色谱比较,正确的说法是(　　)。

(1) 程序升温色谱图中的色谱峰数大于恒温色谱图中的色谱峰数

(2) 程序升温色谱图中的色谱峰数与恒温色谱图中的色谱峰数相同

(3) 改变升温程序,各色谱峰的保留时间改变但峰数不变

(4) 使样品中的各组分在适宜的柱温下分离,有利于改善分离

12. 毛细管气相色谱比填充柱色谱具有更高的分离效率,从速率理论来看,这是由于毛细管色谱柱中(　　)。

(1) 不存在分子扩散　　　　　　　(2) 不存在涡流扩散

(3) 传质阻力很小　　　　　　　　(4) 载气通过的阻力小

13. 柱温提高虽有利于提高柱效能,但严重地使柱的_____变差,致使柱的_____下降。

14. 气相色谱分析中,为了减小纵向分子扩散造成色谱峰展宽,一般应采用_____为流动相,适当增加_____和控制较低的_____等措施。

15. 1956 年范第姆特提出_____理论方程。其方程简式表示为_____。

16. 常用的质量型检测器有_____。

17. 简要说明气相色谱分析的基本原理。

18. 气相色谱仪的基本设备包括哪几部分? 各有什么作用?

19. 对担体和固定液的要求分别是什么?

20. 柱温是最重要的色谱分离操作条件之一,柱温对分析有何影响? 实际分析中应如何选择柱温?

21. 色谱柱在使用中为什么要有温度限制? 柱温高于固定液的最高使用温度会发生什么后果?

 实验

实验一　乙醇中少量水分的测定

一、目的要求

1. 掌握气相色谱仪中使用热导池检测器的操作及液体进样技术。

2. 掌握内标法定量分析的原理和方法。

3. 了解聚合物固定相的色谱特性。

二、基本原理

用气相色谱测定有机化合物中的微量水,最好选用聚合物固定相,如 GDX 系列或有机 401~408系列。这类多孔高分子微球表面无亲水基团,一般是水先出峰,有机化合物主峰在后对测定水峰无干扰。

本实验用 GDX - 104 作固定相,采用内标法测定乙醇中少量水。以甲醇作内标物,首先配制标准样,求出水对甲醇的峰高相对校正因子;然后测出样品乙醇中水的质量分数。

三、仪器与试剂

1. 仪器

气相色谱仪(热导池检测器);10 μL 微量注射器。

仪器操作条件:柱温 90 ℃;气化温度 120 ℃;检测温度 120 ℃;载气 H_2,流速 30 mL·min^{-1};桥电流 150 mA。

2. 试剂

GDX - 104:60～80 目。

无水乙醇:在分析纯试剂无水乙醇中,加入 500℃ 加热处理过的 5A 分子筛,密封放置一日,以除去试剂中的微量水分。

无水甲醇:按照无水乙醇同样方法做脱水处理。

3. 色谱柱的制备(事先制备好)

将 60～80 目的聚合物固定相 GDX - 104 装入长 2 m 的不锈钢柱中,于 150 ℃ 老化处理数小时。

四、实验步骤

1. 峰高相对校正因子的测定

将样品瓶洗净、烘干。加入约 3 mL 无水乙醇,称量(称准至 0.000 1 g,下同);再加入蒸馏水和无水甲醇各约 0.1 mL,分别称量。混匀。

吸取 5.0 μL 上述配制的标准溶液,进样,记录色谱图,测量水和甲醇的峰高。

平行进样两次。

2. 乙醇样品的测定

将样品瓶洗净、烘干、称量。加入 3 mL 样品乙醇,称量;再加入适量体积的无水甲醇(视样品中水含量而定,应使甲醇峰高接近样品中水的峰高),称量。混匀后吸取 5.0 μL 进样,记录色谱图,测量水和甲醇的峰高。

平行进样两次。

五、数据处理

1. 峰高相对校正因子

$$f(水/甲醇) = \frac{m(水) \cdot h(甲醇)}{m(甲醇) \cdot h(水)}$$

式中:$m(水)$、$m(甲醇)$ 分别为水和甲醇的质量(g);$h(水)$、$h(甲醇)$ 分别为水和甲醇的峰高(mm)。

2. 乙醇样品中水的质量分数

$$w(水) = f(水/甲醇) \times \frac{h(水)}{h(甲醇)} \times \frac{m(甲醇)}{m}$$

式中:$f(水/甲醇)$ 为水对甲醇的峰高相对校正因子;$m(甲醇)$ 为加入甲醇的质量(g);$h(水)$、$h(甲醇)$ 分别为水和甲醇的峰高(mm)。

六、注意事项

(1) 用微量注射器进液体样时,注射器应与进样口垂直。一手捏住针头迅速刺穿硅橡胶垫,另一手平稳地推进针筒,使针头尽可能插得深一些,切勿使针尖碰着气化室内壁。迅速将样品注入后,立即拔针。

(2) 本实验适用于 95％ 试剂乙醇或不含甲醇的工业乙醇中少量水分的测定。若测定无水乙醇中的微量水,则需适当改变操作条件进行精密测定。

七、讨论与思考

1. 画出 GDX-104 色谱柱上样品各组分和内标物的出峰顺序,并解释其原因。

2. 本实验为什么可以用峰高定量?试推导求峰高相对校正因子的计算式。

3. 若用色谱数据处理机打印分析结果,试列出峰鉴定表并说明操作步骤。

4. 欲求乙醇样品中水的体积分数,应如何进行操作和计算?

实验二　苯系混合物分析

一、目的要求

1. 掌握气相色谱仪使用氢火焰离子化检测器的操作方法。

2. 学习液体进样技术和用归一化法进行定量分析。

3. 了解气相色谱数据处理机的功能和使用操作。

二、基本原理

苯系混合物包含苯、甲苯、乙苯和二甲苯异构体等。用气-液色谱法以邻苯二甲酸二壬酯作固定液,可以分离苯、甲苯、乙苯等;但二甲苯的三种异构体难以分离。若用有机皂土与邻苯二甲酸二壬酯混合固定液,则可将这些组分完全分离。

本实验以氮气作载气,采用上述混合固定液,涂渍在 101 白色硅藻土载体上作固定相,使用氢火焰离子化检测器,按照归一化法进行定量分析。被分析的样品可以是工业二甲苯,或用分析试剂配成的苯、甲苯、乙苯等的混合物。

三、仪器与试剂

1. 仪器

气相色谱仪(氢火焰离子化检测器);微量注射器;秒表。

仪器操作条件:柱温 70 ℃;气化室 150 ℃;检测器 150 ℃;载气 N_2,流速 40 mL·min^{-1};氢气流速 40 mL·min^{-1};空气流速 400 mL·min^{-1};进样量 0.1 μL。

2. 试剂

邻苯二甲酸二壬酯;有机皂土;101 白色硅藻土载体,60～80 目;苯、甲苯、乙苯、对二甲苯、间二甲苯、邻二甲苯等。

3. 色谱柱的制备

称取 0.5 g 有机皂土于磨口烧瓶中,加入 60 mL 苯,接上磨口回流冷凝管,在 90 ℃ 水浴上回流 2 h。回流期间要摇动烧瓶 3～4 次,使有机皂土分散为淡黄色半透明乳浊液。冷却,再将

0.8 g 邻苯二甲酸二壬酯倒入烧瓶中,并以 5 mL 苯冲洗烧瓶内壁,继续回流 1 h。趁热加入 17 g 101 白色硅藻土载体,充分摇匀后倒入蒸发皿中,在红外灯下烘烤,直至无苯气味为止。然后装入内径 3~4 mm、长 3 m 的不锈钢柱管中(柱管预先处理好)。将柱子接入仪器,在 100 ℃温度下通载气老化,直至基线稳定。

四、实验步骤

1. 初试

启动仪器,按规定的操作条件调试、点火。待基线稳定后,用微量注射器进样品 0.1 μL。记下各色谱峰的保留时间。根据色谱峰的大小选定氢火焰离子化检测器的灵敏度和衰减倍数。

2. 定性

根据样品来源,估计出峰组分。在相同的操作条件下,依次进入有关组分纯品 0.05 μL,记录保留时间,与样品中各组分的保留时间一一对照定性。

3. 定量

在稳定的仪器操作条件下,重复进样 0.1 μL,准确测量峰面积。或者根据初试情况列出峰鉴定表,并输入色谱数据处理机,进样后利用数据处理机打印出分析结果。

五、数据处理

样品中各组分的质量分数按下式计算:

$$w_i = \frac{f_i A_i}{\sum f_i A}$$

式中:A 为各组分的峰面积;f_i 为各组分在氢火焰离子化检测器上的相对质量校正因子。

六、注意事项

(1) 微量注射器要保持清洁。吸取液体样品之前,应先用少量样品洗涤几次,再缓慢吸入样品,并稍多于需要量。如内有气泡,可将针头朝上排出气泡,再将过量样品排出,用滤纸吸去针头处所沾样品。取样后应立即进样。

(2) 各组分的相对校正因子(f_i)可在有关手册中查到。相对校正因子与检测器类型、测定时的基准物及绝对校正因子的单位有关。本实验需要查到在氢火焰离子化检测器上,苯系物各组分的相对质量校正因子,以求出样品中各组分的质量分数。

七、讨论与思考

1. 说明气相色谱仪使用氢火焰离子化检测器的启动、调试步骤。

2. 本实验若进样量不准确,会不会影响测定结果的准确度? 为什么?

3. 试求出所测样品中各组分的相对保留值。

实验三　程序升温毛细管色谱法分析白酒中微量成分的含量

一、目的要求

1. 了解毛细管色谱法在复杂样品分析中的应用。

2. 了解程序升温色谱法的操作特点。

3. 进一步熟悉内标法定量。

二、基本原理

程序升温是指色谱柱的温度,按照适宜的程序连续地随时间呈线性或非线性升高。在程序升温中,采用较低的初始温度,使低沸点组分得到良好分离,然后随着温度不断升高,沸点较高的组分就逐一流出。通过程序升温可使高沸点组分能较快地流出,因而峰形尖锐,与低沸点组分类似。

白酒中微量芳香成分十分复杂,可分为醇、醛、酮、酯、酸等多类物质,共百余种。它们的极性和沸点变化范围很大,以致用传统的填充柱色谱法不可能做到一次同时分析它们。采用毛细管色谱技术并结合程序升温操作,利用 PEG‒20M 固定液的交联石英毛细管柱,以内标法定量,就能直接进样分析白酒中的醇、酯、醛、有机酸等几十种物质。

三、仪器与试剂

1. 仪器

带程序升温的气相色谱仪,配置氢火焰离子化检测器,化学工作站;色谱柱 Econo Cap Caxbowax 30 m×0.25 mm×0.25 μm 或其他中强极性毛细管柱;微量注射器。

2. 试剂

乙醛、乙酸乙酯、甲醇、正丙醇、正丁醇、异戊醇、己酸乙酯、乙酸正戊酯和乙醇(均为分析纯)。

四、实验步骤

1. 按气相色谱仪操作方法使仪器正常运行,并调节至如下条件。

进样口温度:250 ℃。

检测器温度:250 ℃;补充气流量 20 mL·min^{-1};氢气和空气的流量分别为 30 mL·min^{-1} 和 300 mL·min^{-1}。

柱流速:2 mL·min^{-1},恒流;分流比 1∶50。

柱温:起始温度 60 ℃,保持 2 min;然后以 5 ℃·min^{-1} 升温至 180 ℃,保持 3 min。

2. 标准溶液配制。

在 10 mL 容量瓶中预先加入约 3/4 体积的 60%(体积分数)乙醇水溶液,然后分别加入 4.0 μL 乙醛、乙酸乙酯、甲醇、正丙醇、正丁醇、乙酸正戊酯、异戊醇、己酸乙酯,用乙醇‒水溶液稀释至刻度,混匀。

3. 样品制备。

取预先用被测白酒荡洗过的 10 mL 容量瓶,移取 4.0 μL 乙酸正戊酯至容量瓶中,再用白酒样稀释至刻度,摇匀。

4. 注入 1.0 μL 标准溶液至色谱仪,记录色谱图。

5. 注入各标准物质,记录各标准物质的保留时间。用标准物质对照,确定所测物质在色谱图上的位置。

6. 注入 1.0 μL 白酒样品至色谱仪,记录色谱图。

五、数据处理

（1）利用工作站对标准溶液的色谱图进行谱图优化和积分，并输入各色谱峰的名称和含量，并注明内标物及含量。求出各组分对内标物的相对校正因子。

（2）调出白酒样品的色谱图，进行谱图优化和积分，利用标准溶液的各组分对内标物的相对校正因子，计算白酒样品中各组分的含量。

六、注意事项

（1）在一个程序升温结束后，需等待色谱仪回到初始状态并稳定后，才能进行下次进样。

（2）如果测定的组分沸点范围变化大，应采用多内标法定量。

（3）该法乙酸乙酯和乙缩醛、乳酸乙酯和正己醇的分离不理想。乳酸在该柱上不能分离。

七、讨论与思考

1. 简述程序升温的优点。

2. 严格来说，白酒分析应采用多内标法定量，为什么？

第八章　高效液相色谱法

学习目标

知识目标：

● 熟悉液相色谱法的分离原理和分析对象。

● 熟悉液相色谱仪的基本构造。

● 熟悉液相色谱中的固定相、流动相类型，掌握其选择方法。

● 了解液相色谱法中常用的检测器类型和结构。

能力目标：

● 能掌握液相色谱的操作。

● 能掌握用液相色谱仪进行样品组分的分离和定量方法。

资源链接

动画资源：

1. 液相色谱原理与流程；　2. 液相色谱高压泵原理；　3. 高压液相色谱进样装置；

4. 农药残留量液相色谱分析

高效液相色谱法(high performance liquid chromatography，HPLC)是一种以高压输出的液体为流动相的色谱技术。它是在经典液相色谱基础上引入了气相色谱的理论，在技术上采用了高压、高效固定相和高灵敏度检测器，因而具有分析速度快、效率高、灵敏度高和操作自动化的特点。对比气相色谱法，高效液相色谱法具有三个方面的特点。

(1) 气相色谱法只能分析气体和沸点较低的化合物，可分析的有机化合物仅占有机化合物总数的 20%，对于那些沸点高、热稳定性差、摩尔质量大的有机化合物，目前主要采用高效液相色谱法进行分离和分析，弥补了气相色谱法的不足。这类物质如要用气相色谱法分析，必须进行衍生化处理后才能进行分离和分析。

(2) 气相色谱法的流动相是惰性气体，仅起运载作用。高效液相色谱法中的流动相可以选择不同极性的液体，对组分有一定的亲和力，使高效液相色谱增加了一个控制和改进分离条件的参数。因此，通过改变固定相和流动相可以提高 HPLC 分离效率。

(3) 气相色谱法一般都在较高温度下进行分离和测定，其应用范围受到较大的限制。

HPLC 一般在室温下进行分离和分析,不受样品挥发性和高温下稳定性的限制。

目前,高效液相色谱法已广泛用于化工、农药、医药、环境监测、动植物检验检疫等行业和领域。

由于气相色谱法更快、更灵敏、更方便而且耗费低,所以凡能用气相色谱法分析的样品一般不用 HPLC。

第一节　高效液相色谱仪

图 8-1　高效液相色谱仪

高效液相色谱仪如图 8-1,由高压输液系统、进样系统、分离系统和检测系统四个主要部分构成。此外还配有辅助装置,如脱气机、梯度洗脱、自动进样、数据处理等。其结构示意图如图 8-2 所示。其工作过程为:高压泵将贮液器中的溶剂经进样器送入色谱柱中,然后从检测器的出口流出。当待测样品从注射器注入时,流经进样器的流动相将其带入色谱柱中进行分离,然后依次进入检测器,由记录仪将检测器送出的信号记录下来得到色谱图。

一、高压输液系统

由于高效液相色谱所用的固定相颗粒极细,所以对流动相的阻力很大,为使流动相有较大的流速,必须配备高压输液系统。高压输液系统是液相色谱中最重要的组件,一般由贮液器、高压泵、脱气机、梯度洗脱装置等组成。

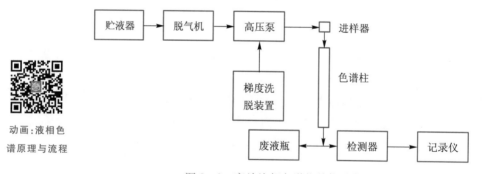

动画:液相色
谱原理与流程

图 8-2　高效液相色谱仪结构示意图

1. 溶剂脱气装置

脱气装置的目的是为了防止流动相从高压柱流出时,释放出的气泡(溶解在溶剂中的 N_2、O_2 等)进入检测器而使噪声剧增,甚至不能检测。溶剂脱气方式有氮气鼓泡、超声波脱气、真空脱气等。如图 8-3 所示为四种溶剂的在线真空脱气系统。

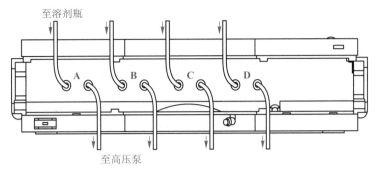

至溶剂瓶

至高压泵

图 8-3 在线真空脱气系统

动画:液相色谱
高压泵原理

2. 高压泵

高压泵输送流动相,其压力一般为几兆帕至几十兆帕,高压泵应无脉动或脉动极小,以保证输出的流动相具有恒定的流速。图 8-4 是由两个活塞泵串联组成的单元泵,单元泵只适于使用一种溶剂或预先混合好的混合溶剂进行洗脱。

3. 梯度洗脱

梯度洗脱在液相色谱中的作用相当于气相色谱中的程序升温,在分离过程中逐渐改变溶剂的组成,使溶剂的极性从分离开始至结束逐渐增强,以实现复杂混合物分析中使保留时间相差很大的组分在合适的时间内全部洗脱并达到分离且有良好的峰形。梯度洗脱可使分析时间缩短,使所有峰都处于最佳分离状态,而且峰形比较尖锐。梯度洗脱的溶剂系统可以是二元

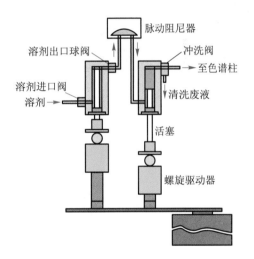

图 8-4 单元泵

梯度、三元梯度,甚至是四元梯度。依据溶剂的混合方式,又可分为低压洗脱和高压洗脱。为使分离过程中改变溶剂的组成,其梯度洗脱装置就形成了二元泵、三元泵和四元泵系统。

高压梯度一般只用于二元泵即用两个高压泵分别按设定比例输送两种不同的溶剂至混合器,在高压状态下将两种溶剂混合,然后以一定的流量输出。其优点是,只要通过梯度程序控制器控制每台单元泵的输出,就能获得任意形式的梯度曲线,而且精度高。其缺点是需要用两台单元泵,仪器成本高。图 8-5 为由两个单元泵组成的二元泵梯度洗脱系统。

低压梯度是将两种或两种以上溶剂输入比例阀中,混合后再由高压泵吸入并输出至色谱柱。其主要优点是只需要一个单元泵,成本低、使用方便。如四元泵通常就是用的这种洗脱方式。如图 8-6 为由一个单元泵和比例阀组成的四元泵梯度洗脱系统。

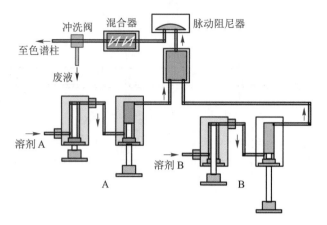

图 8-5　二元泵梯度洗脱系统

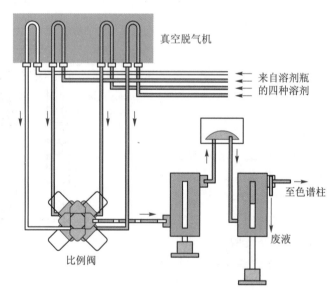

图 8-6　四元泵梯度洗脱系统

二、进样系统

　　高效液相色谱柱比气相色谱柱短得多(通常为 10～30 cm)，所以柱外展宽(又称柱外效应)较突出。柱外展宽是指色谱柱外的因素所引起的峰展宽，主要包括进样系统、连接管道及检测器中存在死体积引起的峰展宽。柱外展宽可分柱前和柱后展宽。进样系统是引起柱前展宽的主要因素，因此高效液相色谱法中对进样技术要求较严格。进样装置一般有隔膜注射器进样、停留进样、阀进样和自动进样器进样。

1. 隔膜注射器进样

　　这种进样方式与气相色谱类似。它是在色谱柱顶端装一耐压弹性隔膜，进样时用微量注射器刺穿隔膜将样品注入色谱柱。其优点是装置简单、价廉、死体积小,缺点是允许进样量小,重复性差,只能用于低压系统(小于 10 MPa,压力高,密封垫会泄漏)。

2. 停留进样

停流后再进样,以防止泄漏,可用于高压系统。但重新升压后稳定性、保留时间和峰形重复性不好。

3. 阀进样

六通阀进样是目前最常用的手动进样方式,如图 8-7 所示。其结构和作用原理与气相色谱中所用的六通阀相同。由于进样可由定量管的体积严格控制,所以进样准确,重复性好,适用于定量分析,更换不同体积的定量管,可调整进样量。图 8-8 为六通阀的采样和进样过程。在采样后将阀旋转 60°,成为进样状态,样品被流动相带入色谱柱。进样阀的内部通道是很细的,所以,样品液中绝不应该带有固体微粒,以免堵塞通道。同样的,

图 8-7　液相色谱的六通阀

样品液的浓度也不宜太高,防止其在进样阀内结晶析出。应当经常清洁进样阀的通道,此时阀的扳手应放在进样位置,使得冲洗液从废液口 5 流出。样品环则无需清洗,因为流动相自动地不断流过清洗。

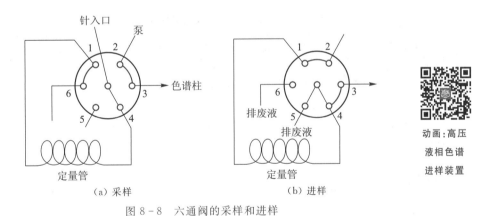

图 8-8　六通阀的采样和进样

4. 自动进样器进样

自动进样器是由计算机自动控制定量阀,按预先编制好的程序进行进样,可自动完成几十或上百个样品的分析。在进行大量样品的分析时,使用自动进样器操作可节省大量人力和时间,但此装置成本高。

三、分离系统——色谱柱

液相色谱柱是液相色谱仪的心脏部件,它包括柱管和固定相两部分。柱管材料通常采用优质不锈钢,柱长一般为 10～30 cm,内径为 4～5 mm,其结构如图 8-9 所示。

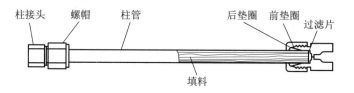

图 8 - 9　液相色谱柱结构

液相色谱柱的两端有烧结不锈钢或多孔聚四氟乙烯过滤片,以防止柱内的填料流出。柱子装填对柱效能影响很大,通常采用匀浆法填充高效液相色谱柱。先将填料配成悬浮液,在高压泵的作用下快速将其压入装有洗脱液的色谱柱内,经冲洗后,即可备用。

液相色谱柱在装填料之前是没有方向的,但在填充好固定相后的柱子是有方向的,在使用时,应使流动相的方向与柱子的填充方向一致。通常在柱子的管外用箭头标示出流动相方向,安装色谱柱时应注意。

四、检测系统

用于液相色谱中的检测器,除应该具有灵敏度高、噪声低、线性范围宽、响应快、死体积小等特点外,还应对温度和流速的变化不敏感。为了将谱带展宽现象减小到最低,检测器的体积一般小于 15 μL。应用最广泛的是紫外检测器和示差折光检测器。常用的检测器及其性能见表 8 - 1。

表 8 - 1　高效液相色谱仪常见的检测器及其性能

检测器	类型	最高灵敏度/(g·mL^{-1})	温度影响	流速影响	用于梯度洗脱
紫外(UV)检测器	选择性	5×10^{-10}	低	无	可以
示差折光(RI)检测器	通用型	5×10^{-7}	有	无	不可
荧光检测器(FD)	选择性	$10^{-12}\sim10^{-9}$	低	无	可以
红外(IR)吸收检测器	选择性	$\sim10^{-7}$	低	无	可以
极谱检测器	选择性	$10^{-10}\sim10^{-9}$	有	有	困难
电导检测器	选择性	10^{-9}	有	有	不可
质谱检测器	通用型	$\sim10^{-8}$	无	无	可以

与气相色谱的检测器比较,除荧光检测器和电导检测器等选择性检测器的灵敏度接近气相色谱检测器外,其他液相色谱检测器的灵敏度都比气相色谱检测器的灵敏度差,并且没有与气相色谱中氢火焰离子化检测器和热导池检测器相当的检测器,即在液相色谱中,没有一种既灵敏又通用,还可用于梯度洗脱的检测器。

现将常用的检测器介绍如下。

1. 紫外检测器

紫外检测器是高效液相色谱中应用最广泛的一种检测器,它适用于对紫外线(或可见光)有吸收的样品的检测。据统计,在高效液相色谱分析中,约有 70% 的样品可以使用这种检测器。它分为固定波长紫外检测器、可调波长紫外检测器和二极管阵列检测器。

　　固定波长紫外检测器(见图 8-10)常采用汞灯的 254 nm 或 280 nm 谱线,许多有机官能团可吸收这些波长。由低压汞灯发出的紫外线经入射透镜准直,经遮光板分为一对平行光束分别进入流通池的测量臂和参比臂。经流通池吸收后的透射光经遮光板、出射石英棱镜及紫外滤光片,只让 254 nm 的紫外线被双光电池接收。

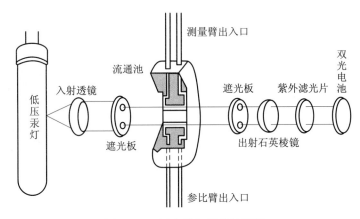

图 8-10　固定波长紫外检测器

　　可调波长紫外检测器(简称 VWD)如图 8-11所示,实际是以紫外-可见分光光度计作检测器。采用氘灯作光源,波长在 190～600 nm 可连续调节。光源发出的光经聚光透镜聚焦,由可旋转组合滤光片滤除杂散光,再通过入口狭缝至反射镜1,经反射到达光栅,光栅将光衍射色散成不同波长的单色光,当某一波长的单色光经平面反射镜2,反射至光分束器时,透过光分束器的光通过样品流通池,最终到达检测样品的测量光电二极管;被光分束器反射的光到达检测基线波动的参比光电二极管;当获得测量和参比光电二极管的信号差时,即可得样品的检测信息。可调波长紫外检测器在某一时刻只能采集某一特定的单色波长的吸收信号。光栅的偏转可由预先编制的采集信号程序加以控制,以便于采集某一特定波长的吸收信号,并可使色谱分离过程洗脱出的每个组分峰都获得最灵敏的检测。

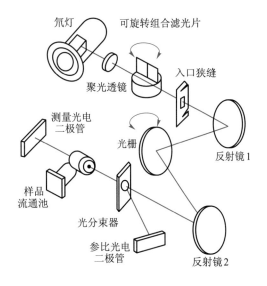

图 8-11　可调波长紫外检测器

　　二极管阵列检测器(简称 DAD)如图8-12所示,一般认为其是目前液相色谱最有发展、最好的检测器。其本质仍为紫外吸收检测器,不同的是进入流通池的不再是单色光,而是全部紫外波长范围的光,由于采用计算机快速扫描采集数据,所以可以得到任一时刻各个波长下的吸光度值,即可得到样品在各个时刻的吸收光谱图。其图为三维的色谱-光谱图像,如图 8 - 13 所示。

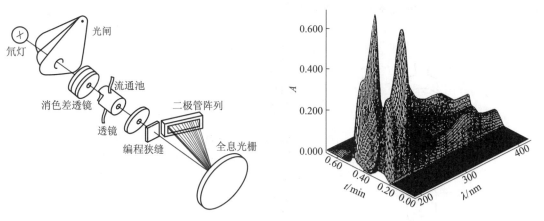

图 8 - 12　二极管阵列检测器　　　　图 8 - 13　二极管阵列检测器检测的三维色谱图

　　紫外检测器灵敏度较高,通用性也较好,它要求样品必须有紫外吸收,但溶剂必须能透过所选波长的光,选择的波长不能低于溶剂的最低使用波长。

2. 荧光检测器

　　荧光检测器(简称 FD)是利用某些样品具有荧光特性来检测的。许多有机化合物具有天然荧光活性,其中带有芳香基团的化合物具有的荧光活性很强。在一定条件下,荧光强度与物质浓度成正比。荧光检测器是一种选择性强的检测器,它适合于稠环芳烃、甾族化合物、酶、氨基酸、维生素、色素、蛋白质等荧光物质的测定。它灵敏度高,检出限可达 $10^{-12} \sim 10^{-13}$ g·mL^{-1},比紫外检测器高出 2~3 个数量级,也可用于梯度淋洗。缺点是适用范围有一定局限性,仅适用于测定发荧光的物质。图 8 - 14 是荧光检测器的光路图。

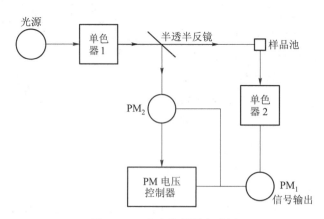

图 8 - 14　荧光检测器光路图

荧光检测器需要比紫外检测器强的光源作激发光源。常采用氙灯作光源,它可在250～260 nm发出强烈的连续光谱。经单色器 1 分光后选择特定波长的光线作为激发光,样品池内的样品组分受激发后发出荧光,经单色器 2 分光后由光电倍增管 PM_1 接收下来。半透半反镜可将 10% 左右的激发光反射到光电倍增管 PM_2 上,由 PM_2 输出的电信号送入 PM 电压控制器以控制光电倍增管的工作电压。当光源变强时降低光电倍增管的工作电压,光源减弱时升高工作电压,这就补偿了光源强度的波动对输出信号的影响。

3. 示差折光检测器

示差折光检测器是一种浓度型检测器,按其工作原理,可分偏转式、反射式和干涉式等。现以偏转式为例,它是基于折射率随介质中的成分变化而变化,如入射角不变,则光束的偏转角是流动相(介质)中成分变化的函数。因此,测量折射角偏转值的大小,便可得到样品的浓度。如图 8-15 是一种偏转式示差折光检测器的光路图。

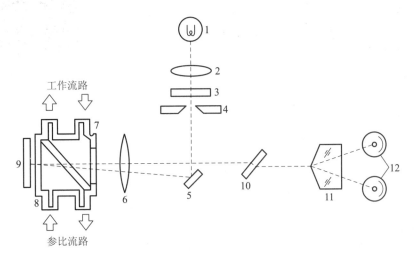

1—光源;2—透镜;3—滤光片;4—遮光板;5—反射镜;6—透镜;7—工作池;

8—参比池;9—平面反射镜;10—透镜;11—棱镜;12—光电管。

图 8-15 偏转式示差折光检测器的光路图

光源射出的光线由透镜聚焦后,从遮光板的狭缝射出一条细窄光束,经反射镜反射后,由透镜穿过工作池和参比池,被平面反射镜反射,成像于棱镜的棱口上;然后光束均匀分解为两束,到达左右两个对称的光电管上。如果工作池和参比池都通过纯流动相,光束无偏转,左右两个光电管的信号相等,此时输出平衡信号。如果工作池有样品通过,由于折射率改变,造成了光束的偏移,左右两个光电管所接受的光束能量不等,因此输出一个代表偏转角大小,即反映样品浓度的信号。滤光片可阻止红外光通过,以保证系统工作的热稳定性。透镜用以调整光路系统的不平衡。

几乎所有物质都有各自不同的折射率,因此示差折光检测器是一种通用型检测器。灵敏度可达 $10^{-7}\ g \cdot mL^{-1}$。其主要缺点是对温度变化敏感,并且不能用于梯度洗脱。

仪器介绍

岛津 LC－10AT 高效液相色谱仪

一、仪器简介

岛津 LC－10AT 高效液相色谱仪(图 8－16)由 2 个 LC－10ATvp 溶剂输送泵(分主/A 泵和副/B 泵)、Rheodyne 7725i 手动进样阀、SPD－10Avp 紫外–可见检测器(检测波长 190～600 nm)、N2 000 色谱工作站和计算机等组成,另外还包括打印机等辅助设备。仪器检测灵敏度高,稳定性强。双泵配置既可适于使用一种溶剂或预先混合好的混合溶剂进行洗脱,也可进行高压梯度洗脱。中文化色谱工作站采用多窗口界面,可引导操作者迅速打开所需界面,从参数设定、装置控制到数据分析、报告制作等各种操作更加简便。在同一界面下可显示完整色谱图及区域放大色谱图,有助于色谱峰和基线的确认。该仪器可广泛应用于医药、食品、化工、环保等众多分析领域。

图 8－16　岛津 LC－10AT 高效液相色谱仪

二、仪器使用方法

1. 准备

(1) 所需的流动相用 0.45 μm 滤膜过滤,超声脱气 20 min。

(2) 样品和标准溶液,用 0.45 μm 滤膜过滤。

(3) 检查仪器各部件的电源线、数据线和输液管道是否连接正常。

2. 开机

接通电源,依次开启电源、B 泵、A 泵、检测器,待泵和检测器自检结束后,打开计算机,最后打开色谱工作站。

3. 参数设定

(1) 波长设定。在检测器显示初始屏幕时,按"func"键,用数字键输入所需波长值,按"Enter"键确认。按"CE"键退出。

(2) 流速设定。在 A 泵显示初始屏幕时,按"func"键,用数字键输入所需的流速(柱在线时流速一般不超过 1 mL·min^{-1}),按"Enter"键确认。按"CE"键退出。

(3) 流动相比例设定。在 A 泵显示初始屏幕时,按"conc"键,用数字键输入流动相 B 的浓度值,按"Enter"键确认。按"CE"键退出。

(4) 梯度设定

1) 在 A 泵显示初始屏幕时,按"edit"键,"Enter"键。

2) 用数字键输入时间,按"Enter"键,重复按"func"键选择所需功能("FLOW"设定流速,"BCNC"设定流动相 B 的浓度值),按"Enter"键,用数字键输入设定值,按"Enter"键。

3) 重复上一步设定其他时间步骤。

4) 用数字键输入停止时间,重复按"func"键直至屏幕显示"STOP",按"Enter"键。按"CE"键退出。

4. 更换流动相并排气泡

(1) 将 A/B 管路的吸滤器放入装有准备好的流动相的贮液瓶中。

(2) 逆时针转动 A/B 泵的排液阀 180°,打开排液阀。

(3) 按 A 和 B 泵的"purge"键,"pump"指示灯亮,泵大约以 9.9 mL·min^{-1} 的流速冲洗,3 min 后自动停止。

(4) 将排液阀顺时针旋转到底,关闭排液阀。

(5) 如管路中仍有气泡,则重复以上操作直至气泡排尽。

(6) 如按以上方法不能排尽气泡,从柱入口处拆下连接管,放入废液瓶中,设流速为 5 mL·min^{-1},按"pump"键,冲洗 3 min 后再按"pump"键停泵,重新接上柱并将流速重设为规定值。

5. 平衡系统

(1) 查看基线

1) 按《N2000 色谱数据工作站操作规程》打开"在线色谱工作站"软件。

2) 输入实验信息并设定各项方法参数。

3) 按下"数据收集"页的"查看基线"按钮。

(2) 等度洗脱方式

1) 按 A 泵的"pump"键,A、B 泵将同时启动,"pump"指示灯亮。用检验方法规定的流动相冲洗系统,一般最少需 6 倍柱体积的流动相。

2) 检查各管路连接处是否漏液,如漏液应予以排除。

3) 观察泵控制屏幕上的压力值,压力波动应不超过 1 MPa。若超过则可初步判断为柱前管路仍有气泡,先检查管路后再操作。

4) 观察基线变化。如果冲洗至基线漂移＜0.01 mV·min^{-1},噪声＜0.001 mV 时,可认为系统已达到平衡状态,可以进样。

(3) 梯度洗脱方式

1) 以检验方法规定的梯度初始条件,按上面方法平衡系统。

2) 在进样前运行 1～2 次空白梯度。方法:按 A 泵的"run"键,"prog.run"指示灯亮,梯度程序运行;程序停止时,"prog.run"指示灯灭。

6. 进样

(1) 进样前按检测器"zero"键调零,按软件中"零点校正"按钮校正基线零点,再按一下"查看基线"按钮使其弹起。

(2) 用样品溶液清洗注射器,并排出气泡后抽取适量即可以进样了。

(3) 含量测定的标准溶液和样品溶液每份至少注样 2 次。

7. 谱图的判断及结果计算

（1）外标法。把待测组分的纯物质配成不同浓度的标准系列，在一定操作条件下分别向色谱柱中注入相同体积的标准样品，测得各峰的峰面积或峰高，绘制 $A-c$ 或 $h-c$ 的标准曲线。在完全相同的条件下注入相同体积的待测样品，根据所得的峰面积或峰高从曲线上查得含量。

在已知组分标准曲线呈线性的情况下，可不必绘制标准曲线，而用单点校正法测定。即配制一种与被测组分含量相近的标准物，在同一条件下先后对被测组分和标准物进行测定，被测组分的质量分数为：

$$w_i = \frac{A_i}{A_s} w_s$$

式中：A_i 和 A_s 分别为被测组分和标准物的峰面积；w_s 为标准物的质量分数。也可以用峰高代替峰面积进行计算。

（2）内标法。准确称取样品，加入一定量某种纯物质作为内标物，然后进行色谱分析，再由被测物和内标物在色谱图上相应的峰面积和相对校正因子，求出某组分的含量。根据内标法的校正原理，可写出下式：

$$\frac{A_i}{A_s} = \frac{f_s}{f_i} \cdot \frac{m_i}{m_s}$$

则

$$m_i = \frac{A_i f_i}{A_s f_s} m_s$$

所以

$$w_i = \frac{m_i}{m} \times 100\% = \frac{A_i f_i}{A_s f_s} \cdot \frac{m_s}{m} \times 100\%$$

式中：m_s、m 分别为内标物质量和样品质量（注意：m 不包括 m_s），A_i、A_s 分别为被测组分和内标物的峰面积；f_i、f_s 分别为被测组分和内标物的相对质量校正因子。

8. 清洗管路及进样口

（1）分析完毕后，先关检测器和色谱工作站，再用经滤过和脱气的适当溶剂清洗色谱系统，正相柱一般用正己烷，反相柱若使用过含盐流动相，则先用水冲洗，然后用甲醇-水冲洗，冲洗前先按（"4.更换流动相并排气泡"）操作，再用分析流速冲洗，各种冲洗剂一般冲洗 15～30 min，特殊情况应延长冲洗时间。

（2）冲洗完毕后，逐步降低流速至 0，关泵，进样器也应用相应溶剂冲洗，可使用进样阀所附专用冲洗接头。

（3）关断电源，做好使用登记，内容包括日期、检品、色谱柱、流动相、柱压、使用小时数、仪器完好状态等。

第二节　液相色谱中的固定相和流动相

一、固定相

高效液相色谱中的固定相主要采用了 $3\sim10\ \mu m$ 的微粒固定相,使用微粒填料有利于减小涡流扩散,缩短溶质在两相间的传质扩散过程,提高色谱柱的分离效率。

不同类型的高效液相色谱,其固定相或柱填料的性质和结构各不相同。高效液相色谱柱的固定相填料可按材料、性质及形状进行分类。

1. 按固定相填料的刚性程度分类

填料可以分为刚性固体、硬质凝胶两类。以硅胶为基体的刚性固体,能承受较高的压力,可应用于任何一种液相色谱方法。它可以作为液-固色谱的固定相,也可以作为液相色谱的担体,还可以用于化学键合相色谱的基质材料等,是一种应用最多的固定相填料。

硬质凝胶通常是由聚苯乙烯与二乙烯基苯交联而成的略具弹性的多孔颗粒,根据它在高压下弹性形变程度的大小不同,选择在不同压力下使用,最大承受压力约为 350 MPa,这一类固定相只应用在离子交换色谱和凝胶色谱中。

2. 按固定相填料的疏松程度分类

填料可以分为薄壳型微珠载体和全多孔型载体。薄壳型微珠载体是在玻璃珠上沉积一层活性材料,如多硅胶、多孔氧化铝或分子筛等,形成壳形结构,也称为表面多孔型载体。这类载体的特点是:① 多孔层厚度小、孔浅、柱效能高;② 分配过程在载体表面进行,出峰快;③ 颗粒大,装柱容易,较适合常规分析。但它的最大允许进样量因表面积较小而受到限制。

全多孔型载体是用硅胶、氧化铝或硅藻土的微粒凝聚而成。其特点是颗粒较细,整个微粒全部是多孔性物质,表面积大,负荷量大。由于组分进入颗粒内部,所以会引起峰加宽和拖尾现象,颗粒形状不均匀,柱效能没有均匀的球形高。但由于其颗粒细、孔浅、传质速度快,所以仍能实现高速、高效分离,适合于复杂混合物分离和痕量分析。

3. 按固定相填料的几何形状分类

填料可以分为球形和无定形两类。球形载体的渗透性约是无定形载体的两倍。球形载体在填充时,容易做到均匀装柱,因此它的柱效能要比无定形的柱效能高。无定形载体在装柱后的结构没有填充良好的球形载体的结构稳定,因而在高压下使用一段时间后,常常出现柱效能降低的现象。

对液液色谱来说,固定相由固定液和载体构成,其表面积的大小决定了涂渍固定液的多少。可供选择的固定液很多,但许多固定液常被溶剂流动相所溶解,因此具有实用价值的固定液并不多。

另外,还有一种化学键合固定相,它是 20 世纪 60 年代末发展起来的化学键合固定相,是通过化学键的方式把有机分子结合到载体表面,形成一种新型固定相,它可以避免因机械涂渍固定液,导致在色谱分离中使固定液流失的缺陷。化学键合固定相填料有以下几种官能团:

C_{18}、C_8、苯基、氰基、氨基、硝基、二醇基、醚基等。

二、流动相

液相色谱中的流动相,又称冲洗剂、洗脱剂,它有两个作用,一是携带样品前进,二是给样品一个分配相,进而调节选择性,以达到混合物的分离。与气相色谱比较,液相色谱中可供选择的流动相溶剂要多得多,不仅使用纯溶剂,而且还可使用混合溶剂。因此,流动相的性质、组成对柱效能和选择性的影响很大,通过改善溶剂的性质及组成可提高 HPLC 的分离度及分析速度。流动相应满足以下要求。

(1) 合适的溶解能力与极性。对于待测样品,流动相溶剂必须有良好的选择性和合适的极性,同时要有一定的溶解能力,且对固定液的溶解度尽可能小。

(2) 化学稳定性要好,与固定相和被测组分不发生化学反应。

(3) 与检测器相匹配。紫外检测器是液相色谱中使用最广泛的检测器,因此,流动相应当在使用的紫外波长下没有吸收或吸收很小。而当使用示差折光检测器时,应选择折射率与样品中组分的折射率有尽可能大的差别的流动相,以提高灵敏度。

(4) 溶剂的纯度要高。纯度不高时会导致基线不稳定和产生干扰等。实验中至少应使用分析纯试剂,一般使用色谱纯试剂。

(5) 溶剂的流动性要好,黏度要较低。若流动相黏度大,则一方面液相传质慢,柱效能低;另一方面柱压将增加。因此应选择低黏度的溶剂。但黏度过低的溶剂又常常会在色谱柱内形成气泡,影响分离。

第三节　液相色谱法的主要类型

一、液液分配色谱

在液液分配色谱法中,流动相和固定相均为液体,作为固定相的液体,是涂在很细的惰性载体上。它能适用于各种类型样品的分离和分析。

1. 分离原理

液液分配色谱的分离原理基本与液液萃取相同,都是根据物质在两种互不相溶的液体中溶解度的不同,具有不同的分配系数。所不同的是,液液色谱的分配是在柱中进行的,这种分配可以反复多次进行。当被分配的样品进入色谱柱后,各组分按照它们各自的分配系数,很快地在两相间达到分配平衡,这种分配平衡的总结果导致各组分随流动相前进的迁移速度不同,从而实现组分的分离。

2. 固定相

分配色谱法中的固定相由两部分组成,一部分是惰性载体,另一部分是涂在载体上的固定液。固定液的选择要符合以下原则:对极性样品,选择极性固定液和非极性流动相;对非极性样品,选择非极性固定液和极性流动相。在分配色谱法中常用的固定液如强极性 β,β-氧二丙腈、中等极性聚乙二醇、非极性的角鲨烷等。此类固定液,分离重现性好,样品容量高,分离样品范围广。但其最大的缺点是固定液易被流动相洗脱而导致柱效能下降。利用前置柱虽能减少固定液流失,但不能完全克服。这种缺点的存在妨碍了它的广泛应用,目前已被化学键合固定相所代替。

3. 流动相

液液分配色谱中使用溶剂作为流动相。溶剂洗脱组分的能力与溶剂的极性有关,极性增大,溶剂的洗脱强度也会增大,因此,可以通过组成混合溶剂来改善分离的选择性。溶解样品的溶剂,一般采用与流动相(用固定液饱和)相同的溶剂,若样品不溶,就只能使用以固定液饱和的极性较小的溶剂。在分配色谱中的流动相要尽可能地不与固定液互溶。

依据流动相和固定相的相对极性的不同,分配色谱法可分为正相分配色谱法和反相分配色谱法。

在正相分配色谱法中,固定相载体上涂渍的是极性固定液,流动相是非极性溶剂。它可用来分离极性较强的水溶性样品,组分中非极性组分先洗脱出来,极性组分后洗脱出来。正相分配色谱法中的流动相主体为己烷、庚烷,可加入小于 20% 的极性改性剂,如 1-氯丁烷、异丙烷、二氯甲烷、氯仿、乙酸乙酯、四氢呋喃、乙腈等。

在反相分配色谱法中,固定相载体上涂渍极性较弱或非极性的固定液,而用极性较强的溶剂作流动相。它可用来分离油溶性样品,其洗脱顺序与正相分配色谱相反,即极性组分先被洗脱,非极性组分后被洗脱。反相分配色谱法中的流动相主体为水,可加入一定量的改性剂,如乙二醇、甲醇、异丙醇、丙酮、乙腈等。

4. 应用

液液分配色谱法既能分离极性化合物,又能分离非极性化合物,如烷烃、芳烃、稠环化合物、甾族化合物等。

二、液固吸附色谱

液固吸附色谱是指流动相为液体,固定相为固体的色谱方法。吸附剂通常是多孔性的固体颗粒物质,它们的表面存在吸附中心。分离实质是利用组分在吸附剂(固定相)上的吸附能力的不同而获得分离,因此称为吸附色谱法。

1. 分离原理

当流动相通过吸附剂时,在吸附剂表面发生了溶质分子取代吸附剂上的溶剂分子的吸附作用。样品各组分的分离取决于组分分子和吸附剂之间作用力的强弱,也取决于组分分子与流动相分子之间作用力的强弱。组分中的基团对吸附剂表面亲和力的大小,决定了它的保留时间的长短。

吸附剂表面与溶质之间的相互作用力,包括氢键、静电力和色散力等。硅胶和氧化铝的保留作用主要受与溶质极性功能基团的相互作用控制。因此,溶质分子官能团性质决定了它在液固吸附色谱中的保留顺序,对结构为 RX(X 为官能团)的混合物,保留顺序为:烷基<卤素(F<Cl<Br<I)<醚<硝基化合物<腈<叔胺<酯<酮<醛<醇<酚<伯胺<酰胺<羧酸<

碳酸。但同系物的出峰将非常接近,表现为很小的分离选择性,甚至出峰重叠,如碳原子数超过 4～6 的脂肪族同系物。

液固吸附色谱法适用于溶于有机溶剂的非离子型化合物间的分离,尤其是异构体间的分离,以及具有不同极性取代基的化合物间的分离。

一般来说,溶质在浓度低时被吸附剂吸附得较牢固,浓度高时吸附作用相对减弱。因此,高浓度组分色谱峰的中心部分出现较早,而色谱峰后面部分由于吸附较牢固而延迟流出,形成拖尾峰。为了得到较好的峰形,应选择较小的进样量。

2. 固定相

液固吸附色谱用的固定相,都是一些吸附活性强弱不等的吸附剂,如硅胶、氧化铝、分子筛、聚酰胺等。样品中组分分子与溶剂分子在固定相固体表面竞争吸附时,官能团极性大且数目多的组分有较大的保留值,反之,保留值小。

液固吸附色谱中对吸附剂的要求是:① 不与流动相和被测组分发生化学反应;② 有高的吸附容量;③ 不溶于流动相等。因此,硅胶微球是良好的通用吸附剂。硅胶吸附剂表面结构是决定色谱性能的主要因素,其次是它的粒度大小、分布范围,装柱技术对柱效能的影响也很大。由于硅胶微球表面存在着不同活性强度的吸附部位,从而引起色谱峰严重的拖尾现象。为此需进行失活处理,降低吸附活性,方法是调节硅胶的含水量。吸附剂的含水量对于分离效率、不可逆吸附、吸附系数等有很大影响,在进行重复性分离时,必须控制吸附剂的含水量。表8-2列出了一些吸附剂及其物理性质。

表 8 - 2　一些商品吸附剂

类型	名称	形状	粒度/μm	比表面积/($m^2 \cdot g^{-1}$)	平均孔径/nm
硅胶	Porasil C	球形	35～75	50～100	200～400
	Lichrosorb S I 60	无定形	5,10	500	60
	Lichrosorb S I 100	无定形	5,10	400	100
	Lichrosorb S I 100	球形	5,10	370	100
氧化铝	Woelm Alumina	无定形	18～30	200	150
	Lichrosorb ALOX - T	无定形	5,10,30	70	150
	Bio - Rad AG	无定形	74	200	150

3. 流动相

在吸附色谱中,流动相常被称为洗脱剂,它的选择比固定相更重要,对于具有不同极性的样品,选择流动相的主要依据仍然是洗脱剂的极性。极性大的样品用极性大的流动相,极性小的样品用极性小的流动相。

在吸附色谱中,流动相的极性强度常用洗脱剂的强度参数 $\varepsilon°$ 表示,$\varepsilon°$ 越大,表示洗脱剂的极性也越大。表 8-3 列出了以氧化铝为吸附剂时,一些常用的洗脱剂的强度次序。

表 8 - 3 氧化铝上的洗脱序列

溶剂	ε°	溶剂	ε°	溶剂	ε°
氟代烷烃	−0.25	甲苯	0.29	乙酸乙酯	0.58
正戊烷	0.00	苯	0.32	乙腈	0.65
异辛烷	0.01	氯仿	0.40	吡啶	0.71
正庚烷	0.04	二氯甲烷	0.42	二甲亚砜	0.75
环己烷	0.04	二氯乙烷	0.44	异丙醇	0.82
四氯化碳	0.18	四氢呋喃	0.45	乙醇	0.88
二甲苯	0.26	丙酮	0.56	甲醇	0.95

在吸附色谱中,经常选择二元混合溶剂作为流动相,一般以一种极性强的溶剂和一种极性弱的溶剂按一定比例混合来制得所需的流动相。由于混合溶剂容易分层,所以要使流动相充分连续地流过柱子,直到进入柱内与流出柱外的流动相的组成相同。

4. 应用

液固吸附色谱是以表面吸附性能为依据的,所以它常用于分离极性不同的化合物,但也能分离那些具有相同极性基团,但基团数量不同的样品。此外,液固吸附色谱还适于分离异构体,这主要是因为异构体有不同的空间排列方式,所以吸附剂对它们的吸附能力有所不同,从而得到了分离。例如,硝基苯胺异构体的分离,用微粒氧化铝柱分离了它的 3 种异构体,见图 8 - 17。对位异构体的保留最强,因为它的两个官能团的位置相距最远,有更多的机会与一个以上柱的吸附部位相互作用,邻位异构体与氧化铝的相互作用较弱,可能是由于形成了分子内氢键的缘故。

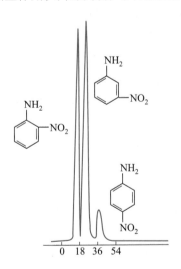

色谱柱:Lichrosorb Alox T, 150 mm×2.4 mm
流动相:40% CH_2Cl_2 溶于己烷,1.5 mL·min^{-1}
检测器:UV检测器

图 8 - 17 硝基苯胺异构体的分离

三、键合相色谱法

采用化学键合固定相的液相色谱法简称为键合相色谱法。键合固定相中固定液通过化学键结合在载体表面上,其方法是用化学反应在载体表面上形成一层有机基团的单分子层或聚合的多分子层。由于键合固定相非常稳定,在使用中不易流失,所以键合相色谱法在高效液相色谱法的整个应用中占到了80％以上。

1. 分离原理

(1) 正相键合相色谱的分离原理。正相键合相色谱使用的是极性键合固定相,溶质在此类固定相上的分离机理属于分配色谱。

(2) 反相键合相色谱的分离原理。反相键合相色谱使用的是极性较小的键合固定相,其分离机理可用疏水溶剂作用理论来解释。这种理论认为:键合在硅胶表面的非极性或弱极性基团具有较强的疏水特性,当用极性溶剂为流动相来分离含有极性官能团的有机化合物时:一方面,分子中的非极性部分与疏水基团产生缔合作用,使它保留在固定相中;另一方面,被分离物的极性部分受到极性流动相的作用,促使它离开固定相(解缔),并减小其保留作用(如图 8 – 18 所示)。显然,两种作用力之差,决定了溶质分子在色谱分离过程中的保留值。由于不同溶质分子这种能力的差异是不一致的,所以流出色谱柱的速度是不一致的,从而使得各种不同组分得到了分离。

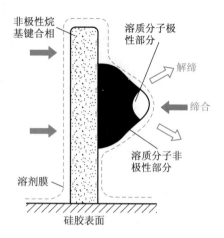

图 8 – 18 有机分子在烷基键合相上的分离机理

2. 键合固定相的类型

用来制备键合固定相的载体,几乎都为硅胶。利用硅胶表面的硅醇基(Si—OH)与有机分子之间成键,即可得到各种性能的固定相。一般可分三类。

(1) 疏水基团。如不同链长的烷烃(C_8 和 C_{18})和苯基等。用于反相键合相色谱法。

(2) 极性基团。如氨丙基、氰乙基、醚和醇等。此类键合相表面分布均匀,吸附活性比硅胶低,因而可以看成是一种改性的硅胶,常用于正相操作,即用比键合相本身极性小的流动相冲洗。

(3) 离子交换基团。如作为阴离子交换基团的氨基、季铵盐;作为阳离子交换基团的磺酸等。

3. 键合相色谱法中的固定相和流动相的选择

正相键合相色谱法使用的是强极性的键合固定相和非极性或弱极性的流动相,适用于分离极性化合物及异构体等。极性键合相的键型常有 Si—O—Si—C、Si—O—C、Si—O—Si—N,及含有氨基、氰基、羟基和醚基的键型等。在正相键合相色谱中,采用和正相液液分配色谱相似的流动相,流动相的主体成分为己烷(或庚烷)。为改善分离的选择性,常加入的优选溶剂为质子接受体乙醚或甲基叔丁基醚;质子给予体氯仿;偶极溶剂二氯甲烷等。

反相键合相色谱法是采用极性较小的键合固定相和极性较强的流动相,适用于分离广极性范围的样品,包括分离多环芳烃、氨基酸等极性化合物。近年来,反相键合相色谱法应用极为广泛。本方法的优点是柱效能高,色谱峰无拖尾现象。

反相键合相色谱的键合固定相使用烃基键合相,应用最多的是十八烷基键合硅烷,通常称为

ODS 固定相。反相键合相色谱的流动相使用极性溶剂及其混合物,常用的有水、乙腈、甲醇、乙醇、丁醇、四氢呋喃及水-乙腈、水-甲醇、水-四氢呋喃等。其洗脱强度的强弱顺序依次为:

水(最弱)＜甲醇＜乙腈＜乙醇＜四氢呋喃＜丙醇＜二氯甲烷(最强)

选择流动相时,应考虑:① 如以水为流动相,极性小的溶质组分保留值较大;② 如以二元混合溶剂为流动相,极性小的溶质组分保留值随非极性溶剂浓度的增加而减小;③ 在含水流动相中,加入中性盐(如 Na_2SO_4)会增加非极性溶质组分的保留值。在反相键合相色谱法中多采用水-甲醇、水-乙腈体系,分离那些不(或微)溶于水但溶于醇类或其他与水混溶的有机溶剂的物质。

表 8-4 列出了在键合相色谱中固定相和流动相的选择。

表 8-4　键合相色谱中的固定相和流动相

基团	键合基团	分离方式	流动相
醚基	—Si—O—[Si$(C_6H_{12}O_2)$—O—]$_n$	正相、反相	烃类溶剂、水-醇
硝基	—Si—$(CH_2)_n$—NO_2	正相、反相	烃类溶剂、水-醇
氨基	—Si—$(CH_2)_3$—NH_2	正相、反相、离子交换	烃类溶剂、水-醇
氰基	—Si—CH_2CH_2CN	正相、反相	烃类溶剂
二醇基	—Si—$(CH_2)_4$CH(OH)—CH_2OH	正相	烃类溶剂
酚基	—Si—CH_2CH_2—C_6H_4—OH	反相	水-醇
烷基	—Si—$C_{18}H_{37}$	反相	水-醇
苯基	—Si—C_6H_5	反相	水-醇
磺基	—Si—$(CH_2)_2$—C_6H_4—SO_3H	离子交换	水、水-醇
季铵基	—Si—$(CH_2)_3R_3NCl$	离子交换	水、水-醇

在反相键合相色谱法中,常向流动相中加入一些改性剂,以获得良好峰形和分离效果。主要有两种方法。

(1) 离子抑制法。在反相键合相色谱法中常向含水流动相中加入酸、碱或缓冲溶液,使流动相的 pH 控制在一定的范围内,抑制溶质的离子化,减小谱带拖尾、改善峰形,提高分离的选择性。例如,在分析有机弱酸时,常向水-甲醇流动相中加入 1% 的甲酸(或乙酸、二氯乙酸、H_3PO_4、H_2SO_4),这样就可抑制溶质的离子化,获得对称的离子峰。对于弱碱样品,向流动相中加入 1% 的三乙醇胺,也可达到相同的效果。

(2) 离子强度调节法。在反相键合相色谱法中,在分析易解离的碱性有机化合物时,随着流动相的 pH 升高,键合相表面残存的硅羟基与碱的阴离子的亲和能力增强,会引起峰形拖尾并干扰分离,此时向流动相中加入 0.1%~1% 的乙酸盐、硫酸盐或硼酸盐,就可利用盐效应减弱残存硅羟基的干扰作用,抑制峰形拖尾并改善分离效果。但应注意经常用磷酸盐或卤代物会引起硅烷化固定相的降解。

在液相色谱法中,如果在流动相中使用了硫酸盐等这类盐时,由于这些盐在有机溶剂中的溶解度小,为防止在高压输液泵中产生结晶,从而磨损泵的活塞,必须用水在线清洗高压泵的活塞。

4. 应用

正相键合相色谱多用于分离各类中等极性化合物、异构体等,如染料、炸药、芳香胺、脂、氨基酸、甾体激素、脂溶性维生素和药物等,图 8-19 是利用正相色谱柱分离和分析 TNT 及其降解产物异构体的色谱图。

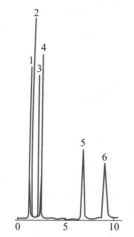

动画：农药
残留量液相
色谱分析

色谱柱：Spherisorb-Si，300 mm×4 mm
流动相：79％正己烷/21％异丙醇，1.0 mL·min⁻¹
检测器：UV 检测器

1—TNT；2—2,4-二硝基甲苯；3—4-氨基-2,6-二硝基甲苯；4—2-氨基-4,6-二硝基甲苯；5—4,6-二氨基-2-二硝基甲苯；6—2,4-二氨基-6-二硝基甲苯。

图 8-19　TNT 及其降解产物的分析

反相键合相色谱系统由于操作简单，稳定性与重复性好，已成为一种通用型液相色谱分析方法。极性、非极性；水溶性、脂溶性；离子性、非离子性；小分子、大分子；具有官能团差别或分子质量差别的同系物，均可采用反相液相色谱技术实现分离。

阅读材料　超高效液相色谱在复杂中药成分分离分析中的应用

　　Waters 公司在 2004 年推出了一种新的液相色谱技术——超高效液相色谱法（UPLC），它采用 1.7 μm 颗粒度的色谱柱填料，能获得更高的柱效能，并且在更宽的线速度范围内柱效能保持恒定，因而有利于提高流动相流速，缩短分析时间，提高分析通量。通过性能优越的色谱柱，精确梯度控制的超高压液相色谱泵，低扩散、低交叉污染的自动进样系统及高速检测器使超高效液相色谱的峰容量、分析效率、灵敏度较常规高效液相色谱法（HPLC）有了很大的提高，为复杂体系的分离分析提供了良好的平台，为代谢组学、蛋白质组学的研究提供了方便的条件。目前，UPLC 已用于代谢产物的高通量筛选，痕量杀虫剂的分析，生物样品的分析等。中药是一个复杂的未知体系，不仅化合物种类繁多、数目不明确，而且含量差异大、已知化合物少，中药现代化又是目前研究的热点和难点，中药要走向世界，首先必须具备国际认可的标准和规范，因而高效、高灵敏地分离分析中药这个复杂体系，是解决这些难点和热点问题的必由之路。

　　面对大批量复杂的中药组分，UPLC 能够更快更好地完成以往 HPLC 的工作。UPLC 不但可以节省时间、提高效率、减少溶剂的消耗，而且能为质谱提供最佳的液相色谱入口，为中药的分析建立良好的平台。超高效液相色谱法的超高分析速度、超高灵敏度将为复杂体系中药的分离分析开创崭新的局面。

本 章 小 结

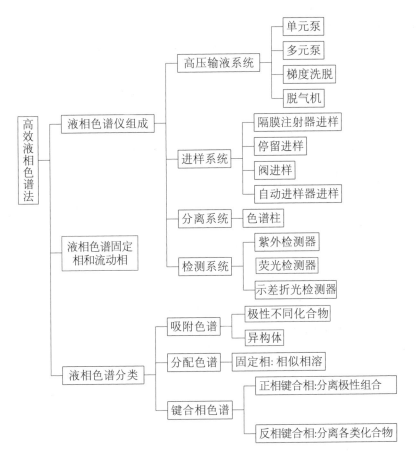

思考与练习

1. 在液相色谱定量分析时,不要求混合物中每一种组分都出峰的是(　　)。

(1) 外标标准曲线法　　　　　　　　(2) 内标法

(3) 面积归一化法　　　　　　　　　(4) 外标法

2. 在液相色谱法中,为了改善分离的选择性,下列(　　)措施是有效的。

(1) 改变流动相种类　　　　　　　　(2) 改变固定相类型

(3) 增加流速　　　　　　　　　　　(4) 改变填料的粒度

3. 在液相色谱法中,提高柱效能最有效的途径是(　　)。

(1) 提高柱温　　　(2) 降低板高　　　(3) 降低流动相流速　　　(4) 减小填料粒度

4. 在液相色谱中,为了改变柱子的选择性,可以选用的操作是(　　)。

(1) 改变固定液的种类　　　　　　　(2) 改变载气和固定液的种类

(3) 改变色谱柱温　　　　　　　　　(4) 改变固定液的种类和色谱柱温

5. 在液相色谱中,范第姆特方程中对柱效能的影响可以忽略的一项是(　　)。

(1) 涡流扩散项　　　　　　　　　　(2) 分子扩散项

（3）流动区域的流动相传质阻力　　　　　　（4）停滞区域的流动相传质阻力

6. 在液相色谱中,常用作固定相,又可用作键合相基体的物质是（　　）。

（1）分子筛　　　　　　（2）硅胶　　　　　　（3）氧化铝　　　　　　（4）活性炭

7. 在气相色谱和液相色谱中,影响柱选择性不同的因素是（　　）。

（1）固定相的种类　　　（2）柱温　　　　　　（3）流动相的种类　　　（4）分配比

8. 用液相色谱法分离长链饱和烷烃的混合物,应采用的检测器是（　　）。

（1）紫外检测器　　　　　　　　　　　　　　（2）示差折光检测器

（3）荧光检测器　　　　　　　　　　　　　　（4）电化学检测器

9. 液液分配色谱法中的反相液相色谱法,其固定相、流动相和分离化合物的性质分别为（　　）。

（1）非极性、极性和非极性　　　　　　　　　（2）极性、非极性和非极性

（3）极性、非极性和极性　　　　　　　　　　（4）非极性、极性和离子化合物

10. 在液相色谱法中,梯度洗脱适用于分离（　　）。

（1）异构体　　　　　　　　　　　　　　　　（2）沸点相近,官能团相同的化合物

（3）沸点相差大的样品　　　　　　　　　　　（4）极性范围宽的样品

11. 分配色谱法和化学键合相色谱法中,选择不同类别的溶剂（分子间作用力不同）,以改善分离度,主要是（　　）。

（1）提高分配系数　　　　　　　　　　　　　（2）增大容量因子

（3）增加保留时间　　　　　　　　　　　　　（4）提高色谱柱柱效能

12. 液相色谱中通用型检测器是（　　）。

（1）紫外检测器　　　　　　　　　　　　　　（2）示差折光检测器

（3）热导池检测器　　　　　　　　　　　　　（4）荧光检测器

13. 用十八烷基(ODS)柱分离一有机弱酸混合物样品,以某一比例水-甲醇为流动相时,样品容量因子较小,若想使容量因子适当增加,较好的方法是（　　）。

（1）增加流动相中甲醇比例　　　　　　　　　（2）增加流动相中水的比例

（3）流动相中加入少量乙酸　　　　　　　　　（4）流动相中加入少量氨水

14. 在高效液相色谱中,为什么要对流动相脱气? 常用的脱气方法有哪几种?

15. 何谓梯度洗脱,适用于哪些样品的分析? 与程序升温有什么不同?

16. 从分离原理、仪器构造及应用范围上简要比较气相色谱及液相色谱的异同点。

17. 在液相色谱中,提高柱效能的途径有哪些? 其中最有效的途径是什么?

18. 何谓化学键合固定相? 它有什么突出的优点?

19. 正相色谱柱和反相色谱柱是如何界定的? 各适合哪类物质的分离?

实验

实验一　饮料中咖啡因的高效液相色谱分析

一、目的要求

1. 熟悉高效液相色谱仪的结构。

2. 理解反相色谱的原理和应用。

3. 掌握外标定量方法。

二、基本原理

咖啡因又称为咖啡碱,属黄嘌呤衍生物,化学名称为 1,3,7 -三甲基黄嘌呤,是从茶叶或咖啡中提取而得到的一种生物碱。它能兴奋大脑皮质,使人精神兴奋。咖啡中含咖啡因为 1.2%～1.8%,茶叶中为 2.0%～4.7%。可乐饮料、APC 药片等中均含咖啡因。其分子式为 $C_8H_{10}O_2N_4$,结构式为:

样品经过滤后,采用 C_{18} 反相液相色谱柱进行分离,以紫外检测器进行检测,以咖啡因标准溶液对色谱峰面积绘制回归曲线,根据色谱峰面积值求其浓度。

三、仪器与试剂

1. 仪器

LC - 10AT 液相色谱仪或其他品牌液相色谱仪。

色谱柱:C_{18} 反相液相色谱柱(4.6 mm×150 mm)。

进样器:六通阀,配 10 μL 定量管。

注射器:25 μL 平头微量注射器。

2. 试剂

(1) 甲醇(色谱纯);二次蒸馏水;咖啡因(AR);市售可乐、咖啡。

(2) 1 000 mg・L^{-1} 咖啡因标准储备溶液:将咖啡因在 110 ℃下烘干 1 h。准确称取0.100 0 g 咖啡因,用甲醇溶解,定量转移至 100 mL 容量瓶中,用甲醇稀释至刻度。

四、实验步骤

1. 按操作说明书使色谱仪正常工作

柱温:室温。

流动相:$V_{甲醇}/V_水＝60/40$。

流动相流量:1.0 mL・min^{-1}。

检测波长:286 nm。

2. 咖啡因标准溶液配制

将咖啡因标准储备溶液用甲醇稀释为含咖啡因质量浓度分别为 20 mg・L^{-1}、40 mg・L^{-1}、80 mg・L^{-1}、160 mg・L^{-1}、320 mg・L^{-1} 的系列标准溶液。

3. 样品处理

(1) 取 100 mL 市售可乐置于 250 mL 洁净、干燥的烧杯中,剧烈搅拌 30 min 或用超声波脱气5 min,以赶尽其中的二氧化碳。

(2) 准确称取 0.25 g 咖啡,用蒸馏水溶解,定量转移至 100 mL 容量瓶中,定容至刻度,摇匀。

(3) 将上述两份样品溶液分别进行干过滤(即用干漏斗、干滤纸过滤),弃去前过滤液,取后面的过滤液。

(4) 分别吸取上述两份样品滤液 5 mL,用 0.45 μm 的过滤膜过滤后,注入 2 mL 样品瓶中备用。

4. 标样定性和校正

调整好色谱条件,待液相色谱仪基线平直后,分别进样 10 μL 的咖啡因系列标准溶液,采集色谱图。

5. 样品测定

分别进样 10 μL 的样品溶液,采集色谱图。根据保留时间确定咖啡因色谱峰的位置。

6. 实验结束后,按要求关好仪器。

五、数据记录与处理

(1) 绘制咖啡因色谱峰面积-标准溶液浓度的回归曲线,并计算回归方程和相关系数。

(2) 根据样品中咖啡因色谱峰面积值,分别计算市售可乐、咖啡样品中的咖啡因浓度,单位用 mg · L^{-1} 表示。

六、注意事项

(1) 测定咖啡因的传统方法是先经萃取,再用分光光度法测定。由于一些具有紫外吸收的杂质同时被萃取,所以,测定结果具有一定误差。液相色谱法先经色谱柱高效分离后再检测分析,测定结果正确。

(2) 不同牌号的咖啡中咖啡因含量不尽相同,称取的样品量可酌量增减。

(3) 若样品和标准溶液需保存,应置于冰箱中。

(4) 为获得良好结果,标准储备溶液和样品的进样量要严格保持一致。

七、讨论与思考

1. 用外标法定量的优缺点是什么?

2. 在样品干过滤时,为什么要弃去前过滤液?这样做会不会影响实验结果?为什么?

实验二 蔬菜中番茄红素的高效液相色谱分析

一、目的要求

1. 掌握高效液相色谱法测定番茄红素的原理和方法。

2. 了解高效液相色谱法在食品分析中的应用。

二、基本原理

番茄红素是植物性食物中存在的一种类胡萝卜素,也是一种红色素,溶于氯仿、苯及油脂,不溶于水。番茄红素具有很强的抗氧化功能,不仅广泛用作天然色素,而且也越来越多地应用于保健食品(又称功能食品)、药品和化妆品中。成熟的红色植物果实中富含番茄红素,番茄、胡萝卜、西瓜、木瓜及番石榴等中含量更高。本实验用丙酮-石油醚提取蔬菜样品中的番茄红素,采用高效液相色谱法,根据色谱峰保留时间定性和外标法定量分析样品中的番茄红素。

三、仪器与试剂

1. 仪器

高效液相色谱仪,配紫外检测器;恒温水浴;氮吹仪;超声波振荡仪;分析天平(感量为 0.01 g);砂芯漏斗(4G)、烧杯、容量瓶等。

2. 试剂

番茄红素标准品(纯度≥95%);甲醇(色谱纯);乙腈(色谱纯);二氯甲烷;石油醚;丙酮;蒸馏水。

番茄红素标准储备液(200 mg·L^{-1}):精确称取 10 mg 番茄红素置于 25 mL 烧杯中,用二氯甲烷溶解后转入 50 mL 容量瓶中,再用二氯甲烷定容至刻度。于 -20~-16 ℃条件下保存,备用。

四、实验步骤

1. 标准工作溶液(10 mg·L^{-1})的配制

取 0.5 mL 番茄红素标准储备液,置于 10 mL 容量瓶中,用二氯甲烷稀释至刻度,摇匀。得到浓度为 10 mg·L^{-1} 的番茄红素标准工作溶液。

2. 样品溶液的配制

(1) 试样制备。取番茄、胡萝卜或西瓜等蔬菜试样,去皮、去籽(若有籽),捣碎成匀浆,放入聚乙烯瓶中,于 -20~-16 ℃条件下保存。

(2) 提取。精确称取 2 g 上述试样置于 150 mL 烧杯中,加入适量丙酮-石油醚(体积比为 1∶1)混合溶液,直至完全淹没试样,超声波振荡仪振荡 10 min,使其中的番茄红素完全溶解,移入砂芯漏斗,真空抽滤,滤液收集于试管中。冲洗砂芯漏斗上的残渣,直到洗至无色。

(3) 净化。将上述全部滤液转移至分液漏斗中,静置分层,上层有机相通过装有无水硫酸钠的漏斗过滤,收集到圆底烧瓶中;下层水相继续用 20 mL 石油醚萃取,收集有机相。用石油醚洗涤漏斗中的硫酸钠至无色。收集全部滤液后,将圆底烧瓶置于 50 ℃水浴上用氮吹仪将氮气吹干,残渣用 10 mL 二氯甲烷溶解,如果颜色较深,可稀释 2~5 倍,记录最终定容体积,过 0.45 μm 微孔滤膜,待测。

3. 色谱测定

以甲醇-乙腈-二氯甲烷(体积比为 20∶75∶5)混合溶液为流动相,在流量为 1 mL·min^{-1}、检测波长为 472 nm、进样量为 10.0 μL 条件下,分别测定番茄红素工作溶液和蔬菜样品溶液的色谱图,平行三次,确定保留时间和色谱峰面积。

五、数据记录与处理

1. 色谱数据记录

项目	标准溶液			样品溶液 1			样品溶液 2		
测定次数	1	2	3	1	2	3	1	2	3
保留时间 t_R/min									
色谱峰面积 A									

2. 含量计算

以标准工作溶液中番茄红素的峰面积为对照,用下列公式计算蔬菜样品中番茄红素的含量 $w(\mathrm{mg\cdot kg^{-1}})$。

$$计算公式: w = \frac{C_s \cdot V_s \cdot A_x \cdot V_0}{V_x \cdot A_s \cdot m} \mathrm{mg\cdot kg^{-1}}$$

式中:C_s 为标准工作溶液番茄红素含量$(\mathrm{mg\cdot L^{-1}})$;

　　　V_s 为标准工作溶液进样体积$(\mu\mathrm{L})$;

　　　V_x 为样品溶液进样体积$(\mu\mathrm{L})$;

　　　V_0 为样品溶液最终定容体积(mL);

　　　A_s 为标准工作溶液的峰面积;

　　　A_x 为样品溶液的峰面积;

　　　m 为蔬菜试样质量(g)。

六、讨论与思考

1. 说明影响测定结果的因素有哪些?

2. 比较西瓜、番茄等不同种类蔬菜中番茄红素含量的差异。

实验三　水中苯酚含量的测定

一、实验目的

1. 掌握苯酚的高效液相色谱法分析方法。

2. 了解高效液相色谱法在环境检测中的应用。

二、实验原理

苯酚是重要的有机合成原料,主要用于生产酚醛树脂、除草剂、木材防腐剂、杀虫剂以及医药合成等行业的原料和中间体。苯酚属高毒类物质,可通过多种途径对环境水体造成污染,对人类、鱼类以及农作物带来严重危害。根据国家环保部门有关规定,工作场所苯酚的最高允许质量浓度为 $5\times10^{-6}~\mu\mathrm{g\cdot L^{-1}}$、饮用水中为 $2~\mu\mathrm{g\cdot L^{-1}}$、地面水中为 $0.1~\mathrm{mg\cdot L^{-1}}$。本实验采用高效液相色谱法,测定水样中苯酚的含量。

三、仪器和试剂

1. 仪器

高效液相色谱仪,配紫外检测器;C18 色谱柱;分析天平(感量为 0.1mg);容量瓶、移液管等。

2. 试剂

(1) 苯酚标准溶液$(6.0~\mathrm{mg\cdot L^{-1}})$。称取 300 mg 苯酚(分析纯)于 50 mL 容量瓶中,先用适量甲醇溶解,再用甲醇稀释至刻度。

(2) 流动相。甲醇与二次蒸馏水的体积比为 80∶20,将甲醇(色谱纯)与二次蒸馏水混合,脱气后备用。

四、实验步骤

1. 标准系列溶液的测定

精确吸取 0.00 mL、1.00 mL、2.00 mL、3.00 mL、4.00 mL、5.00 mL 苯酚标准溶液于 50 mL 容量瓶中,分别用甲醇稀释至刻度,摇匀,得到标准系列溶液。在检测波长为 270 nm、流动相流量为 1.0 mL·min^{-1}、进样量为 20.0 μL 条件下,依次测定标准系列溶液的色谱曲线,记录色谱峰面积,以浓度为横坐标、峰面积为纵坐标绘制标准曲线,或求出回归方程。

2. 样品的测定

用滤膜(0.45 μm)过滤水样,取 20.0 μL 处理后的水样进样,按步骤 1 的操作条件,测定其峰面积值,平行测定三次,根据标准曲线或回归方程进行定量分析。

五、数据记录与处理

1. 标准曲线的绘制

出峰时间:

标准溶液体积 V/mL	0.00	1.00	2.00	3.00	4.00	5.00
$C_{苯酚}$/(mg·mL^{-1})						
峰面积 A						

2. 样品分析

样品	水样 1			水样 2		
测定次数	1	2	3	1	2	3
峰面积 A						
$C_{苯酚}$/(mg·mL^{-1})						

根据标准曲线指示或通过回归方程计算水样中苯酚含量,将得到的苯酚质量浓度乘以 1 000 即可把其单位由 mg·mL^{-1} 换算为 mg·L^{-1}。

六、讨论与思考

1. 水中苯酚含量的测定还有哪些方法?对比说明高效液相色谱法的优点。

2. 如果高效液相色谱仪具有双高压泵,如何控制甲醇和二次蒸馏水的体积比?

第九章　质谱法

学习目标

知识目标：

- 了解质谱仪的组成部分及各部分的作用。
- 了解质谱仪的应用。
- 了解 EI、CI 电离过程。

能力目标：

- 能认识质谱图。
- 了解质谱与色谱的联用技术。

资源链接

动画资源：

1. 液相色谱-质谱（四级杆）联用仪器结构；　2. 液相色谱-质谱（离子肼）联用仪器结构；

3. 液相色谱-质谱（电喷雾电离）联用仪器结构

　　将化合物分子电离成不同质量的离子，利用电磁学原理，按其质荷比（m/z）的大小依次排列成谱，收集和记录下来，称为质谱。以质量为基础建立起来的分析方法称为质谱分析法（mass spectrometry，MS）。自从 20 世纪 50 年代后期以来，质谱已成为鉴定有机结构的重要方法，随着气相色谱、高效液相色谱等仪器与质谱联机成功及计算机的飞速发展，使得质谱法成为分析、鉴定复杂混合物的最有效的方法。相比于核磁共振、红外光谱、紫外光谱，质谱具有其突出的优点。

　　（1）质谱法是唯一可以确定分子式的方法，而分子式对推测结构至关重要。为推测结构，若无分子式，一般至少也需要知道未知物的相对分子质量。

　　（2）灵敏度高。通常只需要微克级甚至更少质量的样品，便可得到质谱图，检出限最低可达到 10^{-14} g。

　　（3）根据各类有机化合物中化学键的断裂规律，质谱图中的碎片离子峰提供了有关有机化合物结构的丰富信息。

　　目前，质谱法已广泛地应用于石油、化工、地质、环境、食品、公安、农业等行业或部门。

第一节 质谱法原理

质谱法是将样品分子置于高真空中(小于 10^{-3} Pa),并受到高速电子流或强电场等作用,失去外层电子而生成分子离子,或化学键断裂生成各种碎片离子,然后将分子离子和碎片离子引入一个强的电场中,使之加速。加速电位通常加到 6~8 kV,此时所有带单位正电荷的离子获得的动能都一样,即

$$zU = \frac{1}{2}mv^2$$

式中:z 为离子电荷数;U 为加速电压;m 为离子质量;v 为离子获得的速度。

由于动能达数千电子伏特(eV),可以认为此时各种带单位正电荷的离子都有近似相同的动能。但是,不同质荷比的离子具有不同的速度,利用离子不同质荷比及其速度差异,质量分析器可将其分离,如图 9-1 所示。

从磁场中分离出来的离子由检测器测量其强度,记录后获得一张以质荷比(m/z)为横坐标,以相对强度为纵坐标的质谱图,如图 9-2 所示。在该质谱图中,每一个线状图位置表示一种质荷比的离子,通常将最强峰定为 100%,此峰称为基峰,其他离子峰强度以其百分数表示,即为相对丰度。分子失去一个电子形成的离子称为分子离子(M^+)。分子离子峰一般为质谱图中质荷比(m/z)最大的峰。由于分子离子稳定性不同,质谱图中 m/z 最大的峰不一定是分子离子峰。

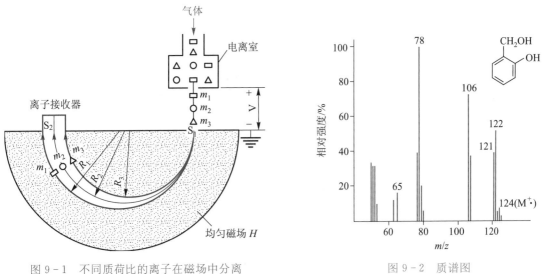

图 9-1 不同质荷比的离子在磁场中分离   图 9-2 质谱图

质谱分析的基本过程可以分为四个环节:① 通过合适的进样装置将样品引入并进行气化;② 气化后的样品引入离子源进行电离,即离子化过程;③ 电离后的离子经过适当的加速后进入质量分析器,按不同的质荷比(m/z)进行分离;④ 经检测、记录,获得一张质谱图。根据质谱图提供的信息,可以进行无机物和有机物定性与定量分析、复杂化合物的结构分析、样品中同位素比的测定以及固体表面的结构和组成的分析等。质谱分析的四个环节中,核心是

实现样品离子化。不同的离子化过程,降解反应的产物也不同,因而所获得的质谱图也随之不同,而质谱图是质谱分析的依据。

第二节　质　谱　仪

质谱仪一般由真空系统、进样系统、离子源、质量分析器和检测记录系统等部分组成。

一、真空系统

质谱仪的离子产生及经过系统必须处于高真空状态(离子源的真空度达 $1.3 \times 10^{-4} \sim 1.3 \times 10^{-5}$ Pa,质量分析器的真空度达 1.3×10^{-6} Pa),若真空度过低将造成以下情况。

(1) 系统中的氧气会使离子源的灯丝烧坏。

(2) 会使本底增高,干扰谱图。

(3) 会引起副反应,改变分子的裂解模型,使谱图复杂化。

(4) 会干扰离子源中电子束的调节。

(5) 会引起几千伏高压,用作加速离子的加速极放电。

质谱仪的高真空系统一般由机械泵和油扩散泵(或分子涡轮泵)组成。前级泵采用机械泵,一般抽至 $10^{-1} \sim 10^{-2}$ Pa,高真空要求达到 $10^{-4} \sim 10^{-6}$ Pa,需要用高真空泵抽,扩散泵价格便宜,但工作中如突然停电,可能造成返油现象;分子涡轮泵由于无油,所以无本底及污染,尽管价格较贵,但多数会选择配置分子涡轮泵。

二、进样系统

进样系统是将样品送入离子源。由于质谱需在高真空条件下工作,故进样系统需要适当的装置,使其在尽量减小真空损失的前提下将气态、液态或固态样品引入离子源。进样方法有以下几种。

间歇式进样:将少量固体或液体样品导入样品贮存器,由于贮样室的压力比电离室压力高 $1 \sim 2$ 个数量级,所以部分样品便从贮样室通过分子漏隙(通常是带有一个小针孔的玻璃或金属膜)以分子流的形式渗透进高真空的电离室。如图 9-3 所示。

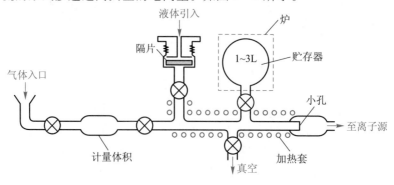

图 9-3　间歇式进样系统

直接探针进样：对固体和非挥发的样品，将样品用探针插入电离室，升温，产生达到 10^{-4} Pa左右的蒸气压分子并进行电离。如图 9 - 4 所示。

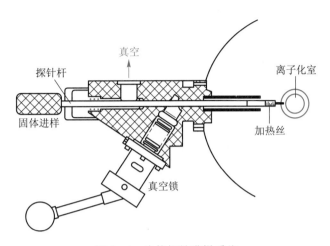

图 9 - 4　直接探针进样系统

与色谱和毛细管电泳联用进样：将质谱与气相色谱、高效液相色谱或毛细管电泳柱联用，使其兼有色谱法的优良分离功能和质谱法强有力鉴别能力，是目前分析复杂混合物的最有效的方法。

三、离子源

离子源的作用是将被分析的样品分子电离成带电荷的离子，并使这些离子在离子光学系统的作用下，会聚成一定能量的离子束，然后进入质量分析器被分离。为了研究被测样品分子的组成和结构，就应使该样品的分子在被电离前不分解，这样电离时可以得到该样品的分子离子峰。如果被测样品分子在电离前就分解了，就不能得到该样品分子的分子离子峰，就无法得知该样品分子的相对分子质量，也就无法进一步研究该样品分子的组成和结构。为了使稳定性不同的样品分子在电离时都能得到分子离子的信息，就需采用不同的电离方法，质谱仪也就有了不同的电离源。所以我们在使用质谱分析法时，应根据所分析样品分子的热稳定性和电离的难易程度来选择适宜的离子源，以期得到该样品分子的分子离子峰。目前，质谱仪常用的离子源有电子轰击电离源和化学电离源等。

1. 电子轰击电离源(electron impact ionization source, EI)

电子轰击电离源是用高能电子流轰击样品分子，产生分子离子和碎片离子。首先，高能电子轰击样品分子 M，使之电离：

$$M + e^- \longrightarrow M^+ + 2e^-$$

M^+ 为分子离子或母体离子。若产生的分子离子带有较大的内能，则进一步发生裂解，产生质量较小的碎片离子和中性自由基：

$$M^+ \quad \begin{matrix} \nearrow & M_1^+ + N_1 \cdot \\ \\ \searrow & M_2^+ + N_2 \cdot \end{matrix}$$

式中：$N_1 \cdot$、$N_2 \cdot$ 为自由基，M_1^+、M_2^+ 为较低能量的离子。如果 M_1^+ 或 M_2^+ 仍然具有较高能量，它们将进一步裂解，直至离子的能量低于化学键的裂解能。图 9-5 为电子轰击离子化示意图。

在灯丝和阳极之间加有 70 eV 电压，获得轰击能量为 70 eV 的电子束，它与进样系统中引入的样品分子发生碰撞而发生裂解反应，生成分子离子和碎片离子。这些离子在电场的作用下被加速之后进入质量分析器。

电子轰击离子化易于实现，谱图重现性好、便于计算机检索及相互对比，并含有较多的碎片离子信息，这对推测未知物结构非常有帮助。目前质谱图库就是以 EI 谱图建立的。因此 EI 是用得最多的电离源。但对于有机化合物分子不稳定时，分子离子峰强度低，甚至没有分子离子峰。当样品分子不能气化或遇热分解时，则更没有分子离子峰。

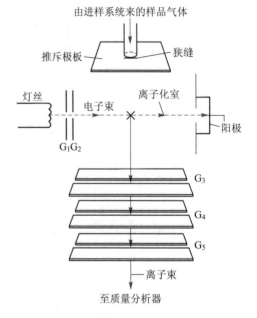

图 9-5　电子轰击离子化示意图

2. 化学电离源（chemical ionization source，CI）

质谱分析的基本任务之一是获取样品的相对分子质量。电子轰击离子化过于激烈，使分子离子的谱峰很弱，不利于相对分子质量测定。化学电离源是比较温和的电离方法，它是通过离子-分子反应来进行。在离子盒中充满反应气（如甲烷），电子首先与反应气发生碰撞，使反应气发生电离：

$$CH_4 + e^- \longrightarrow CH_4^+ \cdot + 2e^-$$

$$CH_4^+ \cdot \longrightarrow CH_3^+ + H \cdot$$

$CH_4^+ \cdot$ 及 CH_3^+ 很快与大量存在的 CH_4 中性分子发生反应，而与进入电离室的样品分子再反应：

$$CH_4^+ \cdot + CH_4 \longrightarrow CH_5^+ + CH_3 \cdot$$

$$CH_3^+ + CH_4 \longrightarrow C_2H_5^+ + H_2$$

CH_5^+ 和 $C_2H_5^+$ 不与中性甲烷反应，而与进入电离室的样品分子（$R—CH_3$）碰撞，产生 $(M+1)^+$ 离子：

$$R—CH_3 + CH_5^+ \longrightarrow R—CH_4^+ + CH_4$$

$$R—CH_3 + C_2H_5^+ \longrightarrow R—CH_4^+ + C_2H_4$$

采用化学电离源,可大大简化质谱图,有强的准分子离子峰,便于推测相对分子质量;反映异构体的谱图比 EI 要好。但碎片离子峰少,强度低,分子结构信息少。

EI 和 CI 是一种相互的补充。图 9-6 为某化合物的 EI 和 CI 质谱图的比较。

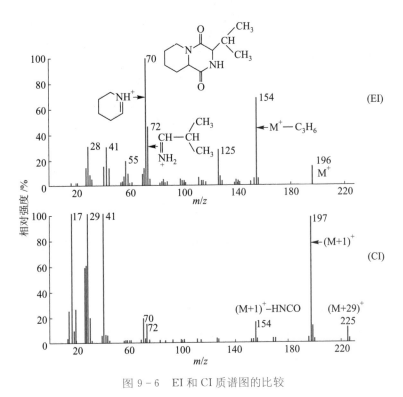

图 9-6 EI 和 CI 质谱图的比较

此外,还有场致电离源、快原子轰击电离源、场解析电离源、电喷雾电离源等。

四、质量分析器

质量分析器是质谱仪的重要组成部分,利用不同的方式将样品离子按质荷比 m/z 分开。质量分析器的主要类型有单聚焦质量分析器、双聚焦质量分析器、四极滤质器、离子阱质量分析器等。

1. 单聚焦质量分析器

单聚焦质量分析器使用扇形磁场,如图 9-7 所示,离子在磁场中的运动半径取决于磁场强度、m/z 和加速电压。若加速电压和磁场强度固定不变,则离子运动的半径仅取决于离子本身的 m/z。这样,m/z 不同的离子,由于运动半径不同,在磁分析器中被分开。但是,在质谱仪中出射狭缝的位置是固定不变的,故一般采用固定加速电压而连续改变磁场强度的方法,使不同 m/z 离子发生分离并依次通过狭缝,到达收集器。

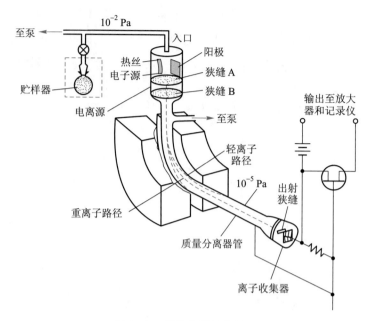

图 9-7 单聚焦质量分析器

这种质量分析器的缺点是分辨率低,只适用于离子能量分散小的离子源,如 EI、CI 组合使用。

2. 双聚焦质量分析器

在单聚焦质量分析器中,离子源产生的离子在进入加速电场之前,其初始能量并不为零,且各不相同。具有相同质荷比(m/z)的离子,其初始能量存在差异,因此,通过分析器之后,也不能完全聚焦在一起。为了解决离子能量分散的问题,提高分辨率,可采用双聚焦质量分析器。

所谓双聚焦(如图 9-8 所示),是指同时实现方向聚焦和能量聚焦。在磁场前面加一个静电分析器。静电分析器由两个扇形圆筒组成,在外电极上加正电压,内电极上加负电压。

在某一恒定的电压条件下,加速的离子束进入静电场,不同动能的离子具有的运动曲率半径不同,只有运动曲率半径适合的离子才能通过 β 缝,进入磁分析器。更准确地说,静电分析器将具有相同速度(或能量)的离子分成一类。进入磁分析器之后,再将具有相同的质荷比而能量不同的离子束进行再一次分离。双聚焦质量分析器的分辨率可达 150 000,相对灵敏度可达 10^{-10}。能准确地测量原子的质量,广泛应用于有机质谱仪中。双聚焦质量分析器最大优点是分辨率高,缺点是价格太高,维护困难。图 9-9 为配以双聚焦质量分析器的高分辨磁质谱仪。

3. 四极滤质器

四极滤质器又称四极杆质量分析器,如图 9-10 所示,由四根平行的棒状电极组成。电极的截面近似为双曲面,两对电极之间的电位是相反的,电极上加直流电压 U 和射频(RF)交变电压。当离子束进入筒形电极所包围的空间后,离子做横向摆动,在一定的直流电压、交流电压和频率,以及一定的尺寸等条件下,只有某一种(或一定范围)质荷比的离子能够到达收集器并发出信号(这些离子称共振离子),其他离子在运动过程中撞击柱形电极而被"过滤"掉最后被真空泵抽走。

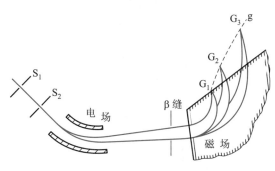

图 9-8　双聚焦质量分析器

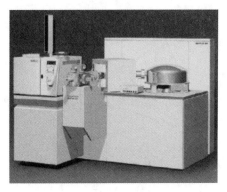

图 9-9　磁质谱仪

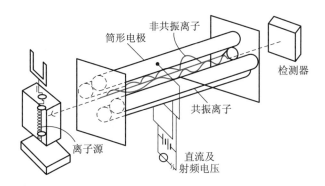

图 9-10　四极滤质器

如果使交流电压的频率不变而连续地改变直流和交流电压的大小(但要保持它们的比例不变,电压扫描),或保持电压不变而连续地改变交流电压的频率(频率扫描),就可使不同质荷比的离子依次到达检测器而得到质谱图。

四极滤质器的优点是利用四极杆代替了笨重的电磁铁,故具有体积小、质量轻等优点;仅用电场不用磁场,无磁滞现象,扫描速度快,适合于色谱联机;操作时真空度低,特别适合于液相色谱联机。

4. 离子阱质量分析器

离子阱质量分析器,如图 9-11 所示,由一环电极再加上下各一的端罩电极构成。以端罩电极接地,在环电极上施以变化的射频电压,此时处于阱中具有合适的质荷比的离子将在阱中指定的轨道上稳定旋转,若增加该电压,则较重离子转至指定稳定轨道,而轻些的离子将偏出轨道并与环电极发生碰撞。当一组由电离源(CI 或 EI)产生的离子由上端小孔进入阱中后,射频电压开始扫描,陷入阱中的离子运动轨道则会依次发生变化而从底端离开环电极腔,从而被检测器检测。这种离子阱结构简单、成本低且易于操作,已用于气相色谱-质谱(GC-MS)联用装置,用于 m/z 为 200~2 000 的分子分析。近年来,GC-MS 联用装置越来越多地使用离子阱作质量分析器。

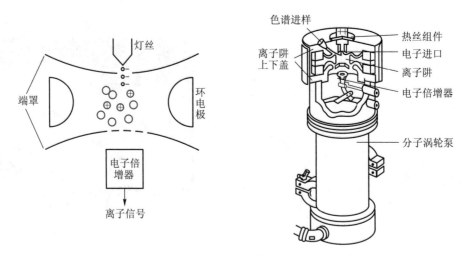

图 9-11 离子阱质量分析器

五、检测记录系统

质谱仪常用的检测器有电子倍增器、闪烁检测器、法拉第杯和照相底板等。

目前,普遍使用电子倍增器进行离子检测,如图 9-12 所示。电子倍增器由一个转换极、倍增极和一个收集极组成。

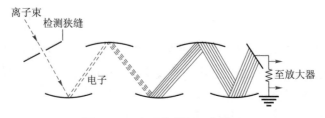

图 9-12 电子倍增器工作原理

转换极是一个与离子束成适当角度放置的金属凹面,做负离子检测时加上+10 kV 电压,做正离子检测时加上-10 kV 电压。转换极增强信号并减少噪声,在转换极上加上高压可得到高转化效率,增强信号。因为每个离子打击转换极都产生许多二次粒子。倍增极是从涂覆氧化物的电极表面产生一个电子瀑布以达到放大电流的器件。从转换极产生的二次粒子以足够的能量打击电子倍增器阴极最近的内壁,溅射出电子,这些电子被逐步增加的正电位梯度牵引,向前加速进入阴极。由于阴极的漏斗形结构,溅射电子不能迁移很远便再次碰到阴极表面,导致更多的电子发射,于是形成一个电子瀑布,最终在阴极的末端,电子被阳极收集,得到一个可测量的电流,阳极收集的电流正比于打击阴极的二次粒子的数量。

通常电子倍增器的增益为 $10^5 \sim 10^8$。

第三节　质谱分析的应用

质谱是纯物质鉴定的最有力工具,其中包括相对分子质量测定、化学式确定及结构鉴定等。

一、相对分子质量测定

如前所述,当对化合物分子用离子源进行离子化时,对那些能够产生分子离子或质子化(或去质子化)分子离子的化合物来说,用质谱法测定相对分子质量是目前最好的方法。它不仅分析速度快,而且能够给出精确的相对分子质量。

显然,只要确定质谱图中分子离子峰或与其相关的离子峰,就可以测得样品的相对分子质量。但是,分子离子峰的强度与分子的结构及类型等因素有关。对某些不稳定的化合物来说,当使用某些硬电离源(如 EI)后,在质谱图上只能看到其碎片离子峰,看不到分子离子峰。另外,有些化合物的沸点很高,它们在气化时就被热分解,这样,得到的只是该化合物热分解产物的质谱图。因此,实际分析时必须加以注意。

在纯样品质谱图中,判断分子离子峰时应注意以下问题。

(1) 原则上除同位素峰外它是最高质量的峰。即分子离子峰应位于质谱图的最右端。但有些分子会形成质子化分子离子峰$[M+1]^+$或去质子化分子离子峰$[M-1]^+$。

(2) 分子离子峰必须符合氮律。即在含有 C、H、N、O 等的有机化合物中,若有偶数(包括零)个氮原子存在时,其分子离子峰的 m/z 值一定是偶数;若有奇数个氮原子时,其分子离子峰的 m/z 值一定是奇数。这是因为组成有机化合物的主要元素 C、H、O、N、S、卤素中,只有氮的化合价是奇数(一般为 3)而质量数是偶数,所以出现氮律。

(3) 当化合物中含有氯或溴时,可以利用 M 与 M+2 峰的比例来确认分子离子峰。通常,若分子中含有一个氯原子时,则 M 和 M+2 峰强度比为 3:1,若分子中含有一个溴原子时,则 M 和 M+2 峰强度比为 1:1。

(4) 分子离子峰与邻近峰的质量差要合理,如果有不合理的碎片峰,就不是分子离子峰。例如,分子离子不可能裂解出两个以上的氢原子和小于一个甲基的基团,故分子离子峰的左边不可能出现比分子离子峰质量小 3~14 个质量单位的峰;若出现质量差 15 或 18,这是由于裂解出 ·CH_3 或一分子水,这些质量差是合理的。

(5) 设法提高分子离子峰的强度。通常,降低电子轰击源的电压,碎片峰逐渐减小甚至消失,而分子离子(和同位素)峰的强度增加。

(6) 对那些非挥发或热不稳定的化合物应采用软电离源解离方法,如化学电离、大气压化学电离、电喷雾电离等,以加大分子离子峰的强度。

二、分子式确定

在确定了分子离子峰并知道了化合物的相对分子质量后,就可确定化合物的部分或整个化学式,利用质谱法确定化合物的分子式有两种方法,即高分辨质谱仪确定分子式和同位素比求分子式,这些在本书中不再深入讨论。

三、结构鉴定

纯物质的结构鉴定是质谱最成功的应用领域,通过对图谱中各碎片离子、亚稳离子、分子离子的化学式,相对峰高,质荷比等信息,根据各类化合物的裂解规律,找出各碎片离子产生的途径,从而确定整个分子结构。许多现代质谱仪都配有计算机质谱图库,如 NEST 谱库,计算机安装了 NEST 谱库,利用工作站软件的谱库检索功能,大大方便了对有机分子结构的确定。

第四节 色谱-质谱联用技术

质谱仪只能对单一组分提供高灵敏度和特征的质谱图,但对复杂化合物的分析无能为力。色谱技术广泛应用于多组分混合物的分离和分析,特别适合有机化合物的定量分析,但定性较困难。将色谱和质谱技术进行联用,对混合物中微量或痕量组分的定性和定量分析具有重要意义。这种将两种或多种方法结合起来的技术称为联用技术,它吸收了各种技术的特长,弥补了彼此间的不足,并及时利用各有关学科及技术的最新成就,是极富生命力的一个分析领域。色谱仪与质谱仪的联用,发挥了色谱仪的高分离能力和质谱的准确测定相对分子质量和结构解析的能力,可以说是目前将两种分析仪器联用中组合效果最好的方法,其技术不断进步,在各种行业中得到了广泛的应用。

质谱联用技术主要有气相色谱-质谱(GC-MS)、液相色谱-质谱(LC-MS)、串联质谱(MS-MS)及毛细管电泳-质谱(CZE-MS)联用等。联用的关键是解决与质谱的接口及相关信息的高速获取与储存问题。就色谱仪和质谱仪而言,两者除工作气压以外,其他性能十分匹配,可以将色谱仪作为质谱仪的前分离装置,质谱仪作为色谱仪的检测器而实现联用。

一、气相色谱-质谱联用

GC-MS 联用是两种气相分析方法的结合,对质谱仪而言,色谱仪是它的进样系统;对色谱仪而言,质谱仪是它的检测器。如图 9-13 是一台四极杆 GC-MS 仪。

由于质谱是对气相中的离子进行分析,所以色谱仪与质谱仪的联机困难较小,主要是解决压力上的差异。色谱是常压操作,而质谱是高真空操作,焦点在色谱出口与质谱离子源的连接。由于毛细管柱载气流量小,采用高速抽气泵时,二者就可直接连接。组分被分离后依次进入离子源并电离,载气(氦)被抽走。图 9-14 为 GC-MS联用仪的气路系统。

质谱仪的采样速度应比毛细管柱出色谱峰的速度要快。质谱仪作为气相色谱仪的检测器,可同时得到质谱图和总离子流图(色谱图),因此既

图 9-13 四极杆 GC-MS 联用仪

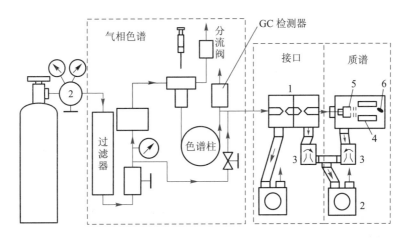

1—喷射分离器；2—机械泵；3—扩散泵；4—四极杆质量分析器；5—离子源；6—电子倍增器。

图 9-14 GC-MS 联用仪的气路系统

可进行定性又可进行定量分析。

GC-MS 联用可直接用于混合物的分析，可承担如致癌物的分析、食品分析、工业污水分析、农药残留量的分析、中草药成分的分析、塑料中多溴联苯和多溴联苯醚的分析、橡胶中多环芳烃的分析等许多色谱法难以进行的分析课题。但 GC-MS 联用只适用于分析易气化的样品。

二、液相色谱-质谱的联用

液相色谱的应用不受沸点的限制，能对热稳定性差的样品进行分离和定量分析，但定性能力较弱。为此，发展了 LC-MS 联用仪，如图 9-15 所示，用于对高极性、热不稳定、难挥发的大分子(如蛋白质、核酸、聚糖、金属有机物等)分析。由于 LC 分离要使用大量的流动相，有效地除去流动相中大量的溶剂而不损失样品，同时使 LC 分离出来的物质电离，这是 LC-MS 联用的技术难题。LC 流动相组成复杂且极性较强，因此，液相色谱仪与质谱仪的联机较气相色谱仪与质谱仪的联机困难大。液相流动相的流量按分子数目计要比气相色谱的载气高几个数量级，因而液相色谱仪与质谱仪的联机必须通过"接口"完成。

图 9-15 LC-MS 联用仪

"接口"的作用为将溶剂及样品气化；分离掉大量的溶剂分子；完成对样品分子的电离；在样品分子已电离的情况下最好能进行碰撞诱导断裂。LC-MS 联用仪中的"接口"(同时具有电离功能)方式主要有电喷雾电离及大气压化学电离。

LC-MS 联用仪是分析相对分子质量大、极性强的生物样品不可缺少的分析仪器，如肽和蛋白质的相对分子质量的测定，并在临床医学、环保、化工、中草药研究等领域得到了广泛的应用。

本 章 小 结

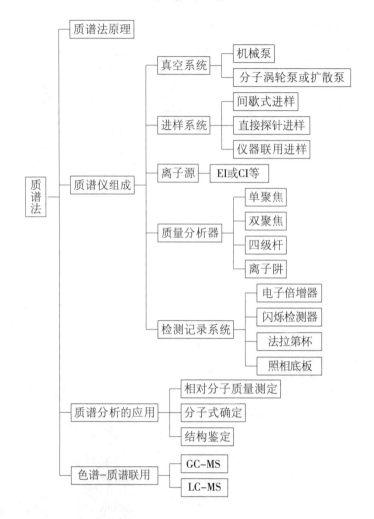

思考与练习

1. 质谱中分子离子能进一步裂解成多种碎片离子，其原因是(　　)。

(1) 加速电场的作用　　　　　　　　　(2) 碎片离子比分子离子稳定

(3) 电子流的能量大　　　　　　　　　(4) 分子之间碰撞

2. 在质谱图中，CH_3Cl 的 M＋2 峰的强度约为 M 的(　　)。

(1) 1/3　　　　(2) 1/2　　　　(3) 3　　　　(4) 相当

3. 质谱仪主要由哪些部件组成？各部分的作用是什么？

4. 质谱仪为什么需要高真空条件？

5. 四极滤质器与磁质谱仪的主要区别是什么？

6. 如何确定分子离子峰？

7. 什么叫准分子离子峰？什么离子源可以得到准分子离子峰？

8. 质谱仪有哪些应用？

参考文献

[1]　朱明华.仪器分析.4 版.北京:高等教育出版社,2008.

[2]　何金岚,杨克让,李小戈.仪器分析原理.北京:科学出版社,2004.

[3]　黄一石,吴朝华.仪器分析.4 版.北京:化学工业出版社,2020.

[4]　孔祥生.化验工.北京:中国石化出版社,2003.

[5]　刘俊来,操时杰.仪器分析.北京:科学出版社,2002.

[6]　邓勃,何华焜.原子吸收光谱分析.北京:化学工业出版社,2004.

[7]　苏克曼,张济新.仪器分析实验.2 版.北京:高等教育出版社,2005.

[8]　武汉大学化学系分析化学教学组.分析化学.6 版.北京:高等教育出版社,2016.

[9]　陈立仁,蒋生祥,刘霞,等.高效液相色谱基础与实践.北京:科学出版社,2001.

[10]　刘志广.仪器分析学习指导与综合练习.北京:高等教育出版社,2010.

[11]　田丹碧.仪器分析.2 版.北京:化学工业出版社,2015.

[12]　孙凤霞.仪器分析.2 版.北京:化学工业出版社,2011.